认知无线网络的频谱检测与资源管理技术

许晓荣　姚英彪　包建荣　章坚武　著

科学出版社

北京

内 容 简 介

本书以认知无线网络为背景，详细介绍了认知无线网络中的频谱检测与资源管理关键技术。全书共6章，主要内容包括：认知无线网络频谱检测与资源管理技术背景，分布式压缩感知理论，基于分布式压缩感知的宽带频谱检测与基于贝叶斯压缩感知的宽带频谱检测，认知无线网络中的频谱分配与动态频谱接入技术，认知无线网络中的多用户多资源联合分配与优化技术，以及对未来工作的展望。

本书可作为高等学校信息与通信工程专业研究生和高年级本科生的教材或参考书，也可供从事认知无线电相关研究工作的教师和工程技术人员参考。

图书在版编目(CIP)数据

认知无线网络的频谱检测与资源管理技术/许晓荣等著. —北京：科学出版社，2019.11

ISBN 978-7-03-060749-2

I. ①认…　II. ①许…　III. ①无线电通信-频谱-检测 ②无线网-资源管理　IV. ①TN911.6 ②TN92

中国版本图书馆 CIP 数据核字（2019）第 043143 号

责任编辑：朱英彪　赵晓廷／责任校对：王萌萌
责任印制：吴兆东／封面设计：蓝正设计

科学出版社 出版
北京东黄城根北街 16 号
邮政编码：100717
http://www.sciencep.com
北京虎彩文化传播有限公司 印刷
科学出版社发行　各地新华书店经销
*
2019年11月第　一　版　开本：720×1000　1/16
2023年 2 月第四次印刷　印张：15 3/4
字数：315 000

定价：118.00元

(如有印装质量问题，我社负责调换)

序

随着移动通信用户和业务量的飞速增长，4G 系统得到了商业应用；同时，以大规模多输入多输出多天线、认知无线电、全双工复用等为代表的 5G 关键技术研究正在如火如荼地展开。传统无线网络采用的固定频谱分配策略已经无法满足急剧增长的无线业务所带来的频谱资源需求，而认知无线电(或称为感知无线电)技术降低了频段和带宽的限制对无线技术发展的束缚，已作为 5G 标准中的关键技术之一。2009 年以来，认知无线电技术的研究受到了无线通信领域的高度重视和支持，一些国际标准化组织正在制定相关标准和协议，以推动 5G 和认知无线电技术的发展。

该书作者从事认知无线电中的频谱检测与资源管理关键技术的研究近十年。该书是作者多年研究成果的总结，主要内容涉及认知无线网络、分布式压缩感知、基于分布式压缩感知的宽带频谱检测、认知无线网络频谱分配以及认知无线网络多用户多资源联合分配与优化。与国内认知无线网络方面的专著相比，该书主要针对认知无线电宽带频谱检测与资源管理，具有特色鲜明、内容深入、针对性强的特点。

该书作为一部介绍认知无线网络频谱检测与资源管理方面的技术书籍，可为从事认知无线电相关研究工作的教师、学生和工程技术人员提供参考；同时，对于构建频谱共享的认知无线网络，实现认知无线网络理论研究、知识产权申请以及绿色认知无线网络的实际应用，具有借鉴意义。

郜志峰

南京邮电大学教授、博士生导师

前　言

5G是面向4G以后移动通信需求而发展的新一代移动通信系统，它在频谱效率与能量效率等方面较4G提高一个数量级，其无线覆盖性能、系统安全和用户体验性显著提高，传输时延不断降低。5G将与其他移动通信技术密切衔接，构成新一代无所不在的移动信息网络。

认知无线电是5G的关键技术之一，自Joseph Mitola教授、Simon Haykin教授提出认知无线电和认知循环模型以来，认知无线电和认知无线网络的研究就受到了国内外信息与通信工程领域学者的高度关注。国内许多高校和研究机构对认知无线电关键技术开展了长期的研究工作。

本书是作者在参考国内外最新专著和文献资料的基础上，对认知无线网络频谱检测与资源管理技术多年研究成果的总结。书中较深入地阐述分布式压缩感知理论在认知无线网络宽带频谱检测中的应用、认知无线网络中的频谱分配以及多用户多资源联合分配与优化技术；对各种方案和策略的性能进行分析和讨论，其中详细的理论推导和较丰富的计算机仿真性能分析能为从事认知无线网络研究和工程开发的人员提供一定的理论依据。

本书共6章。第1章概述认知无线网络频谱检测与资源管理技术背景；第2章介绍分布式压缩感知理论；第3章阐述基于分布式压缩感知的宽带频谱检测与基于贝叶斯压缩感知的宽带频谱检测；第4章介绍认知无线网络中的频谱分配与动态频谱接入技术；第5章阐述认知无线网络中的多用户多资源联合分配与优化技术；第6章为全书的总结和对未来工作的展望。

本书由许晓荣、姚英彪、包建荣和章坚武编写，许晓荣负责全书内容结构的策划和书稿的统稿工作。在编写过程中，孙大卫、韩畅、池景秀、金露、陈晓燕、王赞、李良、胡慧、王云川、伍伟伟、王兴鹏和洪鑫龙等研究生做了许多工作，在此表示感谢。南京邮电大学信号处理与传输研究院邹玉龙教授对全书进行了审阅并作序，在此表示诚挚的感谢。

本书的编写工作得到了浙江省科协青年科技人才培育工程资助项目(2016YCGC009)、浙江省自然科学基金一般项目(LY19F010011)、杭州电子科技大学"优秀骨干教师支持计划"人才项目、杭州电子科技大学"电子科学与技术"浙江省一流学科A类开放基金项目等的资助。感谢浙江省信号处理学会、杭州电子科技大学通信工程学院对本书出版给予的大力支持。

最后，谨以此书献给默默支持我工作的聪明贤惠的妻子，以及活泼可爱的宝宝。

由于作者水平有限，书中难免存在疏漏和不足之处，恳请业界专家、学者和广大专业技术人员批评指正。

许晓荣
2019 年 1 月
于杭州电子科技大学通信工程学院

目　　录

第1章 绪 论

1.1 认知无线电概述

5G是面向2020年以后移动通信需求而发展的新一代移动通信系统，它在频谱效率(spectral efficiency, SE)和能量效率(energy efficiency, EE)等方面较4G提高一个数量级，其无线覆盖性能、系统安全性和用户体验性显著提高，传输时延也得到降低。5G将与其他移动通信技术密切衔接，构成新一代无所不在的移动信息网络[1,2]。5G的应用领域将进一步扩展，它将引入高能效无线传输技术和高密度无线网络技术，支持更为丰富灵活的多媒体数据业务与移动互联网业务。5G在推进技术创新的同时将更加注重用户质量体验(quality of experience, QoE)，它将多点、多用户、多天线、多小区协作组网作为频谱效率提升的关键技术，频谱资源的高效利用和具有认知能力的可重配置无线网络也将成为5G研究的重要方向[2,3]。此外，高速、安全、可靠的宽带无线接入技术将是5G支持各种业务应用与各种系统平台间互联的保证[3]。具有认知功能的5G系统将在频谱效率(简称谱效)、能量效率(简称能效)之间进行动态最佳折中，并具备充分的灵活性，具有网络自感知与自调整的智能化能力，以在满足用户QoE的同时实现频谱共享与网络智能控制[3-5]。

针对目前移动互联网业务迅速增长带来的频谱资源不足、节点传输过程能耗高等问题，5G将采用高能效的无线传输技术来提高频谱利用率，如大规模多输入多输出(massive multipe input and multipe output, massive MIMO)天线、高能效通信、认知无线网络(cognitive radio networks, CRN)等[2,3]。由于认知无线电(cognitive radio, CR)具备极高的频谱使用效率，允许在时间、频率以及空间上进行多维信道复用。次级用户(secondary user, SU)通过感知所处的外界无线环境，自适应调整无线系统运行参数(传输功率、载波频率和调制方式等)，在不影响主用户(primary user, PU)正常通信的条件下，以交叉共享或重叠共享的方式机会利用授权系统的频谱资源，实现动态频谱共享[4,6]。CR技术大大降低了频带和带宽的限制对无线技术发展的束缚，已成为5G标准中的关键技术之一。一些国际标准化组织正在制定相关的标准和协议，以推动5G和CR技术的发展。例如，2013年欧洲联盟在第七框架计划中启动了面向5G研发的METIS(mobile and wireless communications enablers for the 2020 information society)项目，由我国华为公司等29个参与方共同承担；基于CR技术的IEEE 802.22无线区域网(wireless regional area network, WRAN)标准的制定，开辟了 CR 技术新的应用和研究领域[2,3]；面向用户 QoE 的 5G 频谱共享技术，允许 4G/5G 用户通过无线资源管理与军队专网共享无线频谱资源[5]。我国 863 计划分别于 2013 年 6 月和 2014 年 3 月启动了 5G 重大项目一期和二期研发课题，成立了面向 5G 研究与发展的 IMT-2020 推进组，研究 5G 的主要技术与发展方向，为我国全面参与 5G 标准制定打下坚实的技术基础[2,3]。

在追求高频谱利用率、高传输效率的同时，认知无线网络对能量有效性和系统安全性等提出了更高的要求。研究表明，节点进行频谱感知与传输的能耗是认知无线网络的主要能耗开销[7,8]。随着 SU 节点密度的增加和网络覆盖面积的扩大，能耗问题日益受到关注[9]。绿色认知无线网络是目前 CR 领域的研究重点，也是实现绿色无线通信网络与环境保护的关键[9,10]。同时，由于认知无线网络中存在主网络与认知网络两类不同的网络架构，数据传输的安全性问题也成为研究的新方向。在认知无线网络中，SU 需要有效识别正常 PU 与恶意 PU，同时也存在恶意 SU，将影响协作频谱感知时信息融合的准确度；此外，由于存在恶意 SU 的窃听攻击，还需要考虑正常 SU 协作传输的链路安全容量与截获性能分析问题，有效保障物理层安全是实现认知无线网络未来实际应用的关键[11,12]。

针对能效的研究已经成为认知无线网络的热点之一。能效与谱效、SU 传输可靠性、多 SU 节点之间的公平性、PU 干扰、网络安全性等均存在相互折中的关系[4,13]。关于传统认知无线网络中频谱感知、动态频谱接入、频谱共享、网络配置方案等方面的研究均集中于增强认知无线网络的谱效，就无线能效管理而言，绿色节能才是未来认知无线网络的发展趋势，可在保证一定频谱检测性能、SU 传输可靠性、多节点公平性与网络安全性等的前提下，尽量减少网络能耗，并将其应用于认知无线网络设计[13,14]。*IEEE Communications Magazine* 在 2014 年 7 月刊登了 Energy Efficient Cognitive Radio Networks 专辑[15]，重点介绍了非协作认知无线网络频谱感知、频谱共享和网络节点部署等用于提高能效的方法[14]，能效与 SU 服务质量、节点公平性、PU 干扰、网络安全性之间的折中[13]，考虑信道利用率与节点接入公平性的端到端 WRAN 频谱共享方法[16]，未来 5G 认知蜂窝网络中谱效与能效的折中[3]，以及基于非相邻正交频分复用/偏置正交调幅(orthogonal frequency division multiplexing/offset quadrature amplitude modulation, OFDM/OQAM)调制的能量有效性物理层设计方法。其中，OFDM/OQAM 方法不仅降低了峰值平均功率比(peak average power ratio, PAPR)，而且有效抑制了信号频谱旁瓣，可以从物理层信号设计角度提高网络的能效[17]。

绿色低功耗无线通信系统是未来无线通信的发展方向，业界已经开始制定绿色无线通信系统体系构架与相关技术的标准化工作[18,19]。在 ICC、GLOBECOM 等通信专业顶级国际会议上，学者们已经提出了在蜂窝网络与 CR 接入网络中实现高效低功耗传输的解决方案[20,21]。例如，采用基于网格的活跃基站功耗最小化方案，可降低蜂窝网络基站与预测负载的能耗；根据节点负载变化，采用开关算法调节认知基站能耗，以最小化CR接入网络的能耗。文献[22]研究了基于压缩感知(compressed sensing, CS)的能效协作频谱检测方法，利用压缩感知对SU感知数据进行稀疏表示与重构，以降低重构复杂度并节省能耗，实现基于能效的自适应频谱检测。文献[23]研究了中继采用放大转发策略时协作频谱检测性能与节点能耗的折中方案，在检测概率(probability of detection)与虚警概率(probability of false alarm)受限的条件下，通过改变感知采样点数放大增益，达到感知与能耗的最佳折中，但其并未考虑传输阶段的能耗问题。文献[24]研究了基于OFDM的认知无线网络能效机会频谱接入方案，同时考虑了平均能效与最差能效的情况，通过低复杂度启发式算法获得次优解；与传统谱效接入方案相比，该方案在增加能效的同时，有效进行了性能与复杂度的折中。

CR技术可以解决频谱利用率低的现实情况，它的出现和广泛应用将带来革命性的影响。对于频谱管理者，CR技术大大提高了可利用频谱的数量和利用率，实现资源的有效利用；对于频谱所有者，利用CR技术可以在不受网络内外各因素干扰的前提下开发次级频谱市场，在相同频带上提供不同的服务；对于设备厂商，CR技术可以为其带来更多商用机遇，具备CR功能的设备将更具市场竞争力；对于移动终端用户(如手机用户)，可享受到单个移动终端接入多种无线网络的优势；对于野外军事通信，由于野外军事通信环境中地理环境复杂，干扰源较多，既定的通信频带易被敌方干扰，甚至导致通信无法正常进行，利用CR技术可以寻找空闲频带以维持通信[25]。随着IEEE 802.22标准的制定，CR技术必将推进未来移动通信的发展，为无线电资源管理和无线接入市场带来新的发展契机和动力。

1.2　认知无线电与认知无线网络

1.2.1　无线频谱使用现状

随着科学技术的飞速发展，信息化已经成为21世纪世界各国努力前行的目标。与此同时，智能产品(智能手机、智能手表等)和社交媒体网络(微博、微信、直播平台等)迅速激增，已经成为人们生活中不可或缺的一部分。另外，无线局域网、无线个人局域网、Wi-Fi等无线互联网技术得到了飞速的发展。由于这些网络技术基本都是工作在非授权频带，而移动互联网业务的大量应用使得非授权频带逐渐达到了饱和程度[25,26]。此外，国家频率管理部门给一些关键的通信业务(电视广播、军事、航天业务等)分配了大量特定的授权频带。总体而言，大多数的频谱资源都为授权频带，非授权频带只占少数一部分。这种不平衡的频谱分配策略造成了频谱资源的浪费[27,28]。

因此，若能改变无线网络中的固定频谱分配策略，合理利用无线网络中空闲的授权频带，实现频谱共享，频谱资源不足以及频谱利用率低的问题就能得到有效解决。在非授权频谱资源极其匮乏、频谱资源需要合理分配的形势下，产生了认知无线电技术[29]。

在通常情况下，电磁波的频谱是相当宽的，电磁波包括红外线、可见光、X射线等。作为无线通信传输使用的资源，国际电信联盟(International Telecommunication Union, ITU)定义了300GHz以下的电磁波频谱为无线电磁波的频谱，而300GHz以上电磁波频谱的使用仍在研究中，它最大不能超过可见光的范围。由于受到电波传播特性、技术和可使用的无线电设备等的限制，目前实际使用的较高频带只为几十吉赫兹。此外，尽管可以通过频率、时间、地域、码域、空域等相关要素的频率复用来提高频谱利用率，但就某一处频率或频带而言，在一定的条件下它是有限的，主要原因有以下几方面。

1. 政策的约束

频谱是由专门的无线电管理部门采用固定分配原则进行统一管理及分配的，得到该频谱的团体或个人长期独占该资源。现在很多国家的频谱资源已经分配殆尽，留给新系统或者新业务的可利用频谱非常少，已经远远不能满足未来移动通信业务发展的需求。

2. 频谱利用率不高

频谱分为授权频带与非授权频带，得到授权频带的团体或个人长期占据该频谱，普通用户只能采用竞争方式接入并使用非授权频带。授权频谱占据大部分，但这些团体或个人不会在任何时间使用该频带，大部分的授权频谱处于空闲状态；而非授权频谱较少，且竞争率高，导致业务拥挤[5,6]。因此，合理使用授权频谱以提高频谱利用率迫在眉睫。

3. 动态变化的频谱应用

频谱应用不是静态的，而是随着时间、地点、业务等不同而变化，甚至前一时刻与后一时刻频谱使用的情况都不同[25]。

为此，ITU等组织希望提出新技术来解决频谱分配的问题，通过改变业务接入或频谱接入来开发频谱资源，以此提高频谱利用率，达到充分利用频谱资源的目的。目前已经提出了一些提高频谱利用率的方案，如频分复用/频分多址接入(frequency division multiplexing/frequency division multiple access, FDM/FDMA)、时分复用/时分多址接入(time division multiplexing/time division multiple access, TDM/TDMA)、码分复用/码分多址接入(code division multiplexing/code division multiple access, CDM/CDMA)、蜂窝小区(cell)、智能天线(smart antenna, SA)、多输入多输出技术、无线资源动态管理、功率控制等。认知无线电技术的应用可以进一步提高频谱利用率，它将上述技术加以融合，以实现频谱共享。

1.2.2 认知无线电特点与关键技术

认知无线电的概念是由软件无线电(software defined radio, SDR)之父 Joseph Mitola 教授提出的。其核心原理是具有认知功能的无线通信工具与其周围的环境进行信息的交互传递，通过感知已授权用户的频谱占用情况，对感知结果进行判决，再按照特定的接入方式接入已授权的频谱[30]。通过融合感知判决授权用户(licensed user, LU)频带内的“频谱空穴”，让认知无线电用户(cognitive user, CU)以特定的方式接入授权频谱，可以有效解决频谱资源利用率低的问题[6,7]。授权用户也可称为主用户，后面统一称为主用户；认知无线电用户也可称为次级用户，后面统一称为认知用户。

认知无线电是一种利用人工智能学习周围的环境、条件的技术，可通过更改其系统参数来适应周围不断变化的无线通信环境。认知无线电具有基本的认知能力和重构能力。

1) 认知能力

认知能力指认知无线电可以从周围的环境中感知对其系统有用的信息，识别在某个特定的时间、空间，主用户未使用的频谱资源(空闲频谱)信息，选择合适的频谱以及对应的系统参数。认知功能可以由图 1.1 的认知环表示。该认知环主要由无线系统场景分析、频谱分析、动态频谱资源管理和功率控制构成。

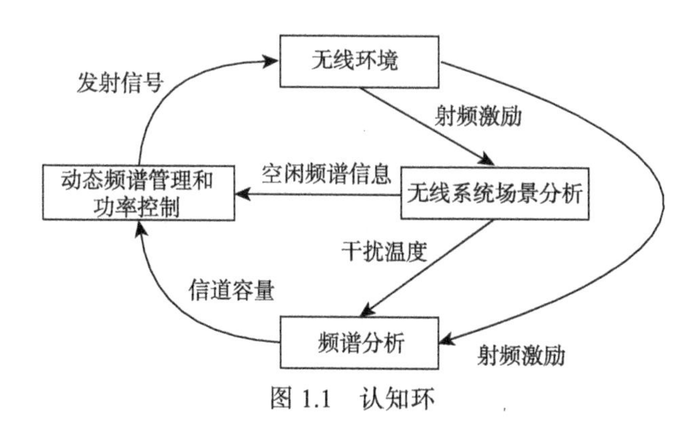

图 1.1 认知环

(1) 无线系统场景分析：包含无线环境(干扰温度等)的估计、频谱空穴的感知检测等[27,29]。频谱空穴示意图如图 1.2 所示。

(2) 频谱分析：包含信道容量的预测和信道状态信息的估计。

(3) 动态频谱资源管理和功率控制：动态频谱资源管理主要决定主用户与认知用户之间的频谱共享方式，功率控制主要是保证主用户的正常工作。

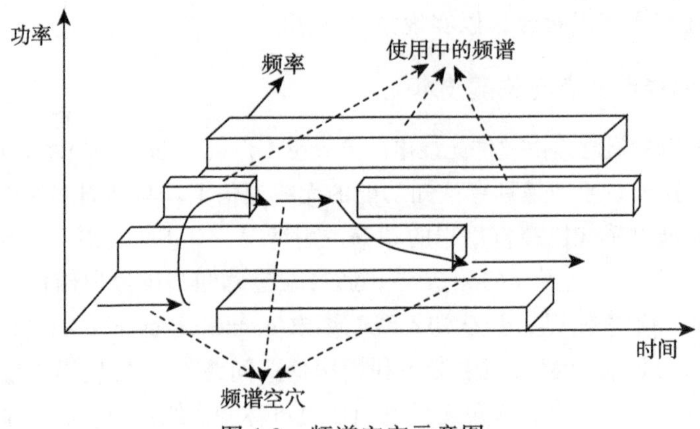

图 1.2　频谱空穴示意图

2) 重构能力

重构能力指认知无线电设备可以根据无线环境进行动态编程，运用多种不同的无线传输技术来发送和接收信息。可以重构的系统参数有调制方式[31]、工作频率、发射信号以及用户之间的通信协议等。认知用户可以检测主用户的频谱空穴，在不干扰主用户正常工作的前提下接入该主用户频谱。当主用户要使用该频谱时，认知用户需要从该段频谱切换至另一个空闲频谱[32]，或者调整其系统参数来有效控制对主用户的干扰。

认知无线电中的关键技术可以概括为以下几个方面。

1. 频谱检测技术

频谱检测(频谱感知)的任务是通过监测频谱资源的使用状况发现频谱空穴，为认知用户使用空闲频谱资源提供依据，同时避免对主用户的干扰。频谱检测的准确度关系到频谱资源是否能被高效利用。在频谱感知的研究中需要考虑的问题有：检测方法的设计[7,30]，用来提高频谱检测的可靠性；协作频谱感知方案的设计，用来解决隐藏终端问题[6,7]；如何在感知时间与频谱传输效率之间进行折中[4]等。

2. 认知无线网络资源管理技术

认知无线网络资源管理包括频谱共享、接入控制、频谱切换和功率控制等[6,8]。资源管理需要考虑的问题是如何最优地使用网络资源，以实现网络传输性能的最大化与频谱资源的高效利用，以及认知用户在使用频谱资源时如何实现干扰避免等。

3. 认知节点协作传输技术

认知节点协作传输是认知无线网络的研究重点之一[30,32,33]。传输可靠性与能量有效性之间存在最佳折中关系，即在一定传输误码率的要求下，寻求一种节点传输能耗最小的协作传输方案[13]。在传统多节点协作频谱感知中，CR 节点仅限于频谱感知和主用户检测方面的协作，并未将协作分集技术引入认知无线网络多节点协作传输中[25,26]。在认知节点功率控制条件下，当主用户服务质量(quality of service, QoS)要求很高时，认知链路的数据吞吐能力和误码率性能将明显下降，以致无法满足能量受限认知网络的可靠通信要求，此时可通过认知节点间的相互协作提高传输可靠性[30,32,33]。

4. 认知无线电物理层安全技术

认知无线电允许非主用户机会使用空闲频谱资源，以提高频谱资源利用率。但若存在以恶意攻击为目标的认知用户，就会存在传输安全问题[11,12]。在认知无线网络中，各种未知的无线设备都有机会接入许可频带，使得系统容易受到恶意用户的攻击。

目前，认知无线网络的安全问题引起了越来越多人的关注。因其独特的认知特性，系统不仅面临传统无线网络所面临的所有安全威胁，还会面临许多新的安全威胁，如模仿主用户攻击(primary user emulation attack, PUEA)和频谱感知数据伪造攻击(spectrum sensing data falsification attack, SSDFA)。认知无线网络物理层上不同类型的攻击，具体包括频谱感知阶段的 PUEA、SSDFA 以及协作传输阶段的恶意用户窃听攻击、目标函数攻击、学习攻击和干扰攻击等[11]。

5. 其他技术

在认知无线网络中引入其他技术，其网络性能得到进一步提升。例如，在认知无线网络中采用正交频分复用(OFDM)技术可进一步提高频谱效率[17]，利用多天线传输可充分利用空间维度资源[33,34]，布置微蜂窝型基站(femtocell)可增强网络的室内覆盖、实现干扰的避免[35,36]。

CR 能够自动检测周围的无线传输环境，并自适应地调整系统参数以适应环境变化，自适应传输技术就是其关键技术之一。目前，CR 主要采用非连续 OFDM (non-continuous OFDM, NC-OFDM)和超宽带(UWB)两种传输方案，其中 NC-OFDM 是基于 OFDM 传输技术的频谱池技术[37,38]。

Joseph Mitola 在提出 CR 技术后，针对系统研究概念设计了无线电知识描述语言(RKRL)，他所在的瑞典皇家理工学院无线系统研究中心目前将研究方向集中在动态频谱接入和软件无线电方面[5,30]。针对 CR 中的频谱分配问题，Joseph Mitola 提出了频谱池策略，将分配给不同业务的可用频谱聚合成为一个公共频谱池，整个频谱池由多段连续或不连续的可用频带组成：整个频谱池又被分为若干子信道供认知用户使用，在不对主用户产生干扰的情况下，认知用户可以租借公共频谱池，从而提高频谱利用率。德国卡尔斯鲁厄大学通信工程研究组也对频谱池这个概念进行深入的研究[6,39]。

(1) NC-OFDM。OFDM 是目前最适宜频谱资源控制的传输技术，它通过频率的组合或裁剪实现频谱资源的最优化利用，灵活控制和分配时间、频率、功率等资源。

NC-OFDM 的基本原理是将频谱池设计为一个 OFDM 系统，把主用户的频谱按照 OFDM 系统的子载波间隔整数倍进行匹配。采用 NC-OFDM 进行通信时，首先获取 CR 设备提供的重构信息参数，进而判定哪些频谱处于空闲状态[6,37,38]。

(2) 超宽带。超宽带技术是一种近距离的传输技术，传输速率与传输距离呈反比关系。针对认知无线网络主用户的要求，FCC 规定了超宽带的发射功率谱界限，因此采用超宽带技术的 CR 面临着两类挑战，发射信号既要满足各地频谱板块的要求，又要满足低干扰、高速传输的要求[36,37]。

1.2.3 认知无线网络能效

谱效和能效是无线通信网络中的两个关键问题。自提出谱效以来，学术界和工业界都对其给予了很大的关注。然而，快速增长的无线应用正在消耗越来越多的能源，在能源占用方面给运营商带来了巨大的挑战，但直到最近几年，学术界和工业界才对认知无线网络的能效问题进行讨论。实际上，保障能效的绿色认知无线网络不仅能解决温室效应和运营支出，而且可实现有限的发射功率和高功率利用率，它是支持额外信号处理要求的先决条件，如频谱感知和信号开销等。优化认知无线网络的能效不仅可以减小对环境的影响，还可以降低部署成本，实现经济型绿色无线网络。

随着通信技术的迅猛发展，信息能耗相应地以惊人的速度增长，移动运营商已成为最大的能源消费者之一(例如，意大利电信是意大利第二大能源消费者)，移动网络能源消耗的增长速度总体上比通信技术的发展速度快得多[40]。随着各国 4G 系统的大规模部署，移动通信将消耗更多的能源，其中大部分的能耗集中在基站上。在认知无线网络中，超过 50%的能量被无线接入部分消耗，20%用于功率放大器(power amplifier, PA)[41]。从运营商的角度来看，能效不仅具有重大的生态效益，更代表了其在应对气候变化时承担的社会责任，具有显著的经济效益。因此，在设计无线网络时，迫切需要从追求最佳容量和谱效转向追求能源的高效使用[42]。

从用户的角度来看，能效优先的无线通信也势在必行。根据 2010 年进行的无线智能手机客户满意度调查[43]，除了电池寿命外，iPhone 手机在其他类别中都获得最高分。在我国，相关报告也反映了同样的问题。在使用 4G 业务时，电池续航能力是影响用户服务质量的最大障碍。

在研究提高认知无线网络能效的同时，需要考虑能效与其他基本组成之间的折中。这些基本组成部分是影响认知无线网络实现的关键部分，主要包括服务质量、公平性、主用户干扰、网络层次和部署以及安全性[13]。图 1.3 显示了能效与认知无线电各个组成部分的折中关系。值得注意的是，这些折中之间的关系是密不可分的。例如，中继作为一种潜在的解决方案来平衡能效与主用户干扰的折中，也影响能效与网络架构的折中[4,30]。

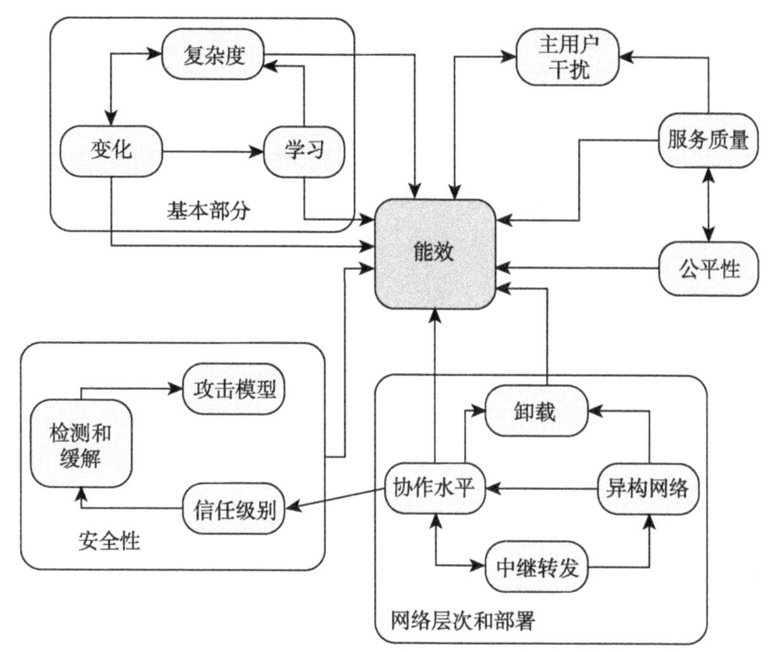

图 1.3 能效与认知无线电各个组成部分的折中关系

(1) 网络层次和部署部分可以分解为不同子部分，如卸载、异构网络和中继转发等。其中的协作机制将影响图中的所有网络层次和部署的其他部分。

(2) 能效与安全性的折中是认知无线网络的另一个关键部分，基于信任机制，它们将从根本上影响认知无线网络各部分之间合作的建立。

(3) 能效与主用户干扰、服务质量、公平性的折中。主用户干扰为认知无线网络的重要因素，会影响认知无线网络的可行性。主用户干扰与服务质量之间的交互，反过来又会作用于公平性，这使得对公平性的折中变得更复杂。

(4) 能效与其他因素的折中，会出现学习、复杂度、动态变化等基本问题。

1.2.4 认知无线网络动态频谱接入与频谱共享

传统无线通信采用的是静态频谱分配策略，可以保证系统的服务质量，但由于通信业务在时间、地域上的不均衡性，频谱资源并没有得到充分利用，频谱的利用情况极不平衡。一些非授权频带时常处于拥挤状态，而授权频带则时常处于空闲状态。随着无线通信业务需求的迅猛增长，无线频谱资源显得日益缺乏。针对可用频谱资源稀缺及频谱利用率低等问题，需要一种全新的、优化使用频谱资源的无线通信模式，基于认知无线电的动态频谱接入(dynamic spectrum access, DSA)技术应运而生[44]。

动态频谱接入技术是认知无线电资源管理中一种提高谱效的新技术，它可以使不同架构的网络在同一频带中实现共存，动态使用已授权的频谱资源，从而在时域和空域提高频谱的复用度。由于可以通过对无线环境的学习，自适应地改变信号的调制编码方式及其他系统参数，动态频谱接入技术成为认知无线电资源管理的最佳选择。

动态频谱接入策略一般包括动态排他使用模型(dynamic exclusive use model)、开放共享模型(open sharing model)和分层接入模型(hierarchical access model)，如图 1.4 所示[44]。

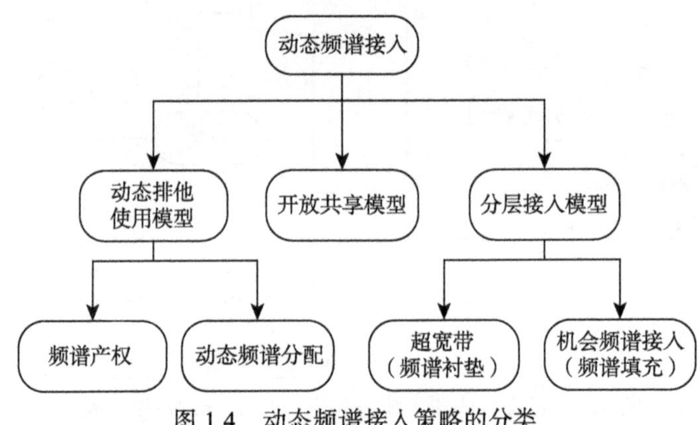

图 1.4　动态频谱接入策略的分类

1) 动态排他使用模型

动态排他使用模型沿用了静态频谱分配的基本结构，引入灵活性以提高谱效。目前该模型主要包含两种技术：频谱产权(spectrum property rights)和动态频谱分配(dynamic spectrum allocation)。

频谱共享也称为动态频谱管理。简单地说，就是结合信道分配、功率控制、干扰避免和机会调度等频谱管理技术，采用自适应策略来有效地利用射频频谱，实现频谱共享。

频谱共享过程具体如下：通过无线射频环境感知实现频谱空穴检测，调节各个发射机的功率输出，以适当的调制和编码策略选择最优的频带进行可靠通信，自适应无线射频环境，实现认知用户与主用户之间以及 CR 与 CR 之间的频谱共享[29]。频谱共享可以看成涉及物理层和介质访问控制(medium access control, MAC)层的跨层媒体接入控制问题。

2) 开放共享模型

开放共享模型是向所有用户开放频谱以实现共享，如工业、科学研究和医用频带的开放共享方式。基于基础设施的集中式频谱共享和分布式频谱共享是应用于该模型的两种主要频谱共享技术。

3) 分层接入模型

分层接入模型可看成动态排他使用模型和开放共享模型的结合。其基本思想是在认知用户不对主用户产生任何有害干扰的前提下，向认知用户开放已授权的频带，从而频谱的共享。

1.3 认知无线电频谱检测概述

频谱检测是认知无线网络的重要环节之一，其实质是在对主用户不产生干扰的前提下，认知用户利用各种检测技术寻找频谱空穴[6,7,37]。在某一时刻，认知用户可伺机接入一段未被主用户占用的频带；而在另一时刻，主用户恢复了对该频带的使用，认知用户就要找寻并接入另一个频谱空穴，从而有效避免对主用户的干扰，即动态频谱接入[44,45]。

主用户对频谱的占用情况决定了认知用户占用频谱的机会，可用一个简单的二元假设问题来表示对主用户进行频谱检测的模型，即

$$r(t)=\begin{cases}n(t), & H_0\\ s(t)+n(t), & H_1\end{cases} \tag{1.1}$$

式中，H_0表示频带未被主用户占用；H_1表示频带被主用户已占用；$r(t)$是SU的接收信号；$s(t)$是PUR的发射信号；$n(t)$是环境噪声，假定为加性高斯白噪声(additive white Gaussian noise, AWGN)。

利用某种检测算法对$r(t)$构造相应的检测统计量E，根据设置的门限λ和相关判决准则来对E进行判决。频谱检测的主要任务是区分以下两种假设，判定PU在该时刻是否占用该频带：

$$\begin{cases}E<\lambda, & H_0\\ E>\lambda, & H_1\end{cases} \tag{1.2}$$

当前，Newman-Pearson准则常用来衡量检测性能，本章分别用$\mathrm{Pr_d}$、$\mathrm{Pr_f}$表示该准则包含的两个重要参数：检测概率$\mathrm{Pr_d}$表示某一频带被占用情况下认知用户也检测到了该频带被占用的概率；虚警概率$\mathrm{Pr_f}$表示某频带空闲时认知用户错误地认为该频带被占用的概率，即

$$\begin{cases}\mathrm{Pr_d}=\mathrm{Pr}(E>\lambda\,|\,H_1)\\ \mathrm{Pr_f}=\mathrm{Pr}(E>\lambda\,|\,H_0)\end{cases} \tag{1.3}$$

检测概率越高，意味着越有利于对PU的保护；虚警概率越低，意味着SU拥有更多机会使用空闲频带。因此，频谱感知算法的研究力求使频谱检测具有较高的检测概率，同时保持较低的虚警概率[6,33,37]。通常来说，最大化检测概率并使虚警概率最小化对认知无线网络有益。但是，这两个指标的优化是相互矛盾的，即虚警概率会随着检测概率的增加(通过降低对判定阈值的要求)而增加；类似地，提高判定阈值会降低检测概率和虚警概率。对于每一种感知方法，必须找到一种折中方案，以在保持高检测概率的同时降低虚警概率。在实际情况中，虚警概率和检测概率的

大小往往要根据系统需要进行折中。除了虚警概率和检测概率，还需要考虑频谱感知算法的检测速度。检测速度快，相应的检测时间就会短，这样，既能使 SU 获得更多的频谱利用机会，又能使 SU 快速、及时地退出[46,47]。

1.3.1 单用户频谱检测

单用户频谱检测也称为本地非协作频谱感知。其中，较为常见的检测方法有接收机检测和发射机检测。

一种接收机检测方法是，PU 的接收机通过传感器节点检测其泄露，判定该接收机工作的信道，再以特定的功率通过独立的控制信道将判决信道信息传送给认知用户，认知用户利用判决结果来决定是否接入相应频带进行通信。此方法需要对 PU 的接收机进行修改。另一种接收机检测方法是检测 PU 的接收机处的干扰温度。美国联邦通信委员会定义干扰温度[6]为

$$T_{\mathrm{I}}(f_{\mathrm{c}},B)=\frac{P_{\mathrm{I}}(f_{\mathrm{c}},B)}{k_{\mathrm{B}}B} \tag{1.4}$$

式中，T_{I} 为干扰温度；$P_{\mathrm{I}}(f_{\mathrm{c}},B)$ 为带宽 B 、频点 f_{c} 处干扰的平均功率；k_{B} 为玻尔兹曼常量。

SU 使用相应频带的前提是 SU 信号的传输不会使 PU 的接收机处的干扰温度超过预先设定的干扰温度限。这种方法最大的难点在于如何准确测量接收机处的干扰温度。

常用的接收机检测方法有能量检测法、匹配滤波检测法、循环平稳特征检测法和延时相关性检测法等，它们的性能对比如表 1.1 所示[6]。下面对接收机检测的具体方法进行介绍。

表 1.1 接收机检测方法对比

检测方法	适用场合	优点	缺点
能量检测法	检测宽频带内的频谱空穴	实现简单、灵活性好； 计算复杂度低； 无需 PU 的先验信息	门限设定困难； 低信噪比下易发生漏检现象； 不适用于扩频信号、直接序列信号和调频信号的检测
匹配滤波检测法	PU 先验信息已知的微弱信号的检测	检测微弱信号能力强； 所需抽样数少； 检测时间短	需要 PU 信号的先验信息； 需要精确同步来保证与 PU 信号的相干； 不同 PU 类型需要专门的接收机
循环平稳特征检测法	微弱信号的检测	可以区分噪声能量和信号能量； 可完全摆脱背景噪声的影响； 信噪比低的情况下检测性能较好	计算复杂度高； 观测时间长
延时相关性检测法	PU 信号具有时域周期性，且周期已知的情况	时域处理，实时性好； 功耗低； 可以确定主用户的类型	需要 PU 信号的先验信息

1. 能量检测法

能量检测法[6,26,48]是通过对一观测空间(时域或频域)内的接收信号总能量的测量来判断是否存在活跃的主用户，也称基于功率检测法。能量检测法多采用频域的实现方式，其流程如图 1.5 所示。

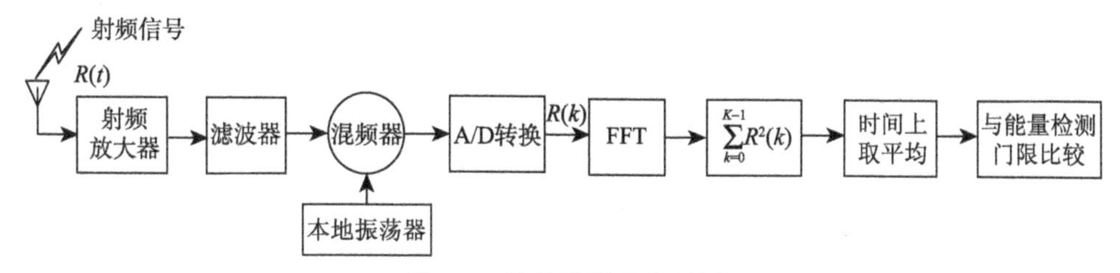

图 1.5　能量检测法流程图

能量检测中天线接收到的射频信号 $R(t)$ 经射频放大、滤波后，与本地振荡器信号进行混频处理，再经 A/D 转换并进行快速傅里叶变换(fast Fourier transform, FFT)，对其平方和构建判决统计量 Y ，Y 服从卡方(chi-square)分布，即

$$Y=\sum_{k=0}^{K-1}R^2(k) \tag{1.5}$$

$$Y\sim\begin{cases}\chi_{2u}^2(2\gamma), & H_1\\ \chi_{2u}^2, & H_0\end{cases} \tag{1.6}$$

在加性高斯白噪声信道下，假设 λ 为能量检测的判决门限，则检测概率 $\mathrm{Pr_d}$ 和虚警概率 $\mathrm{Pr_f}$ 可分别表示如下[33,48]：

$$\begin{aligned}\mathrm{Pr_d}&=\Pr(Y>\lambda\mid H_1)=Q_u(\sqrt{2\gamma},\sqrt{\lambda})\\ \mathrm{Pr_f}&=\Pr(Y>\lambda\mid H_0)=\frac{\Gamma(u,\lambda/2)}{\Gamma(u)}\end{aligned} \tag{1.7}$$

式中，$\Gamma(\bullet)$ 为中心伽马分布；$\Gamma(\bullet,\bullet)$ 为非中心伽马分布。

2. 匹配滤波检测法

匹配滤波检测法[6,26]是将 PU 信号的先验信息作为已知条件，通过对 PU 信号进行相干解调或导频检测来实现频谱的检测，具体流程如图 1.6 所示。

得到离散信号的方法与能量检测法相同，之后利用先验序列 $X(k)$ 和 $R(k)$ 之积来构建匹配滤波器的判决统计量(λ 为判决门限)：

$$Y=\sum_{k=0}^{K-1}R(k)X(k)\underset{H_0}{\overset{H_1}{\gtrless}}\lambda \tag{1.8}$$

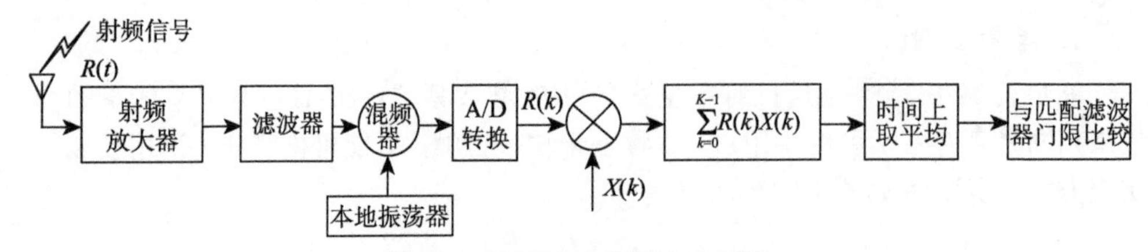

图 1.6　匹配滤波检测法流程图

匹配滤波器可以实现输出信噪比的最大化，因此称为最佳线性滤波器。在 AWGN 信道下，$R(k)$ 为高斯随机变量，根据大数定律，判决统计量 Y 亦可近似为高斯变量，故可得

$$\Pr_{\mathrm{d}} = Q\left(\frac{\lambda-\xi}{\sqrt{\xi\sigma^2}}\right),\quad \Pr_{\mathrm{f}} = Q\left(\frac{\lambda}{\sqrt{\xi\sigma^2}}\right) \tag{1.9}$$

式中，$\xi = \sum_{k=0}^{K-1}(X(k))^2$；$\sigma^2$ 为 AWGN 信道的噪声方差。

3. 循环平稳特征检测法

冗余信号的存在使得 PU 信号的统计特性、均值及自相关函数都呈现一定的循环周期性。循环平稳特征检测[6,26]是利用谱相关函数检测接收信号中存在的循环周期特征来确定是否存在 PU 信号，其实现流程如图 1.7 所示。区别于上述两种方法，循环平稳特征检测法是通过 FFT、复共轭相乘、求平均运算来构建谱相关函数 $S_x^{\alpha}(f)$：

$$S_x^{\alpha}(f) = \lim_{T\to\infty}\lim_{\Delta t\to 0}\frac{1}{\Delta t}\int_{-\Delta t/2}^{\Delta t/2}\frac{1}{T}F_T(t, f+\alpha/2)\cdot F_T^*(t, f-\alpha/2)\mathrm{d}t \tag{1.10}$$

$$F_T(t,v) = \int_{t-T/2}^{t+T/2} R(u)\mathrm{e}^{-2\mathrm{j}\pi vu}\mathrm{d}u \tag{1.11}$$

式中，$F_T(\cdot)$ 是自相关函数 $R(\cdot)$ 的傅里叶变换，$F_T^*(\cdot)$ 为 $F_T(\cdot)$ 的复共轭。

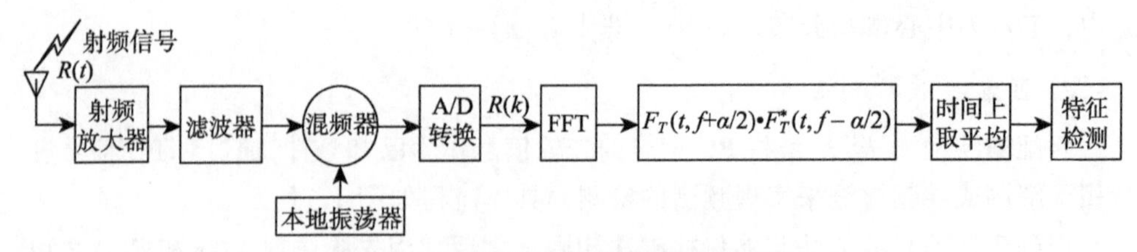

图 1.7　循环平稳特征检测法流程图

判决统计量是归一化形式的频谱相关系数：

$$C_x^{\alpha} = \frac{S_x^{\alpha}(f)}{[S(f+\alpha/2)S(f-\alpha/2)]^{1/2}} \tag{1.12}$$

4. 延时相关性检测法

延时相关性检测法[6,47]是通过计算接收信号 $R(t)$ 与延时接收信号 $R(t-T_{\mathrm{d}})$ 的相关程度来判断周期为 T_{d} 的 PU 信号是否存在，即

$$Y=\int_{t-T_{\mathrm{d}}/2}^{t+T_{\mathrm{d}}/2} R(t)R^{*}(t-T_{\mathrm{d}})\mathrm{d}t \underset{H_0}{\overset{H_1}{\gtrless}} \lambda \tag{1.13}$$

1.3.2 多用户协作频谱检测

由于无线环境的复杂性以及硬件设备的限制，在实际 CR 应用中，单用户检测方法很难满足高检测概率和低虚警概率的要求，考虑到认知无线网络中存在多个认知用户，利用多个 CR 用户彼此协作的方式，即多用户协作频谱感知的方法进行检测，可以显著提高频谱检测性能，满足实际要求。一般认为提高频谱感知可靠性的方法之一就是各 SU 进行合作。假设认知无线网络中有一个 PU 和 N 个 SU，首先每个 SU 进行本地频谱感知，并判断 PU 是否存在，然后将判定结果汇报给融合中心(fusion center, FC)。FC 的职责就是通过融合准则得到全局检测概率，最终确定 PU 是否存在。

多认知用户的协作频谱感知主要有两种感知方式：中心式和分布式[6]。在中心式感知方式中，由一个 FC 负责收集各个认知节点传送的感知数据信息，并进行数据融合和频谱空穴的决策判决，通过控制信道将判决结果广播给各个认知用户或由该 FC 直接控制 CR 的传输。在分布式感知方式中，各个认知节点可以根据需要与其单跳或多跳范围内的邻居共享信息，但是各个节点独立判决可供自身使用的频谱位置。相比于中心式感知方式，分布式感知方式不需要基础网络结构从而可降低开销。认知节点可以同时具备这两种方式，根据需要选择当前的工作模式。需要指出的是，中心式感知方式可同时应用于中心式认知无线网络和分布式认知无线网络。在中心式认知无线网络中，CR 基站通常认为是 FC，而在分布式认知无线网络中，认识无线自组织网络(CR Ad Hoc Networks, CR AHN)没有 CR 基站，但是任何一个 SU 均可以作为 FC 来协调协同感知并汇集邻近协作节点的感知数据[37,46]。另外，考虑到感知信道和报告信道的非理想性，人们还提出了中继辅助的协作频谱感知方案[30,32,33]。

协作频谱感知可分为三个阶段：本地检测、本地判决结果报告、数据融合与全局判决汇报，如图 1.8 所示。其本地检测阶段与单用户频谱感知没有本质差别。本地判决结果报告可以是 SU 之间的报告也可以是多个 SU 向 FC 报告，报告的信息内容可以是二进制判决信息，也可以是感知的度量数据。

这里考虑所有 SU 都能同步报告感知信息。数据融合与全局判决是协作频谱感知的核心内容，它涉及信息共享机制问题。若融合的是二进制判决信息，则称为检测状态融合，是硬融合判决；若融合的是本地感知的度量数据，则称为度量融合，

是软融合判决。显然，检测状态融合比度量融合更节省带宽。但是，由于度量融合可以提供更为翔实、有效的判决依据信息，软判决性能要优于硬判决，且随着用户数的增加，性能改善更加明显[49]。文献[50]结合现有的接收分集技术，如等增益合并(equal gain combining, EGC)和最大比合并(maximal ratio combining, MRC)等，提出了一种基于 Newman-Pearson 准则的最佳软合并方案，并指出 EGC 适合于高信噪比检测环境，而 MRC 适合于低信噪比检测环境。

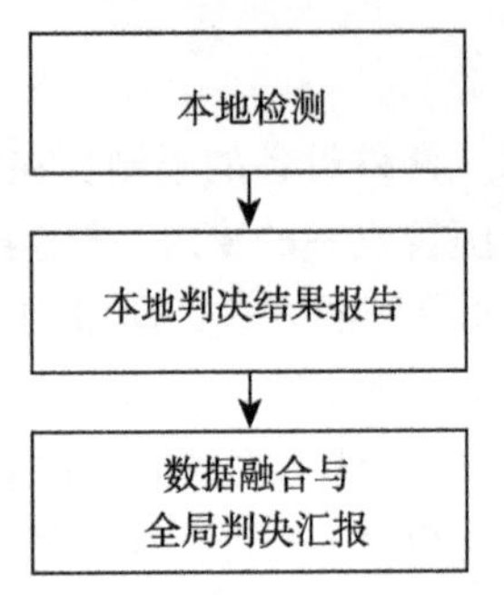

图 1.8　协作频谱感知的三个阶段

图 1.9 给出了不同平均信噪比情况下的单 SU 能量检测接收机工作特性(receiver operation characteristic, ROC)曲线。从图中可以观察到，信噪比越高，接收机特性越好，即对于给定的检测概率其虚警概率较低，或者对于给定的虚警概率其检测概率较高，则漏检概率较低。

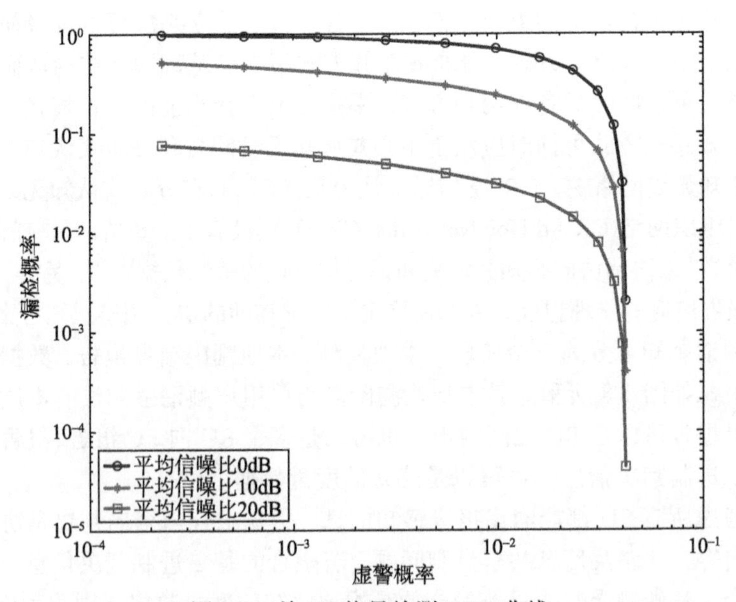

图 1.9　单 SU 能量检测 ROC 曲线

协作频谱感知中的判决包括硬融合判决、软融合判决、量化融合判决三种类型。

1) 硬融合判决

每个 SU 在给定的 Pr_d 和 Pr_f 下获取到感知信息后，将自己感知到的信息分享给其他的 SU 或 FC，进而得到一个全局判决。SU 共享本地感知信息最简单的技术是将其本地感知结果以二进制形式发送给其他 SU，即硬融合判决，该方法只需要 1bit 信息来表示本地感知结果(例如，1 代表频带被占用，0 代表频带空闲)。但是，该方法对感知到的信息进行了简单的量化，其结果是不精确的，而且由 SU 做出的决定并不能在二进制中表现出来。如图 1.10(a)所示，如果 SU 接收到的信号能量大于阈值 λ，那么 SU 就会将它判定为 H_1 且 $d=\{1\}$；否则，将其判定为 H_0 且 $d=\{0\}$。

2) 软融合判决

在软融合判决方案中，除了硬融合判决，SU 汇报的信息还包括感知信道的质量信息、感知判决质量和该 SU 之前做出的判决的准确性。因此，软融合判决的准确性更高，可以有效提高全局判决质量，例如，文献[51]提出了一种基于 Newman-Pearson 准则的最优软融合判决方案。但是，软融合判决方案中所需传输的信息太大，不仅加大了数据的开销和计算复杂度，能耗更多，还会造成传输的延迟。从能效的角度考虑，应该限制报告信息的大小。一方面，软融合判决方案可以提高全局的检测概率，但是会增加报告信息的长度；另一方面，减少报告信息的大小可以降低认知无线网络系统开销，但是检测性能会降低。如图 1.10(b)所示，在软融合判决中，不需要设定阈值 λ，报告信息 $d=\{1,1,1,\cdots,1\}$ 对应的是 H_1 的情况。d 中的比特数越多，判决结果越准确。

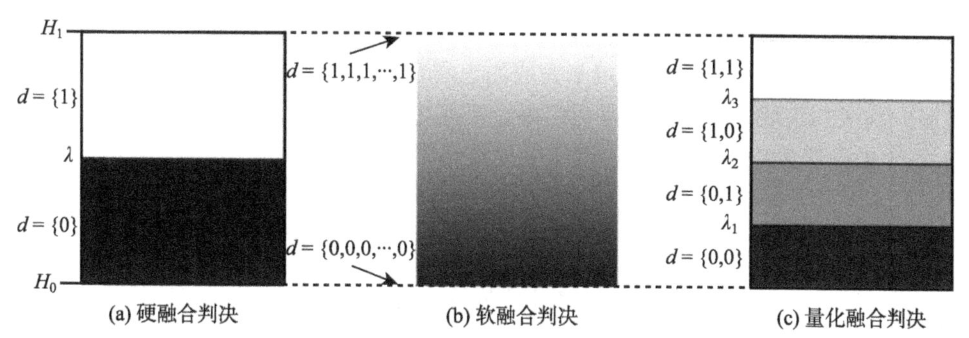

图 1.10 协作频谱感知中判决的三种类型

3) 量化融合判决

在现实应用中，常将软融合判决和硬融合判决相结合来进行全局判决，即量化融合判决。如图 1.10(c)所示，该方法[51]中用到了三个阈值，报告信息为 2bit，用来表示四种状态，其中 $d=\{1,1\}$ 与 H_1 相对应，$d=\{0,0\}$ 与 H_0 相对应。

FC 收集来自 SU 的本地判决，产生全局决定，并将其判决结果返回给 SU，即中心式协作频谱感知。如图 1.11(a)所示，每个 SU 都将各自的本地感知结果汇报给 FC，中心式协作频谱感知高度依赖于 FC 能否做出正确的判决，如果 FC 处于阴影中，则中心式协作频谱感知的增益效果会受到很大限制。中心式协作频谱感知可以减少信道衰落对感知结果的影响，从而有效提高检测性能。但考虑到安全对于认知无线网络非常重要，不能仅仅依赖一个 FC 做出判决。另外，中心式协作频谱感知还可能会受到报告信道距离的影响，使得系统能效降低[52]。

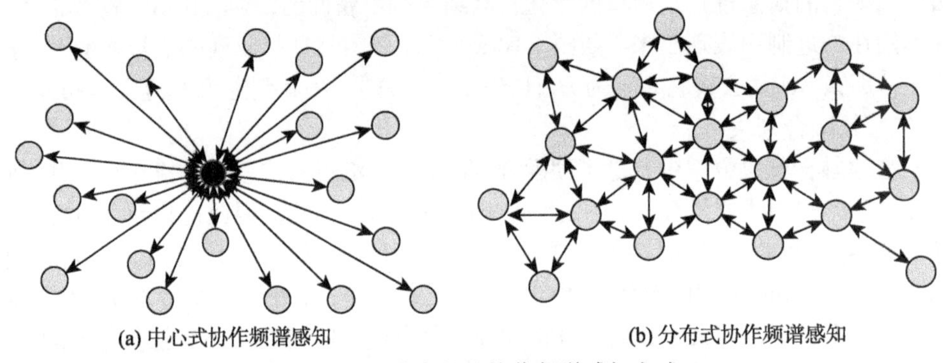

(a) 中心式协作频谱感知　　(b) 分布式协作频谱感知

图 1.11　两种常见的协作频谱感知方式

在分布式协作频谱感知中，不需要选择单个 SU 来管理认知无线网络的感知过程。SU 以某种确定的顺序交换其本地感知结果，并通过将自己的观察结果与其他 SU 发送的消息相结合来得到全局检测概率，如图 1.11(b) 所示，其中采用的分布式算法由分布式网络协议决定。

在收集了所有本地感知结果之后，必须由所选的 FC 进行有效的融合，这实际上是通过融合准则做出最终决定来完成的。融合准则主要与从 SU 获取的本地判决的协作判决相关联。其中，最常见的融合准则是 K-out-of-N 准则，全局检测概率 Q_{d} 和全局虚警概率 Q_{f} 可以通过以下公式获得[53]：

$$Q_{\mathrm{d}}=\sum_{i=k}^{N}\binom{N}{i}\mathrm{Pr}_{\mathrm{d}}^{i}(1-\mathrm{Pr}_{\mathrm{d}})^{N-i} \tag{1.14}$$

$$Q_{\mathrm{f}}=\sum_{i=k}^{N}\binom{N}{i}\mathrm{Pr}_{\mathrm{f}}^{i}(1-\mathrm{Pr}_{\mathrm{f}})^{N-i} \tag{1.15}$$

式中，$\mathrm{Pr}_{\mathrm{d}}^{i}$ 是每个 SU 的本地检测概率；$\mathrm{Pr}_{\mathrm{f}}^{i}$ 是每个 SU 的本地虚警概率。

对式(1.14)和式(1.15)进行修改，可以得到三种常见的融合准则：或(OR)准则、与(AND)准则和多数投票(MAJ)准则。“与”准则下的全局检测概率 $Q_{\mathrm{d}}^{\mathrm{AND}}$ 和全局虚警概率 $Q_{\mathrm{f}}^{\mathrm{AND}}$ 分别为

$$Q_{\mathrm{d}}^{\mathrm{AND}}=\prod_{i=1}^{N}\mathrm{Pr}_{\mathrm{d}}=\mathrm{Pr}_{\mathrm{d}}^{N} \tag{1.16}$$

$$Q_{\mathrm{f}}^{\mathrm{AND}}=\prod_{i=1}^{N}\mathrm{Pr}_{\mathrm{f}}=\mathrm{Pr}_{\mathrm{f}}^{N} \tag{1.17}$$

“或”准则中的全局检测概率 $Q_{\mathrm{d}}^{\mathrm{OR}}$ 和全局虚警概率 $Q_{\mathrm{f}}^{\mathrm{OR}}$ 分别为

$$Q_{\mathrm{d}}^{\mathrm{OR}}=1-\prod_{i=1}^{N}(1-\mathrm{Pr}_{\mathrm{d}})=1-(1-\mathrm{Pr}_{\mathrm{d}})^{N} \tag{1.18}$$

$$Q_{\mathrm{f}}^{\mathrm{OR}}=1-\prod_{i=1}^{N}(1-\mathrm{Pr}_{\mathrm{f}})=1-(1-\mathrm{Pr}_{\mathrm{f}})^{N} \tag{1.19}$$

多数投票准则中的全局检测概率 $Q_{\mathrm{d}}^{\mathrm{MAJ}}$ 和全局虚警概率 $Q_{\mathrm{f}}^{\mathrm{MAJ}}$ 分别为

$$Q_{\mathrm{d}}^{\mathrm{MAJ}}=\sum_{i=N/2}^{N}\binom{N}{i}\mathrm{Pr}_{\mathrm{d}}^{i}(1-\mathrm{Pr}_{\mathrm{d}})^{N-i} \tag{1.20}$$

$$Q_{\mathrm{f}}^{\mathrm{MAJ}}=\sum_{i=N/2}^{N}\binom{N}{i}\mathrm{Pr}_{\mathrm{f}}^{i}(1-\mathrm{Pr}_{\mathrm{f}})^{N-i} \tag{1.21}$$

协作频谱感知的最后一步是将全局判定的结果在认知无线网络中进行分享，FC将全局判决结果的信息在认知无线网络系统中进行广播。基于接收到的全局判决结果，SU再规划未来的行动。

与中心式协作频谱感知方式不同的是，分布式协作频谱感知方式中不需要将全局判决结果进行广播。在报告本地感知结果的阶段，SU 就获取了邻居节点的检测结果。

表1.2对几种常用频谱感知方法的优点和缺点进行了比较。

表 1.2　几种常用频谱感知方法的比较

名称	检测方法	优点	缺点
单节点频谱感知	匹配滤波检测	感知时间较少； 对接收信号的采样少	需要提前获取 PU 的特性，导致计算复杂度提高，从而消耗更多的能量
	循环平稳特性检测	可以有效区分 PU 信号和噪声； 在低信噪比下性能较好	不能实现高速感知； 计算复杂度较高
	能量检测	计算复杂度较低； 易于实现	不能区分 PU 和 SU； 在信噪比低的情况下性能不好； 不能用来检测扩频信号
协作频谱感知	中心式协作频谱感知	FC 可以获取更详细的信息，做出的判决更可靠； 有 N 个 SU，只需传输 N 条信息，可减少信道衰落对感知结果的影响	随着 SU 个数的增加，FC 收集本地感知结果的耗时更多，能耗越大； 易受到报告信道距离的影响
	分布式协作频谱感知	不需要额外的基础设施，降低了成本	因网络中存在大量交换的消息而变慢； SU 要对感知的结果持续不断地进行更新，因此需要大量的存储和计算

图1.12给出了不同融合准则的ROC曲线。从图中可以发现，在“或”准则下，参与融合的节点越多，其漏检概率就越低，即检测概率越高，且当参与融合的节点

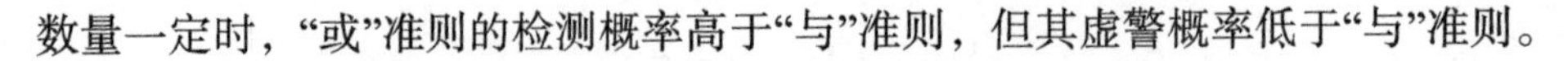

数量一定时，“或”准则的检测概率高于“与”准则，但其虚警概率低于“与”准则。

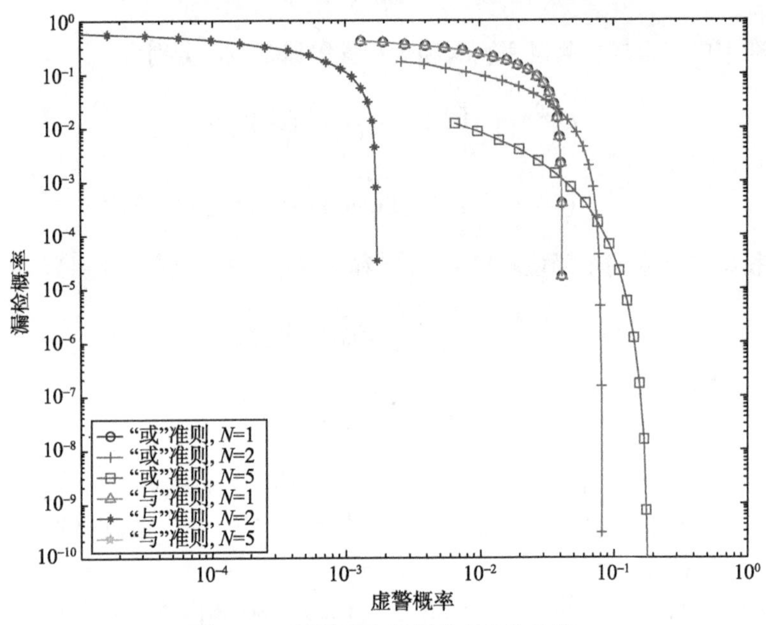

图 1.12　不同融合准则的 ROC 曲线

1.3.3　基于压缩感知的认知无线电宽带压缩频谱检测

由压缩感知理论[54,55]可知：对于长度为 N 的信号，如果它是稀疏的或在某个变换域上是稀疏的，那么对该信号进行非自适应压缩采样，就可以将高维信号投影到一组观测向量上得到观测值，该观测值的维数 M 远远小于信号的维数 N，从而实现信号由高维到低维的转变，最后采用一定的重构算法从低维的观测值中以高概率得到原始信号。压缩感知的核心是信号的稀疏表达、观测矩阵的设计和重构算法的设计三个问题[55,56]。其中，重构算法的设计是应用压缩感知理论降低传统优化算法计算复杂度的关键。

目前，压缩感知重构算法主要有凸松弛法[57]、贪婪匹配追踪算法[58]和组合算法。凸松弛法是通过解决凸优化问题来逼近最佳信号，包括基追踪算法[59]、内点法[60]、梯度投影法[61]和迭代阈值法[62]。贪婪匹配追踪算法是通过寻找局部最优解逼近原信号，包括经典的匹配追踪[63]、正交匹配追踪[64]、正则化正交匹配追踪[65]、稀疏度自适应匹配追踪[66]、正则自适应匹配追踪[67]、压缩采样匹配追踪[68]和子空间追踪[69]等，由于易实现且计算量小而广泛应用。组合算法需要对信号进行高度结构化采样，经由群测试实现快速重构支撑，包括链式追踪、HHS(heavg hitters on steroids)追踪以及傅里叶采样等。

这三种压缩感知重构算法各有优缺点。贪婪匹配追踪算法具有较高的重构成功率、较快的重构速度以及较低的复杂度，但是重构成功率会随着信号稀疏度的上升而下降；凸松弛法重构信号所需的观测值数目相对较少，且重构成功率较高，但是计算负担是最重的，特别是当信号长度很长时，其计算复杂度是难以忍受的；组合算法虽然具有运算效率高的优点，但是所需观测值数目较多，并且该算法往往立足于信号的某个特征，缺乏通用性。综合考虑各方面的因素，贪婪匹配追踪算法各方面性能比较均衡，也是受关注度较高的。

由于压缩感知优势明显，很多研究都应用了该技术，特别是在无线传感器网络、图像处理等涉及信号处理方面的领域[70]。另外，分布式压缩感知(distributed compressive sensing, DCS)理论和贝叶斯压缩感知(Bayesian compressive sensing, BCS)理论也成为研究的热点。

无线宽带频谱的利用率低，将压缩感知和宽带频谱检测结合，可以有效降低认知用户射频前端的采样压力，实现认知无线电的宽带频谱检测[71,72]。基于压缩感知的 CR 宽带频谱检测通过少量的观测值就能重构出原信号功率谱密度，完成宽带频谱检测。图 1.13 给出了宽带压缩频谱感知(wideband compressive spectrum sensing, WCSS)框图。

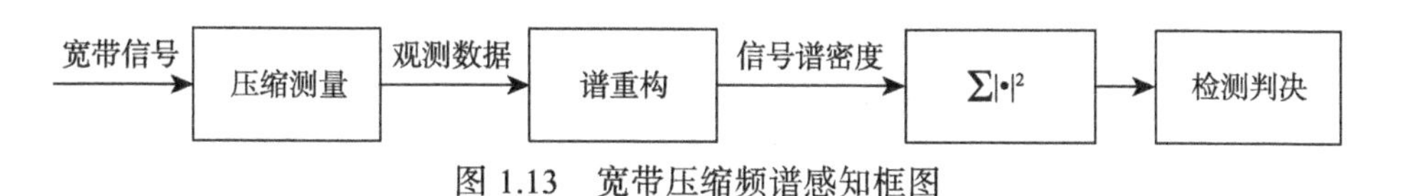

图 1.13　宽带压缩频谱感知框图

自从 Tian 等学者提出将压缩感知应用到宽带频谱检测中，大量国内外学者展开了对宽带压缩频谱感知算法的研究。文献[73]提到，压缩感知具有低功耗、低采样率和低复杂度的优势；在设计重构算法的过程中，需要考虑在最小化虚警概率的条件下使得检测概率最大化[73]。文献[74]研究了频谱检测和估计问题，并提出了检测概率和虚警概率的计算表达式。文献[75]研究了不同稀疏度时 CR 用户可以通过自适应调整压缩采样比以重构出原始信号的算法。文献[76]提出了改进的子空间追踪算法，解决了其需要对稀疏度进行先验的缺点。在此基础上，文献[77]提出了多个 CR 用户通过基于 DCS 的联合稀疏模型(joint sparsity model, JSM)进行宽带频谱检测的算法。

1.3.4　基于能效的认知无线电宽带压缩频谱检测

关于能耗问题的研究，早期的工作主要集中于对无线传感器网络(wireless sensor network, WSN)能效的研究。无线传感器网络中的传感器节点具有集成度高、体积小的特点，由电量有限的电池设备来供能，因此无线传感器网络的设计需要考虑能耗问题。

为了利用压缩感知保障 CR 节点的能效，现有研究工作考虑了压缩感知中观测向量的选择。文献[78]提出了基于能量均衡的自适应压缩感知算法，通过节点能量和重构性能的折中选择合适的观测向量，防止某些节点过快消耗能量而导致整体网络结构的破坏。同时，为了适应不同应用场景的需求，将自适应压缩感知算法和能量均衡压缩感知算法相结合，通过门限的选择达到灵活配置的目的。文献[79]在选择观测向量时不仅考虑了重构效果，还考虑了节点的能耗，并利用改进的分簇算法选择最佳的传输路径，以均衡整个网络的能耗。

在认知无线网络协作频谱感知中，能耗问题得到了较多的研究[80]。文献[81]在协作通信系统模型中引入信源和协作节点的距离参数，综合考虑了在距离参数、协作中继数和调制参数的约束下能耗的最优化问题。文献[82]基于能量受限的认知无线网络在协作频谱感知和频谱共享中的能耗问题，研究了协作感知和传输过程中的能效，通过改变感知信道和传输信道的信噪比来实现协作感知的鲁棒性，同时也考虑了协作用户之间的误码率。文献[83]考虑了 PU 的能效以及 SU 的可信度，PU 在传输过程中选择一个最佳的 SU 作为协作中继，并分配 SU 频谱接入间隔。由于 SU 会消耗大量的频谱感知能量，文献[84]提出决策结果预测和决策结果修正技术以减少协作频谱感知的能耗。

由于提高系统性能与实现高能效在实际中难以同时实现，很多研究工作是在满足一定性能的要求下以实现能效目标。早期的工作主要涉及感知能耗和 SU 吞吐量的折中。文献[23]研究了 CR 中感知性能和能耗的折中关系，基于放大转发中继传输技术，在给定的检测概率和虚警概率约束条件下，通过寻找最佳采样点数和放大增益以实现频谱感知能耗的最小化。文献[9]在保证服务质量的条件下，通过协作频谱感知来实现高能效，并提出了一个功率和时间分配的优化策略以实现总能耗的最小化。

1.4 认知无线电资源管理概述

1.4.1 认知无线电频谱分配与动态资源管理

在认知无线网络中，要充分利用频谱资源，实现无线资源的优化配置和利用，资源分配是不可或缺的一个环节[36]。认知无线网络资源管理与分配的目的是高效、最优化地使用网络中的频谱资源(即频谱空穴)，使得总信息传输速率(吞吐量)、能效、谱效和功率消耗等参数达到最优[85,86]。

频谱分配是根据接入频带内的认知用户数以及认知用户的接入需求将频谱分配给一个或者多个认知用户[37,87]。认知无线网络的自适应动态频谱分配不仅可以提高系统的灵活性，降低信道系统能量消耗，还可以使主用户与认知用户之间合理公平地共享频谱资源，避免产生资源争抢冲突。

频谱资源共享的分类如图 1.14 所示。按网络构架划分，频谱资源共享可以分为集中式频谱共享和分布式频谱共享；按分配行为划分，可以分为协作频谱共享与非协作频谱共享；按接入技术划分，可以分为重叠式(underlay)共享和交互式(overlay)共享[37,87]。

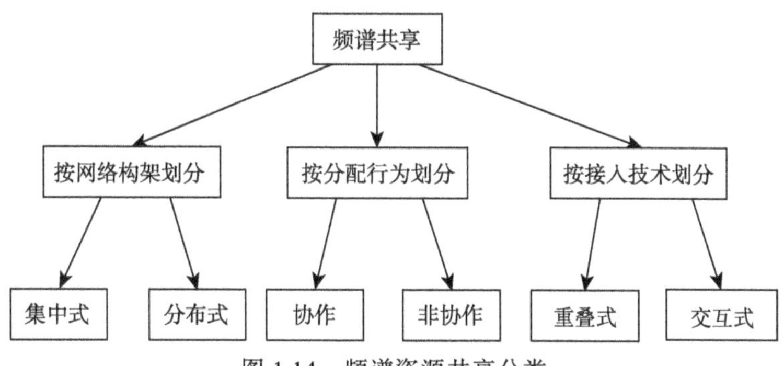

图 1.14　频谱资源共享分类

集中式频谱共享方式中，认知用户将各自对授权频谱信息的感知结果发送到中央控制结构，中央控制结构将各个认知用户的感知结果进行收集融合[37,45,46,80]，再决定各个认知用户频谱分配和接入频谱的方式。这种方式下中央控制结构的负担很重，一定程度上限制了认知无线电网络的性能。

分布式频谱共享方式中，各个认知用户单独对授权频谱信息进行感知检测，各自决定能否接入频谱以及相应的接入方式。这种方式没有中央控制结构对频谱信息的整合判决，认知用户不需要与中央控制结构进行大量的信息交互，但是需要通过进一步优化来避免因认知用户互相竞争频谱而带来的干扰。

协作频谱共享方式中，认知用户通过相互协作方式，考虑其频谱分配和频谱接入对其他认知用户造成的干扰，来确定各个认知用户的最优频谱分配和频谱接入方式[33,37,50,51,88]。频谱共享方式信息共享量较大，引起的通信开销也大。

非协作频谱共享方式中，认知用户未对频谱资源进行深层次的分析，单独对主用户的频谱资源进行分析，选择接入一个可用的频谱。非协作频谱共享方式不需要用户间进行信息共享，通信开销较小，但可能存在多个认知用户对于频谱资源的激烈竞争。

交互式频谱共享方式又可以称为交叉式或机会式接入方式，原理如图 1.15 所示。这种频谱共享方式下，认知用户通过感知检测主用户是否占用授权频谱进行信息传输[89]。当发现授权频谱空闲时，认知用户接入该频谱进行通信；当主用户需要重新接入该频带时，认知用户立刻让出该频谱，重新寻找可以接入的频谱。在交互式频谱共享方式中，认知用户可以单独接入授权频带，当主用户未接入授权频带时，不需要考虑认知用户对主用户的干扰，也没有严格的干扰功率限制。

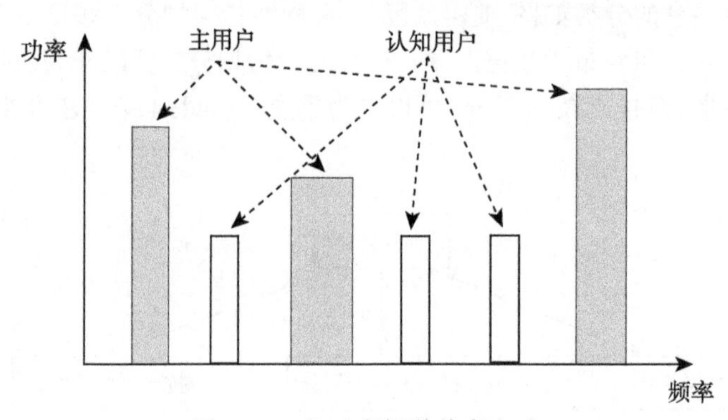

图 1.15　交互式频谱共享方式

重叠式频谱共享方式又可以称为覆盖式接入方式，原理如图 1.16 所示。在这种频谱共享模式下，认知用户可以随时接入主用户的频谱资源进行信息传输，两者可以同时在同一频带上进行通信。但这种共享方式可能会对主用户的通信产生干扰[90]，需要对此干扰设定一个门限，通常用干扰温度为参量。

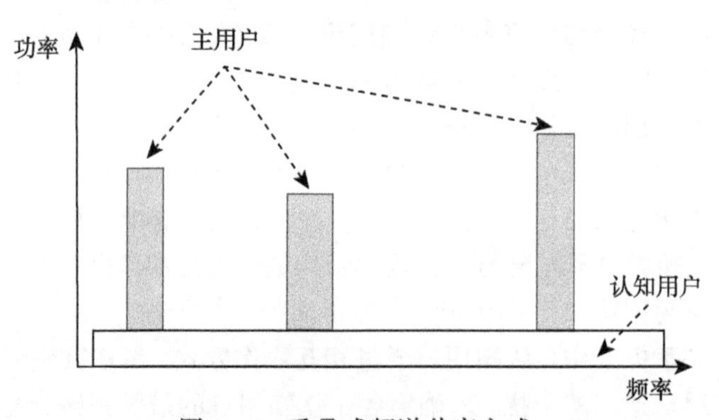

图 1.16　重叠式频谱共享方式

资源管理[36,37,86,87]主要分为两大类，即静态资源管理和动态资源管理。在静态资源管理中，每个认知用户都按照预定的策略分配固定的资源，如时分多址接入(time division multiple access, TDMA)和频分多址接入(frequency division multiple access, FDMA)策略，不能实时地根据外界环境的变化调整资源的分配。但是，认知无线网络的环境是不断发生变化的，只有对认知用户的资源进行动态管理与分配，即动态资源管理，才能不断地适应网络环境的变化，为认知无线网络系统提供可靠的传输。

认知无线电的动态资源分配主要包含基于 OFDM 的子载波分配、功率控制和自适应传输[36-39,45-47,91]。

1) 基于 OFDM 的子载波分配

在认知无线网络环境下，由于认知用户与主用户之间的频谱共享原则，当主用户的频谱占用情况发生变化而需要占用某频谱时，认知用户需要改变其内部参数来避免对主用户传输产生干扰，甚至放弃该频带选择其他合适频带，所以认知用户所占用的频带是不连续且多变的。利用 OFDM 技术对子载波灵活分配的特点以及抗多径衰落的能力，可以将认知无线网络的频带划分为多个相互正交的窄带子载波，有效提高认知无线网络的频谱利用率以及传输的可靠性。

2) 功率控制

认知无线网络的功率控制是认知用户对主用户干扰控制的一个重要条件。认知用户只有在保证主用户正常工作的前提下才有机会接入主用户频谱进行通信，在授权频带内进行通信时要设定一个发射功率阈值。当认知用户发射功率超过这个阈值时，对主用户传输信息带来很大的干扰，将严重影响主用户的正常信息通信。

3) 自适应传输

OFDM 作为一种自适应传输技术，是认知无线网络中一种特殊的多载波调制技术[17,31,38,91,92]，用多个不连续正交子载波实现主用户与认知用户间的频谱共享，同时采用主动干扰抵消、子载波加权和星座扩展等技术进行频谱旁瓣抑制以解决信号带外泄露问题。

在 OFDM 系统中，不同的子载波往往会受到相对独立和不同程度的信道衰落的影响，因此不同子载波具有不同的传输能力。如何利用多载波系统的这一特点以及多用户的分集增益和信道时变特性动态地对子载波、功率、比特进行联合分配从而实现系统性能的提高，对于认知 OFDM 系统研究具有重要意义。认知 OFDM 系统中的多用户资源分配是指 CR 基站(对于中心式网络)根据检测到的频谱空穴信息在下行链路上针对不同用户的不同需求进行实时高效的资源优化分配。优化分配算法主要考虑系统的信道状况、总功率受限、总比特数受限和干扰受限等因素。

多用户资源分配中的子载波分配是指基于用户公平性原则，根据各用户在不同子载波上的信道传播条件(一般采用信道响应增益来衡量)，为其分配所需的子载波数。子载波分配的主要依据是信道状态信息。在单用户 OFDM 系统中，相当一部分子载波可能因严重衰落而无法使用；而在多用户 OFDM 系统中，由于传输路径不同，对于某一用户严重衰落而不可用的子载波对于其他用户并不一定也不可用。事实上，各用户的衰落是相互独立的，出现对所有用户都严重衰落的子载波，其概率非常小。因此，在认知 OFDM 系统中采用适当的子载波分配算法可以充分利用信道资源。

当完成子载波分配后，即可将多用户的资源分配问题转化为单用户的功率比特分配问题。单用户的功率比特分配是指根据分配给该用户的子载波信道增益，为每个子载波分别选择合适的发送功率和调制方式以优化系统性能。在保证一定误码率的条件下，对于信道传播条件好的信道，可以适当提高调制阶数；对于信道传播条件较差的信道，则可以适当减小调制阶数。当然，若用户对传输速率要求较高，为了在当前信道条件下保证可靠传输，可适当提高发送功率。对于通常由电池供电的能量有限的认知无线网络(如认知无线自组织网络和无线传感器网络)，需要考虑如何在功耗和速率两方面取得适当折中。将 OFDM 与 CR 结合的优势也正在于此，即实现系统能耗和系统容量的有效折中，各子载波可使用不同的调制方式和不同的发送功率进行信号传输。

1.4.2　认知正交频分复用子载波功率联合分配

若系统的需求和目标不同，则在资源均衡分配过程中考虑的侧重点就会不同，即建立的资源分配优化模型不同。下面将介绍基于速率自适应(rate adaptation, RA)准则的认知 OFDM 多用户子载波功率分配模型和基于裕量自适应(margin adaptation, MA)准则的认知 OFDM 多用户子载波比特分配模型。

传统 OFDM 系统中资源分配问题主要有两类准则[36,37,46,47,86,91,92]：基于速率自适应的准则和基于裕量自适应的准则。速率自适应准则是指在满足用户传输功率限制和误码率的条件下最大化系统信息传输速率的准则；裕量自适应准则是指在满足用户信息传输速率和误码率限制的条件下最小化系统传输功率。由于频谱效率可以由用户信息传输速率除以带宽来表示，则可以有效地利用速率自适应准则再考虑一些额外的限定条件来求得。速率自适应准则又可称为速率最大化准则，裕量自适应准则又可称为功率最小化准则。

基于速率自适应准则的资源分配算法得到了广泛的研究[36,37,46,47,86]。按用户数来分，主要有单用户功率分配和多用户子载波与功率分配两类。

单用户资源分配情况下，不存在各个用户竞争子载波的情况，所有的载波均被同一个认知用户所使用，无须对主用户的子载波进行分配。传统注水算法[93]是最经典的单用户 OFDM 功率分配算法，其通过构造凸优化函数，利用拉格朗日算法以达到“注水线”的方式来为用户各个载波上注入功率。传统注水算法的计算复杂度相对较高，且未考虑被分配到单个用户的传输功率上限等因素，这在实际应用中非常重要，关系到主用户的正常工作。文献[94]在传统注水算法功率分配的基础上，提出了两种改进算法来降低算法复杂度，算法一通过对注水面的快速估计来提前确定一些不需要分配功率的子载波；算法二通过线性计算来直接确定哪些子载波不需要分配功率，且考虑了对主用户的干扰这一因素。

基于速率自适应准则的多用户 OFDM 资源分配方法可以同时对子载波和功率分配进行处理，达到最优的信息传输速率，但是每次循环后子载波都需要进行重新分配处理，算法的计算复杂度很高。可将子载波和功率分配算法分步来考虑[86,90,91]，先考虑对认知用户的子载波分配，再在子载波分配的基础上进行功率分配，此方法每一步处理的变量会少很多，能够有效降低算法的计算复杂度。

Jang 算法[95]是一种最优的子载波分配算法，其主要原理是根据各个用户的信道条件将子载波优先分配给信道增益最大的用户。此方法可以使用户信息速率最大化，是一种最大化系统容量算法，但未考虑各个用户之间信息传输速率的公平性，某些信道条件很差的用户可能无法分配到载波，不能正常传输信息。基于此问题，Rhee 等提出了系统容量最大化的次优分配算法[96]，即使用户信道条件很差，也能够传输信息，但只能针对各个用户信息传输速率相同的情况。而后，Shen 等在此基础上提出了比例公平性原则[97]，以最大化系统容量为目标，在保证每个用户信息传输速率的同时考虑了各用户之间信息传输速率比例。文献[98]中的目标函数是使得认知用户的系统效用最大，此效用兼顾了资源分配的有效性和公平性。在求解过程中，针对拉格朗日乘子的迭代采用椭球法，针对边缘效应的迭代采用弗兰克-沃尔夫法，进行最优的子载波分配和功率分配。

1.4.3 认知正交频分复用子载波比特联合分配

在单用户情况下，贪婪算法是一种基于裕量自适应准则的最优比特分配算法，Hughes-Hartogs(HH)算法就是一种贪婪算法[37,46,86]。由于在每个载波上加载信息比特时的功率增量是不同的，在每次比特分配过程中都将信息分给功率增量最小的子载波，直至所有信息比特分配完。此方法消耗的系统总功率最小，但需要进行额外搜索和排序，算法的计算复杂度较大。

Chow 算法是一种裕量性能最大化算法[98,99]，考虑了系统的误码率限制条件，通过对各个子载波上的比特进行分配来使得系统能够允许的噪声增量最大。该算法不需要大量的搜索和排序，计算复杂度相对 HH 算法有所降低。

Fischer 算法是一种最小化误码率的比特分配算法[37,46,86]，计算复杂度较低，但需要确保各个载波上传输的比特数相同。

类似于速率自适应准则下的多用户子载波功率分配算法，裕量自适应准则下的多用户子载波比特分配算法也得到了广泛的研究[36,37,46,85,86,99]。

1.4.4 基于能效的认知无线电多资源联合分配与优化

由于认知无线网络能耗的增加以及能量利用率的低下，广大学者纷纷展开对认知无线网络中能效的研究[4,9,10,15]。以能效为新的优化目标，考虑认知无线环境下的多种干扰因素，对子载波、功率或比特等一种或多种资源进行合理分配[15,100-103]。

文献[101]考虑了多频带认知无线网络的能耗问题，其中认知用户在决定接入某个频带之前通过感知主用户授权的多频带，来保证对主用户的干扰在一定阈值之内。该文献确定了 CR 系统中以最小能耗为目标的最佳感知时间和功率分配，研究了信道数、干扰功率、信道增益对能量消耗和最佳感知时间的影响。文献[102]研究了基于OFDM的CR系统在总功率、干扰功率和信息传输速率约束下的能效优先功率分配问题。为了在每个子载波上找到最佳的功率分配，提出用注水因子辅助搜索的方法来优化基于OFDM的CR系统。但以上研究是在单个认知用户环境下进行的，并未扩展至多认知用户场景下。文献[102]考虑了多认知用户情况下信道利用的公平性，研究了最大化系统能效的优化问题，确保OFDMA系统中各链路在能效方面的公平性，特别是最大限度地利用了最坏情况的链路，在服从基本传输速率需求条件下进行发射功率和子载波的分配；利用广义分式规划理论和拉格朗日对偶分解，提出了一种迭代算法来求解该优化问题；将子载波分配和功率分配分离，以进一步降低计算成本。

能效和谱效是资源分配中两个重要的方面，它们之间的折中优化问题也得到了研究。文献[104]研究了单个认知用户情况下的能效与谱效的折中方案，利用一个加权系数，将能效与谱效以乘积的形式结合构造成一个单目标优化目标函数。通过对帕累托最优集的描述，以及对目标问题的差异凸(difference of convex, DC)规划来加快对牛顿步长的用时计算，求解出能效、谱效、构造的目标函数三者之间的归一化曲线，同时得出了能效与谱效随着加权系数变化的折中曲线。

1.5 本章小结

本章主要对认知无线网络的频谱检测与资源管理技术进行了概述。首先，介绍了认知无线电技术的研究背景。其次，从国内外无线频谱的使用现状、认知无线电的特点与关键技术、认知无线网络的能效、认知无线网络动态频谱接入与频谱共享四方面介绍了认知无线电与认知无线网络的国内外研究现状。然后，介绍了认知无线电频谱检测技术，包括单用户频谱检测方法、多用户协作频谱检测与数据融合、基于压缩感知的CR宽带压缩频谱检测、基于能效的CR宽带压缩频谱检测。最后，对CR资源管理技术进行了综述，包括CR频谱分配与动态资源管理、基于速率自适应准则的认知OFDM多用户子载波功率联合分配、基于裕量自适应准则的认知OFDM多用户子载波比特联合分配、基于能效的CR多资源联合分配与优化，以实现认知无线网络中动态资源优化分配时能效与谱效的折中。

参考文献

[1] 田金凤, 郑小盈, 胡宏林, 等. 中国下一代移动通信研究[J]. 科学通报, 2012, 57(5): 299-313.
[2] 尤肖虎, 潘志文, 高西奇, 等. 5G 移动通信发展趋势与若干关键技术[J]. 中国科学: 信息科学, 2014, 44(5): 551-563.
[3] Wang C X, Haider F, Gao X, et al. Cellular architecture and key technologies for 5G wireless

communication networks[J]. IEEE Communications Magazine, 2014, 52(2): 122-130.
[4] Hong X M, Wang J, Wang C X, et al. Cognitive radio in 5G: A perspective on energy-spectral efficiency tradeoff[J]. IEEE Communications Magazine, 2014, 52(7): 46-53.
[5] Mitola J, Guerci J, Reed J, et al. Accelerating 5G QoE via public private spectrum sharing[J]. IEEE Communications Magazine, 2014, 52(5): 77-85.
[6] Akyildiz I F, Lee W Y, Vuran M C, et al. Next generation/dynamic spectrum access/cognitive radio wireless networks: A survey[J]. Computer Networks, 2006, 50: 2127-2159.
[7] Akyildiz I F, Lo B F, Balakrishnan R. Cooperative spectrum sensing in cognitive radio networks: A survey[J]. Physical Communications, 2011, 4: 40-62.
[8] Liang Y C, Chen K C, Li G Y, et al. Cognitive radio networking and communications: An overview[J]. IEEE Transactions on Vehicular Technology, 2011, 60(7): 3386-3407.
[9] Liu D, Wang W, Guo W. Green cooperative spectrum sharing communication[J]. IEEE Communications Letters, 2013, 17(3): 459-462.
[10] Feng D, Jiang C, Lim G, et al. A survey of energy-efficient wireless communications[J]. IEEE Communications Surveys & Tutorials, 2013, 15(1): 167-178.
[11] Shu Z, Qian Y, Ci S. On physical layer security for cognitive radio networks[J]. IEEE Network, 2013, 27(3): 28-33.
[12] Zou Y, Wang X, Shen W. Optimal relay selection for physical-layer security in cooperative wireless networks[J]. IEEE Journal on Selected Areas in Communications, 2013, 31(10): 2099-2111.
[13] Eryigit S, Gur G, Bayhan S, et al. Energy efficiency is a subtle concept: Fundamental tradeoffs for cognitive radio networks[J]. IEEE Communications Magazine, 2014, 52(7): 30-36.
[14] Jiang C, Zhang H, Ren Y, et al. Energy efficient non-cooperative cognitive radio networks: Micro, meso, macro views[J]. IEEE Communications Magazine, 2014, 52(7): 14-20.
[15] Wang S, Granelli F, Li Y, et al. Energy-efficient cognitive radio networks[J]. IEEE Communications Magazine, 2014, 52(7): 12-13.
[16] Shi H, Prasad R V, Rao V S, et al. Spectrum and energy efficient D2DWRAN[J]. IEEE Communications Magazine, 2014, 52(7): 38-45.
[17] Jiang T, Ni C, Qu D, et al. Energy efficient NC-OFDM/OQAM base cognitive radio networks[J]. IEEE Communications Magazine, 2014, 52(7): 54-60.
[18] Zhang H, Gladisch A, Pickavet M, et al. Energy efficiency in communications[J]. IEEE Communications Magazine, 2010, 48(11): 48-49.
[19] 陶晓明, 肖潇, 陆建华. 基于多域协同的绿色无线通信系统体系构架[J]. 电信科学, 2011, 27(3): 54-59.
[20] Li R, Zhao Z, Wei Y, et al. GM-PAB: A grid-based energy saving scheme with predicted traffic load guidance for cellular networks[C]. Proceedings of IEEE International Conference on Communication, Ottawa, 2012: 1160-1164.
[21] Kandasamy I, Muhammad N, Alagan A, et al. Low complexity energy efficient power allocation for green cognitive radio with rate constraints[C]. Proceedings of IEEE Global Communications Conference, Anaheim, 2012: 1-6.
[22] Li R, Zhao Z, Chen X, et al. Energy saving through a learning framework in greener cellular radio access networks[C]. Proceedings of IEEE GLOBECOM, Anaheim, 2012: 1-6.

[23] An C, Ji H, Li Y. Energy efficient collaborative scheme for compressed sensing based spectrum detection in cognitive radio networks[C]. Proceedings of IEEE Wireless Communications and Networkings Conference, Paris, 2012: 1360-1364.

[24] Huang S, Chen H, Zhang Y, et al. Sensing-energy tradeoff in cognitive radio networks with relays[J]. IEEE Systems Journal, 2013, 7(1): 68-76.

[25] Xiong C, Lu L, Li Y G. Energy efficient spectrum access in cognitive radios[J]. IEEE Journal on Selected Areas in Communications, 2014, 32(3): 550-562.

[26] 谢显中. 感知无线电技术及其应用[M]. 北京：电子工业出版社, 2008.

[27] 李美玲. 认知无线电网络中的频谱感知技术及应用研究[D]. 北京：北京邮电大学, 2012.

[28] Federal Communication Commission. Facilitating opportunities for flexible, efficient, and reliable spectrum use employing cognitive radio technologies[R]. Washington DC: Federal Communication Commission, 2011.

[29] McHenry M A. NSF spectrum occupancy measurements project summary[R]. Washington DC: Shared Spectrum Company, 2005.

[30] Haykin S. Cognitive radio: Brain-empowered wireless communications[J]. IEEE Journal on Selected Areas in Communications, 2005, 23(2): 201-220.

[31] Zou Y, Yao Y D, Zheng B. Cooperative relay techniques for cognitive radio systems: Spectrum sensing and secondary user transmissions[J]. IEEE Communications Magazine, 2012, 50(4): 98-103.

[32] Budiarjo I, Nikookar H, Ligthart L P. Cognitive radio modulation techniques[J]. IEEE Signal Processing Magazine, 2008, 25(11): 24-34.

[33] 郅希云. 认知无线网络协作频谱感知、协作传输、频谱切换技术研究[D]. 北京：北京邮电大学, 2012.

[34] Letaief K B, Zhang W. Cooperative communications for cognitive radio networks[J]. Proceedings of the IEEE, 2009, 97(5): 878-893.

[35] Tajer A, Prasad N, Wang X. Beamforming and rate allocation in MISO cognitive radio networks[J]. IEEE Transactions on Signal Processing, 2010, 58(1): 362-377.

[36] Cheng S M, Lien S Y, Chu F S, et al. On exploiting cognitive radio to mitigate interference in macro/femto heterogeneous networks[J]. IEEE Wireless Communications, 2011, 18(3): 40-47.

[37] 谢人超. 认知无线网络资源管理算法研究[D]. 北京：北京邮电大学, 2012.

[38] 郭彩丽, 冯春燕, 曾志民. 认知无线电网络技术及应用[M]. 北京：电子工业出版社, 2010.

[39] 李佳珉, 康桂华. NC-OFDM 在认知无线电中应用的仿真研究[J]. 计算机仿真, 2009, 26(9): 108-111.

[40] Weiss T A, Jondral F K. Spectrum pooling: An innovative strategy for the enhancement of spectrum efficiency[J]. IEEE Communications Magazine, 2004, 42(3): 8-14.

[41] Strinat E C, Hérault L. Holistic approach for future energy efficient cellular networks[J]. Elektrotechnik and Informationstechnik, 2010, 127(11): 314-320.

[42] Edler T, Lundberg S. Energy efficiency enhancements in radio access networks[J]. Ericsson Review, 2004, 1: 42-49.

[43] 陶芳芳. 国产智能手机行业客户满意度测评研究[D]. 上海：上海工程技术大学, 2015.

[44] Feng D, Jiang C, Lim G, et al. A survey of energy-efficient wireless communications[J]. IEEE Communications Surveys & Tutorials, 2013, 15(1): 167-178.

[45] Zhao Q, Sadler B. A survey of dynamic spectrum access[J]. IEEE Signal Processing Magazine, 2007, 24(3): 79-89.
[46] 田峰. 认知无线电频谱共享技术的研究[D]. 南京: 南京邮电大学, 2008.
[47] 池景秀. 基于压缩感知的认知无线电宽带频谱感知与子载波比特分配关键技术研究[D]. 杭州: 杭州电子科技大学, 2013.
[48] 金露. 认知无线网络中基于压缩感知的宽带频谱感知及其资源分配技术研究[D]. 杭州: 杭州电子科技大学, 2014.
[49] Digham F F, Alouini M S, Simon M K. On the energy detection of unknown signals over fading channels[J]. IEEE Transactions on Communications, 2007, 55(1): 21-24.
[50] Mishra S M, Sagai A, Brodersen R W. Cooperative sensing among cognitive radios[C]. Proceedings of IEEE International Conference on Communications, Istanbul, 2006: 1658-1663.
[51] Zhang W, Mallik R, Letaief K. Optimization of cooperative sensing with energy detection in cognitive radio networks[J]. IEEE Transactions on Wireless Communications, 2009, 8(12): 5761-5766.
[52] Ma J, Zhao G, Li Y. Soft combination and detection for cooperative spectrum sensing in cognitive radio networks[J]. IEEE Transactions on Wireless Communications, 2008, 7(11): 4502-4507.
[53] Chaudhari S, Lunden J, Koivunen V, et al. Cooperative sensing with imperfect reporting channels: Hard decisions or soft decisions?[J]. IEEE Transactions on Signal Processing, 2012, 60(1): 18-28.
[54] Yucek T, Arslan H. A survey of spectrum sensing algorithms for cognitive radio applications[J]. IEEE Communications Surveys & Tutorials, 2009, 11(1): 116-130.
[55] Donoho D. Compressed sensing[J]. IEEE Transactions on Information Theory, 2006, 52(4): 1289-1306.
[56] Candès E, Tao T. Near optimal signal recovery from random projections: Universal encoding strategies[J]. IEEE Transactions on Information Theory, 2006, 52(12): 5406-5425.
[57] 焦李成, 杨淑媛, 刘芳, 等. 压缩感知回顾与展望[J]. 电子学报, 2011, 39(7): 1651-1662.
[58] 邓军. 基于凸优化的压缩感知信号恢复算法研究[D]. 哈尔滨: 哈尔滨工业大学, 2011.
[59] 任晓馨. 压缩感知贪婪匹配追踪类重建算法研究[D]. 北京: 北京交通大学, 2012.
[60] Chen S S, Donoho D L. Atomic decomposition by basis pursuit[J]. SIAM Review, 2001, 43(1): 129-159.
[61] Kim S J, Koh K, Lustig M, et al. An interior-point method for large-scale l_1 regularized least squares[J]. IEEE Journal on Selected Topics in Signal Processing, 2007, 1(4): 606-617.
[62] Figueiredo M A T, Nowak R D, Wright S J. Gradient projection for sparse reconstruction: Application to compressed sensing and other inverse problems[J]. IEEE Journal of Selected Topics in Signal Processing, 2007, 1(4): 586-598.
[63] Blumentsath T, Davies M E. Iterative thresholding for sparse approximations[J]. Journal of Fourier Analysis and Applications, 2008, 14(5-6): 629-654.
[64] Peel T, Emiya V, Ralaivola L, et al. Matching pursuit with stochastic selection[C]. Proceedings of the 20th European Signal Processing Conference, Bucharest, 2012: 879-883.
[65] Mingrui Y, Hoog F D. Orthogonal matching pursuit with thresholding and its application in compressive sensing[J]. IEEE Transactions on Signal Processing, 2015, 63(20): 5479-5486.

[66] Needell D, Vershynin R. Signal recovery from incomplete and inaccurate measurements via regularized orthogonal matching pursuit[J]. IEEE Journal of Selected Topics in Signal Processing, 2010, 4(2): 310-316.
[67] Wu H L, Wang S. Adaptive sparsity matching pursuit algorithm for sparse reconstruction[J]. IEEE Signal Processing Letters, 2012, 19(8): 471-474.
[68] 刘亚新，赵瑞珍，胡绍海，等. 用于压缩感知信号重建的正则化自适应匹配追踪算法[J]. 电子与信息学报, 2010, 32(11): 2713-2717.
[69] Needell D, Tropp J A. CoSaMP: Iterative signal recovery from incomplete and inaccurate samples[J]. Applied and Computational Harmonic Analysis, 2009, 26(3): 301-321.
[70] Liu L F, Du X P, Cheng L Z. Stable signal recovery via randomly enhanced adaptive subspace pursuit method[J]. IEEE Signal Processing Letters, 2013, 20(8): 823-826.
[71] 梁瑞宇，周采荣，王青云，等. 基于自适应次梯度投影算法的压缩感知信号重构[J]. 信号处理, 2010, 26(12): 1883-1888.
[72] Sun H, Chiu W Y, Nallanathan A. Adaptive compressive spectrum sensing for wideband cognitive radios[J]. IEEE Communications Letters, 2012, 16(11): 1812-1815.
[73] 张正浩，裴昌幸，陈南，等. 宽带认知无线电网络分布式协作压缩频谱感知算法[J]. 西安交通大学学报, 2011, 45(4): 67-71, 114.
[74] Laska J N, Bradley W F, Rondeay T W, et al. Compressive sensing for dynamic spectrum access networks: Techniques and tradeoffs[C]. Proceedings of IEEE International Symposium on Dynamic Spectrum Access Networks, Aachen, 2011: 156-163.
[75] Prasad R, Murthy C R, Rao B D. Joint channel estimation and data detection in MIMO-OFDM systems: A sparse Bayesian learning approach[J]. IEEE Transactions on Signal Processing, 2015, 63(20): 5369-5382.
[76] Wang X, Guo W B, Lu Y, et al. Adaptive compressive sampling for wideband signals[C]. Proceedings of IEEE 73rd Vehicular Technology Conference, Yokohama, 2011: 1-5.
[77] 郭莹，邱天爽. 基于改进子空间追踪算法的稀疏信号估计[J]. 计算机应用，2011，31(4): 907-995.
[78] 章坚武，池景秀，许晓荣. 一种基于子空间追踪的宽带压缩频谱感知方法[J]. 电信科学, 2013, 29(1): 63-67.
[79] 唐亮，周正，石磊，等. 基于能量均衡的无线传感器网络压缩感知算法[J]. 电子与信息学报, 2011, 33(8): 1919-1923.
[80] 赵春晖，许云龙. 能量约束贝叶斯压缩感知检测算法[J]. 通信学报, 2012, 33(10): 1-6.
[81] Hong Y W, Huang W J, Chiu F H, et al. Cooperative communications in resource-constrained wireless networks[J]. IEEE Signal Processing Magazine, 2007, 24(5): 47-57.
[82] 季薇，郑宝玉. 基于能量有效性的协作节点配置问题研究[J]. 信号处理，2011，27(3): 321-327.
[83] Xu X, Huang A, Bao J. Energy efficiency analysis of cooperative sensing and sharing in cognitive radio networks[C]. Proceedings of the 11th International Symposium on Communications and Information Technologies, Hangzhou, 2011: 422-427.
[84] Zhang N, Lu N, Lu R, et al. Energy-efficient and trust-aware cooperation in cognitive radio networks[C]. Proceedings of IEEE International Conference on Communication, Ottawa, 2012: 1763-1767.

[85] Chien W B, Yang C K, Huang Y H. Energy-saving cooperative spectrum sensing processor for cognitive radio system[J]. IEEE Transactions on Circuits and Systems, 2011, 58(4): 711-723.

[86] 安春燕. 认知无线网络资源管理若干关键技术研究[D]. 北京: 北京邮电大学, 2013.

[87] Sun D, Zheng B. A novel resource allocation algorithm in multi-media heterogeneous cognitive OFDM system[J]. KSII Transactions on Internet and Information Systems, 2010, 4(5): 691-708.

[88] 徐友云, 李大鹏, 钟卫, 等. 认知无线电网络资源分配——博弈模型与性能分析[M]. 北京: 电子工业出版社, 2013.

[89] Peh E C Y, Liang Y C, Guan Y L, et al. Optimization of cooperative sensing in cognitive radio networks: A sensing-throughput tradeoff view[J]. IEEE Transactions on Vehicular Technology, 2009, 58(9): 5294-5299.

[90] Lee W, Cho D H. Channel selection and spectrum availability check scheme for cognitive radio systems considering user mobility[J]. IEEE Communications Letters, 2013, 17(3): 463-466.

[91] Liu X, Jia M, Gu X. Joint optimal sensing threshold and subcarrier power allocation in wideband cognitive radio for minimizing interference to primary user[J]. China Communications, 2013, 10(11): 70-80.

[92] 李维英, 陈东, 刑成文, 等. 认知无线电系统中 OFDM 多用户资源分配算法[J]. 西安电子科技大学学报(自然科学版), 2007, 34(3): 368-372.

[93] Keller T, Hanzo L. Adaptive modulation techniques for duplex OFDM transmission[J]. IEEE Transactions on Vehicular Technology, 2000, 49(5): 1893-1906.

[94] 孙大卫, 郑宝玉, 许晓荣. 基于认知 OFDM 的子载波功率分配改进算法[J]. 信号处理, 2010, 26(8): 1200-1204.

[95] Jang J, Lee K B. Transmit power adaptation for multiuser OFDM systems[J]. IEEE Journal on Selected Areas in Communications, 2003, 21(2): 171-178.

[96] Rhee W, Cioffi J M. Increase in capacity of multiuser OFDM system using dynamic subchannel allocation[C]. Proceedings of IEEE 51st Vehicular Technology Conference, Tokyo, 2000: 1085-1089.

[97] Shen Z, Andrews J G. Adaptive resource allocation in multiuser OFDM systems with proportional rate constraints[J]. IEEE Transactions on Wireless Communications, 2005, 4(6): 2726-2736.

[98] Lu Q X, Peng T, Wang W. Utility-based resource allocation in uplink of OFDMA-based cognitive radio systems[J]. Information Technology Journal, 2010, 9(3): 494-499.

[99] Chow P S, Cioffi J M, Bingham J A C. A practical discrete multitone transceiver loading algorithm for data transmission over spectrally shaped channels[J]. IEEE Transactions on Communications, 1995, 43(2-4): 773-775.

[100] Xu X, Yao Y, Hu S, et al. Joint subcarrier and bit allocation for secondary user with primary users' cooperation[J]. KSII Transactions on Internet and Information Systems, 2013, 7(12): 3037-3054.

[101] Shi Z P, Tan T, Teh K C, et al. Energy efficient cognitive radio network based on multiband sensing and spectrum sharing[J]. IET Communications, 2014, 8(9): 1499-1507.

[102] Mao J, Xie G, Gao J, et al. Energy efficiency optimization for OFDM-based cognitive radio systems: A water-filling factor aided search method[J]. IEEE Transactions on Wireless Communications, 2013, 12(5): 2366-2375.

[103] Li Y Z, Sheng M, Tan C W, et al. Energy efficient subcarrier assignment and power allocation in OFDMA systems with max-min fairness guarantees[J]. IEEE Transactions on Communications, 2015, 63(9): 3183-3195.

[104] Shi W J, Wang S W, Chen D G. Energy- and spectrum-efficiency tradeoff in OFDM-based cognitive radio systems[C]. Proceedings of IEEE Global Communications Conference, Austin, 2014: 3092-3097.

第 2 章　分布式压缩感知理论

2.1　压缩感知理论框架

压缩感知理论由于其“采样速率不是由信号带宽决定而由信息在信号中的构成结构决定”的观点，迅速成为应用数学、数字信号处理、计算机科学以及相关应用领域的研究热点[1-3]。

压缩感知允许以低于奈奎斯特采样率的速率采样稀疏信号，因此吸引了信号处理领域诸多研究者的关注。信号的稀疏表示、观测矩阵以及重构算法的设计是该理论的核心[4,5]。

压缩感知理论中，对于任何一个可以用一组正交基表示的具有稀疏性或可压缩性的信号，可以利用一个与该正交基有一定不相关性的观测矩阵将原本高维的信号投影成一个低维信号，并通过求解一个欠定方程组以高概率重构出原信号[4,5]。压缩感知理论框架如图 2.1 所示。

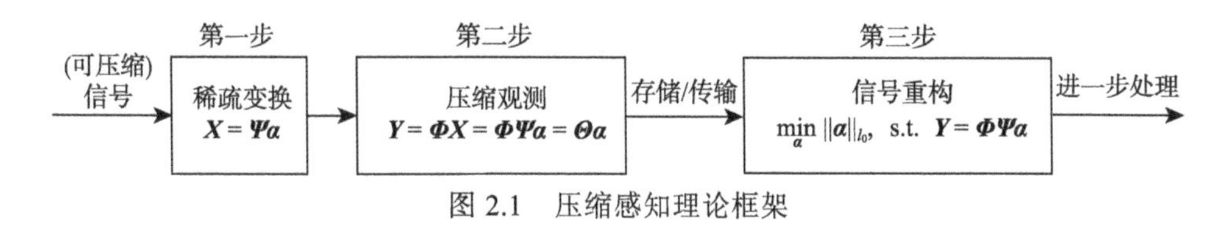

图 2.1　压缩感知理论框架

在传统采样方法中，信号发送编码端首先需要根据奈奎斯特采样定理对信号进行采样，然后对所有采样值进行相应变换，并将其中重要系数的幅度和位置进行编码，最后只对这些编码值进行存储和传输；在信号接收解码端，信号通过解码和反变换可最终得到原信号[4,5]。在该过程中，奈奎斯特采样定理要求采样速率不低于信号带宽的 2 倍，对于宽带信号采样，这显然会对硬件提出更高要求。此外，压缩变换得到的大量小系数被丢弃会导致数据计算和内存资源的浪费。而在压缩感知采样中，利用信号稀疏性，以远低于奈奎斯特采样率的速率对信号进行非自适应压缩观测编码，将传统的采样和数据压缩合为一步，不需要复杂的编码算法，从而可有效减少发送端的采样时间和降低功耗；接收端的解码不是简单的编码逆过程，而是在“盲源分离”的求逆思想下，利用信号稀疏分解理论中已有的重构算法实现在概率意义上的重构[4-7]。因此，压缩感知采样具有如下特点。

(1) 非自适应性。颠覆了奈奎斯特采样定理，采样率不取决于信号带宽，而是信息在信号中的结构和稀疏程度。

(2) 非相关性。在传统采样中，相邻采样点之间往往存在信息冗余即相关性大的情形。而在压缩采样中，由于所用的稀疏矩阵是正交的，可最大限度保证投影向量中元素间的相关性较小。另外，信号的某些采样值缺失并不会影响重构，这意味着压缩感知采样具有强抗干扰能力。

(3) 采样和压缩编码同步完成。目前，模拟信息转换器(analog to information converter, AIC)和调制宽带解调器(modulated wideband converter, MWC)已成功将离散域的压缩感知理论推广到模拟域。

由图 2.1 可知，压缩感知理论的核心内容主要包括信号稀疏变换、观测矩阵设计和重构算法设计[4,5,7,8]。信号具有稀疏性或可压缩性是应用压缩感知的前提条件。在理论上，任何信号都具有可压缩性，但是只有在合适的稀疏空间中才能保证这种稀疏性。这涉及稀疏矩阵设计问题。一个被观测压缩为低维信号的高维信号要实现重构，必须拥有重构所需的关键性采样信息，这即观测矩阵设计的目标[7,8]。对于一个已严重压缩的信号，如何通过复杂度较低、对观测样本值要求较少和具有鲁棒性的重构算法对其进行重构，是重构算法设计需要考虑的问题。

2.1.1 信号稀疏变换

Donoho 给出的信号稀疏定义[1]如下。

信号 $\boldsymbol{X}$ 在正交基 $\boldsymbol{\Psi}$ 下的变换系数向量为 $\boldsymbol{\alpha}=\boldsymbol{\Psi}^{\mathrm{T}}\boldsymbol{X}$，$\forall\ 0<p<2$ 和 $R>0$，若这些系数满足

$$\|\boldsymbol{\alpha}\|_p=\left(\sum_i|\alpha_i|^p\right)^{1/p}\leqslant R \tag{2.1}$$

则说明系数向量 $\boldsymbol{\alpha}$ 在某种意义下是稀疏的。

任意一个 N 维信号 $\boldsymbol{X}\in\mathbf{R}^N$ 可由一个正交基表示为

$$\boldsymbol{X}=\sum_{i=1}^{N}\boldsymbol{\psi}_i\alpha_i=\boldsymbol{\Psi}\boldsymbol{\alpha} \tag{2.2}$$

式中，$\boldsymbol{\Psi}=[\boldsymbol{\psi}_1,\boldsymbol{\psi}_2,\cdots,\boldsymbol{\psi}_N]$ 为 $N\times N$ 矩阵，其列向量 $\boldsymbol{\psi}_i\ (i=1,2,\cdots,N)$ 是 $N\times 1$ 维基向量；$\{\alpha_i\}$ 为系数集合，当该集合仅有 K 个非零系数(或绝对值远大于零的系数)时，称 $\boldsymbol{\Psi}$ 为 $\boldsymbol{X}$ 的稀疏基，且信号 $\boldsymbol{X}$ 为 K 阶稀疏即 $\|\boldsymbol{\alpha}\|_0\leqslant K$。

信号稀疏矩阵设计的目标是根据信号特点从基库中为信号选择最好的基或者从这个最好的基中选择最合适的 K 项组合，即可以用投影矩阵 $\boldsymbol{\Psi}$ 中 K 个列向量线性表示信号 $\boldsymbol{X}$；如果式(2.2)中除了几个系数值较大外，其他系数值可忽略不计，那么信号 $\boldsymbol{X}$ 可压缩[7,8]。

目前，常用的稀疏表示基主要有傅里叶基、小波系数、全变差范数、Gabor 系

数、Curvelet 系数和 Chirplet 基[5]等。不同的稀疏基有不同的适用范围，例如，傅里叶基适用于光滑信号即平坦信号，小波系数适用于分段平滑信号，全变差范数适用于有界变差函数，Gabor 系数适用于振荡信号即非平稳信号，Curvelet 系数适用于具有不连续边缘的图像信号[5]。

通常，可用系数衰减速度来衡量一个稀疏基的好坏。典型的衰减方式是幂次速度衰减。以平滑信号为例，若连续信号有 s 阶有界导数，那么 d 维空间中第 n 大的傅里叶系数或者小波系数衰减速率为 $1/n^{s/d+1/2}$。Candès 等[2,3]进一步给出了幂次衰减下的重构误差：

$$\varepsilon=\|\hat{\boldsymbol{X}}-\boldsymbol{X}\|_2 \leqslant C_r(K/(\log_2 N)^6)^{-r}, \quad r=1/p-1/2, 0<p<1 \tag{2.3}$$

2.1.2　观测矩阵设计

信号经过稀疏表示后，问题就转变为如何设计一个稳定的观测矩阵 $\boldsymbol{\Phi}$，使信号从高维向低维投影时保留重构所需的关键信息以便重构。观测矩阵的稳定性指在通过观测矩阵进行观测降维的过程中，稀疏或可压缩信号中的显著信息(salient information)不能被破坏[3,5]。图 2.2 给出了压缩感知的线性观测过程。

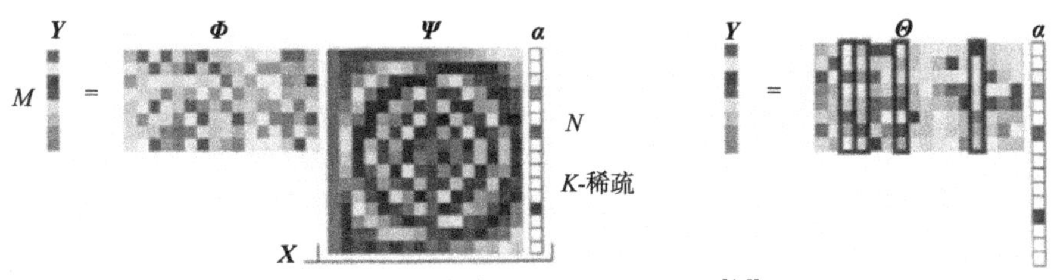

图 2.2　压缩感知的线性观测过程[4,5]

式(2.4)是相应的数学表达式：

$$\boldsymbol{Y}=\boldsymbol{\Phi X}=\boldsymbol{\Phi \Psi \alpha}=\boldsymbol{\Theta \alpha} \tag{2.4}$$

式中，$\boldsymbol{Y}=[y_1, y_2, \cdots, y_M]^{\mathrm{T}}$ 是一个 $M\times 1$ 维向量，其元素 $y_j=\langle \boldsymbol{X},\boldsymbol{\varphi}_j\rangle$，$j=1,2,\cdots,M$；$\boldsymbol{\Phi}=[\varphi_1,\varphi_2,\cdots,\varphi_N]$ 是一个 $M\times N$ ($M \ll N$)的观测矩阵或观测矩阵；$\boldsymbol{\Theta}=\boldsymbol{\Phi\Psi}$ 为 $M\times N$ 的压缩感知矩阵。

由于 $M \ll N$，从 M 维的 $\boldsymbol{Y}$ 信号重构出的 N 维 $\boldsymbol{X}$ 信号是一个 NP 难(non-deterministic polynomial-hard)问题。但是，考虑到 $\boldsymbol{\alpha}$ 是 K 阶稀疏的，且 $K<M \ll N$，可通过信号稀疏分解理论中已有的稀疏分解算法求解 $\boldsymbol{\alpha}$，再由 $\boldsymbol{X}=\boldsymbol{\Psi\alpha}$ 得到 $\boldsymbol{X}$。为了保证算法的收敛性，文献[3]、文献[5]和文献[9]给出了存在确定解的充要条件，即约束等距性质(restricted isometry property, RIP)条件：对于任意具有严格 K 维稀疏的向量 $\boldsymbol{\alpha}$ (对于可压缩信号，要求为 $3K$ 维稀疏)，矩阵 $\boldsymbol{\Theta}$ 应该满足

$$1-\varepsilon \leqslant \frac{\|\boldsymbol{\Theta}\boldsymbol{\alpha}\|_2}{\|\boldsymbol{\alpha}\|_2} \leqslant 1+\varepsilon \tag{2.5}$$

式中，$\varepsilon \in (0,1)$。

RIP 条件的一个等价性约束是观测矩阵 $\boldsymbol{\Phi}$ 和稀疏矩阵 $\boldsymbol{\Psi}$ 必须满足不相关性。这意味着从 $\boldsymbol{\Phi}$ 中任意抽取的 M 个列向量构成的矩阵要求是非奇异的，以保证观测矩阵不会将两个不同的 K 阶稀疏信号映射到同一个采样集合中。$\boldsymbol{\Phi}$ 和 $\boldsymbol{\Psi}$ 的相干度定义如下：

$$\mu(\boldsymbol{\Phi},\boldsymbol{\Psi})=\sqrt{N}\max_{k,j=1,2,\cdots,N}|\langle \varphi_k,\psi_j\rangle| \tag{2.6}$$

要求 μ 较小并接近 1。针对凸松弛重构算法，Candès 等成功推导出信号重构的一个充分条件[3]：

$$M \geqslant c\mu^2(\boldsymbol{\Phi},\boldsymbol{\Psi})K\log_2 N \tag{2.7}$$

式中，c 为一个确定性常数。

式(2.7)表明，相干度越小，需要的观测样本值越少。当相干度接近于 1 时，观测样本个数为 $M \approx K\log_2 N$，该值相比于传统的采样样本数 N 要大为减少。另外，若 M 满足式(2.8)，则信号重构概率将达到 $1-\delta$ ($\delta>0$)[3,9]：

$$M \geqslant c\mu^2(\boldsymbol{\Phi},\boldsymbol{\Psi})K\log_2 \frac{N}{\delta} \tag{2.8}$$

一个好的观测矩阵设计除了满足上述基本条件外，还应当具有以下特点。

(1) 在理论上最好具有最优性能。

(2) 普适性，即与一般的稀疏字典不相关。

(3) 实用性，即要求产生的观测矩阵占用存储空间少、硬件易实现等。

目前，观测矩阵研究朝着随机性观测矩阵设计和确定性观测矩阵设计两个方向开展。随机性观测矩阵有较好的重构效果，但是目前实际应用中比较成功的只有单像素相机。确定性观测矩阵虽然易于硬件实现，但是重构性能劣于随机性观测矩阵，应用前景尚不明朗。在众多观测矩阵中，随机高斯观测矩阵是较优的观测矩阵，已被研究者广泛使用。随机高斯观测矩阵元素服从均值为 0、方差为 $1/N$ 的独立正态分布随机变量，其最大优点是普适性，且几乎与任意稀疏字典不相关，当 $M \geqslant cK\log_2(N/K)$ 时(c 是一个很小的常数)，即可以高概率保证 RIP 条件[1,3,9]。其唯一的缺点是矩阵元素所需的存取空间很大，且因结构化本质而计算速度较慢，因此在实用性上有所欠缺。

研究表明，由伯努利矩阵、傅里叶随机矩阵、LDPC 码校验矩阵和随机托普利兹矩阵构造的观测矩阵 $\boldsymbol{\Phi}$ 均满足 RIP 条件。压缩感知矩阵 $\boldsymbol{\Theta}=\boldsymbol{\Phi}\boldsymbol{\Psi}$ 可高概率保证不相干性和满足 RIP 条件，因此它们常被选为压缩感知观测矩阵 $\boldsymbol{\Phi}$。

2.1.3　信号重构方法

式(2.9)描述的 l_0 非凸优化问题是一个 NP 难问题，需要转化为凸优化问题(线性规划问题)才能求解[5, 7,10]，如式(2.10)所述：

$$\min_{\boldsymbol{\alpha}} \| \boldsymbol{\alpha} \|_{l_0}, \quad \text{s.t.}\ \boldsymbol{Y} = \boldsymbol{\Phi\Psi\alpha} \tag{2.9}$$

$$\min_{\boldsymbol{\alpha}} \| \boldsymbol{\alpha} \|_{l_1}, \quad \text{s.t.}\ \boldsymbol{Y} = \boldsymbol{\Phi\Psi\alpha} \tag{2.10}$$

最小 l_1 范数法的典型算法是基追踪(basis pursuit, BP)算法。该算法虽然可以实现信号重构，但是存在如下几个问题[4,5]：① 算法计算复杂度很高，为 $O(N^3)$；② l_1 范数本身并不能区分稀疏系数的位置，进而无法体现信号的稀疏性，因此尽管整体上重构信号在欧氏距离上逼近原信号，但是存在低尺度能量被混淆到高尺度的现象，从而出现人工效应，如一维信号会在高频出现振荡；③ 虽然 l_1 范数是距离 l_0 范数最近的凸稀疏测度，但只有在很严格的条件下两者优化结果才具有等价性，而这是一般的实际信号无法满足的；④ l_1 范数和 l_0 范数优化解等价性的条件不易判断，验证给定随机矩阵是否满足 RIP 条件仍是一个 NP 难问题，而且是基于概率意义上的验证[4,5]。

目前主要有两类主流重构算法：贪婪追踪算法和凸松弛法[3-6]。贪婪追踪算法计算速度快，但重构精度不高，且不能得到全局最优解；凸松弛法重构精度高，能得到全局最优解，但以计算复杂度的增加为代价。一般地，贪婪追踪算法适用于低维小尺度信号，对于有噪声存在的大尺度信号因缺乏噪声鲁棒性而并不适合。相比较而言，凸松弛法较适合于大尺度信号。除此之外的组合算法，要求信号的采样能通过分组测试来进行快速重建，如傅里叶采样、链式追踪、HHS 追踪等[5]。其中，链式追踪算法适用于稀疏度较高的信号，若是低稀疏度信号，则所需的观测样本数会迅速增加，甚至超过信号本身的长度，从而失去压缩的意义。

对于压缩感知理论，若信号含有噪声，则无论采用什么方法进行重构都会存在一定程度的幅度损失。这是因为噪声会破坏信号的稀疏性，含噪信号不是严格的稀疏信号，而是可压缩信号[5,6]。针对不同的先验条件，可对含噪信号建立不同的优化求解模型：

$$\min_{\boldsymbol{\alpha}} \| \boldsymbol{\alpha} \|_1, \quad \text{s.t.}\ \|\boldsymbol{Y} - \boldsymbol{\Phi\Psi\alpha}\|_2 \leqslant \sigma \tag{2.11}$$

$$\min_{\boldsymbol{\alpha}} \| \boldsymbol{Y} - \boldsymbol{\Phi\Psi\alpha} \|_2, \quad \text{s.t.}\ \|\boldsymbol{\alpha}\|_1 \leqslant \tau \tag{2.12}$$

$$\min_{\boldsymbol{\alpha}} \| \boldsymbol{Y} - \boldsymbol{\Phi\Psi\alpha} \|_2 + \lambda\|\boldsymbol{\alpha}\|_1 \tag{2.13}$$

若已知噪声分布，则可采用式(2.11)所述模型并沿用 BP 算法对噪声进行抑制[11]。若已知信号在 l_1 范数下的稀疏度，则可采用式(2.12)所述模型利用最小绝对收缩与选择算子(LASSO)法进行重构[6,12,13]。若信号稀疏度或噪声分布均未知，则可建立如式(2.13)所述的带约束二次规划模型，利用梯度投影法求解[14]。值得注意的是，

上述模型均采用 l_2 范数对噪声进行约束，而 l_2 范数不能体现信号的稀疏性，重构得到的信号稀疏度不能精确达到无噪信号的真实稀疏度，重构的信号系数幅度也不能达到无噪信号的真实系数幅度，即存在幅度损失。

下面简单介绍贪婪追踪算法中的正交匹配追踪(orthogonal matching pursuit, OMP)[15]和子空间追踪(subspace pursuit, SP)[16]的主要步骤。OMP 算法是最经典的贪婪迭代算法之一，具有收敛速度快且易于执行等优点。式(2.4)中的观测向量 $\boldsymbol{Y}$ 是矩阵 $\boldsymbol{\Theta}$ 中的 K 个列向量的线性组合，该算法就是利用这些列向量，选择出矩阵 $\boldsymbol{\Theta}$ 与向量 $\boldsymbol{Y}$ 残差相关性最大的列，并在残差中减去该列对向量 $\boldsymbol{Y}$ 的影响值，从而得到信号中 K 个非零元素的位置。

OMP 算法是匹配追踪(matching pursuit, MP)算法的改进，它通过递归地对已选择原子集合进行正交化以保证迭代的最优性，将信号投影在该正交空间中[7,15,17]。其具体步骤如下。

输入： $\boldsymbol{\Phi}$；$\boldsymbol{\Psi}$；$\boldsymbol{\Theta}=\boldsymbol{\Phi\Psi}$，其矩阵列向量为 $\boldsymbol{\theta}_j (j=1,2,\cdots,N)$；稀疏度 K。

输出： 稀疏向量 $\hat{\boldsymbol{\alpha}}$。

(1) 初始化余量 $\boldsymbol{r}=\boldsymbol{Y}$，迭代次数 $l=1$，索引值集合记为 $\Lambda=\varnothing$。

(2) 计算相关系数 u，从中找出最大值对应的索引值 λ 存入 Λ ($\Lambda=\Lambda\cup\lambda$)：

$$u=\{u_n \mid u_n=|\langle \boldsymbol{r},\boldsymbol{\theta}_n\rangle|,\ n=1,2,\cdots,N\} \tag{2.14}$$

(3) 利用最小二乘法求 $\hat{\boldsymbol{\alpha}}$：

$$\hat{\boldsymbol{\alpha}}=\arg\min\|\boldsymbol{Y}-\boldsymbol{\Theta}_\Lambda\boldsymbol{\alpha}\| \tag{2.15}$$

(4) 更新余量 $\boldsymbol{r}_{\text{new}}=\boldsymbol{Y}-\boldsymbol{\Theta}_\Lambda\hat{\boldsymbol{\alpha}}$。

(5) 若 $|\Lambda|\geqslant K$，其中 $|\bullet|$ 表示集合中的元素个数，则停止迭代；否则，$\boldsymbol{r}=\boldsymbol{r}_{\text{new}}$，$l=l+1$，转步骤(2)。

SP 算法是一种基于回溯思想的重构算法，它先从原子库中选择多个符合相关性条件的原子，同时剔除部分原子，从而提高算法效率[7,16]。SP 算法的每次迭代都保证支撑集中有 K 个原子，因此候选集合中最多不超过 $2K$ 个原子，每次剔除的原子最多不超过 K 个。其具体迭代步骤如下。

输入： $\boldsymbol{\Phi}$；$\boldsymbol{\Psi}$；$\boldsymbol{\Theta}=\boldsymbol{\Phi\Psi}$，其矩阵列向量为 $\boldsymbol{\theta}_j (j=1,2,\cdots,N)$；稀疏度 K。

输出： 稀疏向量 $\hat{\boldsymbol{\alpha}}$。

(1) 初始化余量 $\boldsymbol{r}=\boldsymbol{Y}$，迭代次数 $l=1$，索引值集合记为 $\Lambda=\varnothing$，$\Lambda_1=\varnothing$。

(2) 根据式(2.14)计算相关系数 u，从中找出较大 K 个值对应的索引值存入 Λ_1，更新 $\Lambda=\Lambda\cup\Lambda_1$。

(3) 根据式(2.15)计算 $\hat{\boldsymbol{\alpha}}$，并寻找 $\hat{\boldsymbol{\alpha}}$ 中较大的 K 个值对应的原子放入 $\boldsymbol{\Theta}_\Lambda$。

(4) 更新余量 $\boldsymbol{r}_{\text{new}}=\boldsymbol{Y}-\boldsymbol{\Theta}_\Lambda\hat{\boldsymbol{\alpha}}$。

(5) 若 $|\Lambda|\geqslant 2K$，则停止迭代；否则，$\boldsymbol{r}=\boldsymbol{r}_{\text{new}}$，$l=l+1$，转步骤(2)。

构造一种观测次数少且算法复杂度低的重构算法一直是压缩感知理论中的一

个关键问题。目前，凸松弛法、贪婪追踪算法和组合算法是比较常见的压缩感知重构算法。凸松弛法包括基追踪算法[10]、内点法[18]、梯度投影法[14]和迭代阈值法[19]，它们通过求解凸优化问题找到逼近的最佳信号，所需的观测次数较少。文献[20]提出一种基于自适应次梯度投影的稀疏信号重构算法，收敛速度较快且稳定性较高。该算法改进了向半平面投影的表达式并优化了迭代更新过程，将迭代过程中算法的收敛情况作为调节自适应系数的依据。文献[21]提出的梯度投影稀疏重构算法，结合了线性搜索(line search, LS)和 Barzilai-Borwein 步长调整[22]思想，满足全局收敛要求。贪婪追踪算法在每次迭代时通过选择一个局部最优解来逐步逼近原始信号，其代表算法有 MP 算法[23]、OMP 算法[15]和分段正交匹配(stagewise orthogonal matching pursuit, StOMP)算法[24]。此类算法需要较多的观测次数，在某些情况下重构性能较好，但重构效率随信号稀疏度的降低下降明显。由于信号接收过程中往往无法避免噪声的影响，传统的贪婪追踪算法对于含噪信号的重构效果并不理想，也不具有鲁棒性。在此基础上，衍生出了正则化正交匹配追踪 (regularized orthogonal matching pursuit, ROMP)算法[25]、SP 算法[16]和压缩采样匹配追踪(compressive sampling matching pursuit, CoSaMP)算法[26]，此类算法都将稀疏度作为先验条件，而在实际中接收信号的稀疏度往往难以获取。甘伟等对 CoSaMP 算法中非自适应稀疏度的问题进行了深入研究，提出模糊阈值预选措施，对首次裁剪门限进行设置，改良了算法的裁剪流程，实现稀疏度未知的信号重构，提高了算法的运算速度和重构精度[27]。

2.1.4　稀疏变换、观测矩阵和重构方法的联系

信号稀疏矩阵、观测矩阵和重构方法之间是相互关联的。三者的具体联系如下。

首先，对于信号的稀疏变换，采用不同变换域的稀疏矩阵，信号可能呈现出不同的稀疏水平。式(2.7)表明，较高的稀疏水平，即信号中远大于零的值越少，其所需的观测值就越少，压缩程度越高。因此，为了能对信号进行较大程度的压缩，需要针对不同的信号选择适合的稀疏变换基。

其次，对于同一信号的同一稀疏变换基，式(2.8)表明，相干度对稀疏信号重构性能有明显影响。事实上，观测值的数目与信号重构质量在一定区间内呈现正比关系。

另外，采用不同类型的观测矩阵得到的重构性能也有所区别，即不同的重构算法对观测矩阵的设计要求不同。例如，贪婪追踪算法，当观测矩阵的非线性相关性越强时，所需的迭代次数越少，相应所需的重构时间就会越少；凸松弛法，虽然重构精度高且所需的观测值少，但以增加算法的计算复杂度和运行时间为代价[5-7]。

总的来说，观测矩阵列向量间的非线性相关性越强，稀疏水平越高，重构性能就越好。观测矩阵的随机不相关性是正确重构信号的一个充分条件，但是目前为止仍然无法确定随机不相关性是否为最优重构信号的必要条件[7, 28,29]。

综上所述，压缩感知方法具有以下优点。

(1) 成本低，大部分可压缩信号的采集可由一个投影方法(硬件结构)来完成。

(2) 对观测数据丢失的鲁棒性较强，具有良好的稳定性。

(3) 感知数据的获取方法简单，大量运算的估计方法可放在解码端进行。

(4) 通过随机投影方式感知信号，具有一定的保密性。

压缩感知技术的诸多优点奠定了其在信号处理领域的地位，目前对压缩感知理论的应用研究涉及多个领域，如压缩感知雷达、分布式压缩感知、地理信息数据分析、无线传感器网络、图像采集设备开发、医学图像处理、生物传感、光谱分析、超谱图像处理及遥感图像处理等[4-7]。

2.2 分布式压缩感知

2.2.1 联合稀疏模型

压缩感知理论是利用信号内部的稀疏性特点发展而来的，那么怎样利用信号间的稀疏性特点呢？在无线通信网络，特别是大规模网络，分布的节点越来越多，节点与节点之间的信号具有空间相关性和稀疏性。如何有效利用这些节点间的稀疏性以及信号内部的稀疏性以降低它们的信号处理数量和复杂度进而减少节点功耗？分布式压缩感知(DCS)理论正是这样一种压缩感知理论，它建立在信号群的联合稀疏模型(joint sparsity model, JSM)的概念上，将对单信号的压缩采样扩展到了对信号群的压缩采样。

DCS 理论中，每一个节点信号都可在其相应正交基上稀疏表示，节点与节点之间具有一定空间相关性。这样，每个节点都可独立应用压缩感知理论进行观测和压缩编码，并可选择是将压缩后的数据传送给其他节点还是中心节点。采用合适的联合稀疏模型，解码端就能够利用收到的少量压缩数据精确重构出每一个节点信号。DCS 理论可以充分利用信号的内相关性和互相关性实现多个信号的联合重构。

Baron 等[30,31]给出了针对不同情形建立的三种不同的联合稀疏模型：JSM-1、JSM-2 和 JSM-3。下面对这些模型进行介绍。

假设一个信号群 $\boldsymbol{X}_j$ $(j=1,2,\cdots,J)$ 有 J 个信号，且 $\boldsymbol{X}_j \in \mathbf{R}^N$ 。这些信号均在一个已知的稀疏基 $\boldsymbol{\Psi}$ 上显示稀疏性。不同信号具有不同的观测矩阵，如对信号 $\boldsymbol{X}_j$ ，其观测矩阵为 $\boldsymbol{\Phi}_j$ ，大小为 $M_j \times N$ ；相应地，其压缩观测量为 $\boldsymbol{Y}_j=\boldsymbol{\Phi}_j\boldsymbol{X}_j$ 。

1. JSM-1 模型

JSM-1 模型包括通用部分、特征部分：

$$\boldsymbol{X}_j=\boldsymbol{Z}+\boldsymbol{Z}_j,\quad j=1,2,\cdots,J \tag{2.16}$$

式中

$$\boldsymbol{Z}=\boldsymbol{\Psi}\boldsymbol{\alpha}_z,\quad \|\boldsymbol{\alpha}_z\|_0=K \tag{2.17}$$

$$\boldsymbol{Z}_j=\boldsymbol{\Psi}\boldsymbol{\alpha}_j,\quad \|\boldsymbol{\alpha}_j\|_0=K_j \tag{2.18}$$

在 JSM-1 模型中，$\boldsymbol{Z}$ 是通用部分，即各信号共有的分量，在 $\boldsymbol{\Psi}$ 下的稀疏度为 K；$\boldsymbol{Z}_j$ 是特征部分，即其特有的部分，每个信号在基 $\boldsymbol{\Psi}$ 下呈现的稀疏度不同，为 K_j。这里，$\|\cdot\|_0$ 表示向量中的非零个数。在 JSM-1 模型中，信号群享有共同的稀疏基，但是各信号在该基上的稀疏度不同，为 $K+K_j$。该模型指出了各信号投影到由相同基向量张成的基空间部分。

JSM-1 模型的主要应用场合是那些在时间、空间上存在连续平滑过程的目标物理过程，即观测值在时空域内高度相关[7,30]。这里以监测室外温度的传感网络为例。传感监测节点位于空间的不同位置，某个节点获取的观测数据 $\boldsymbol{X}_j$ 具有时空相关性。每个节点都会受到如太阳、风等全局因素的影响，这部分影响可认为是 $\boldsymbol{Z}$，为每个节点共有。但是，由于每个节点所处的具体地理环境不同，会受到一些只有该节点才拥有的本地因素的影响，如树荫、水、动物等，这部分影响即认为是 $\boldsymbol{Z}_j$，为该节点所持有。

2. JSM-2 模型

JSM-2 模型包括通用稀疏基：

$$\boldsymbol{X}_j=\boldsymbol{\Psi}\boldsymbol{\alpha}_j,\quad \|\boldsymbol{\alpha}_j\|_0=K \tag{2.19}$$

在 JSM-2 模型中，所有信号共享稀疏基，且均由该基中相同的 K 个向量构成。换句话说，该模型将不同的 $\boldsymbol{X}_j$ 映射到同一个由 K 个基向量张成的基空间上。因此，所有信号的稀疏度均为 K，只是系数向量 $\boldsymbol{\alpha}_j$ 不同。

JSM-2 模型主要应用于那些多个节点接收、处理由同一个信号源发出信号的场合。这些信号只是存在因信道传播而导致的相移或衰减不同，它们的稀疏度是一致的。这里以 CR 的频谱感知为例。认知无线网络中的认知节点处于空间的不同位置，PU 发送的信号经过不同传播环境为各认知节点所感知。在传播过程中，信号可能会出现各种衰落，包括阴影效应等，这些衰落不会改变也不可能改变信号本身在频谱中的稀疏性。值得一提的是，噪声的存在会影响信号在重构过程中体现出的稀疏性，但不会改变信号本身的稀疏度。每个 CR 节点接收的信号幅值不同，但 PU 的频域位置是相同的。另外，JSM-2 模型还可以应用于 MIMO 系统[7,32,33]。

3. JSM-3 模型

JSM-3 模型包括非稀疏通用部分、稀疏特征部分：

$$\boldsymbol{X}_j=\boldsymbol{Z}+\boldsymbol{Z}_j,\quad j=1,2,\cdots,J \tag{2.20}$$

式中

$$\boldsymbol{Z} = \boldsymbol{\Psi}\boldsymbol{\alpha}_z \tag{2.21}$$

$$\boldsymbol{Z}_j = \boldsymbol{\Psi}\boldsymbol{\alpha}_j \ , \ \ \|\boldsymbol{\alpha}_j\|_0 = K_j \tag{2.22}$$

JSM-3 模型可以看成 JSM-1 模型的扩展。在此信号模型中，信号的构成是相同的，只是其通用部分不具有稀疏性。因此首先要对非稀疏的通用部分进行观测估计，然后将信号减去此估计信息，通过压缩感知和信号重构还原剩下的稀疏特征部分。

此模型常应用在有随机噪声的通信系统中。系统中的不同节点遭受相同噪声的影响，但伴有随机噪声的信号在任何域的映射中的非零位置都不是固定的。该模型也经常应用于一些非分布式的场景，如视频数据压缩过程等[30,33]。

2.2.2　分布式压缩感知信号重构方法

常用的基于 DCS 的信号重构方法有三种：凸松弛法、贪婪追踪法、贝叶斯压缩感知算法。三种方法各有利弊，并适用于不同的场景[8,34-36]。

1. 凸松弛法

凸松弛法[4-6]即在信号重构的建模中，为解决 l_0 范数不能精确求解的问题，转而求解与之等价的 l_1 凸优化问题。凸优化问题的目标函数为凸函数，有一系列约束条件，是一个非线性问题。而若目标函数为严格凸函数，则用凸松弛法求解出来的解不是局部最优解，而是全局最优解，且为唯一解。

式(2.23)即 l_1 范数的表达式，能够将凸松弛法应用于 CS 理论的信号重构中并精确重构：

$$\|\boldsymbol{\alpha}\|_1 \equiv \sum_i |\alpha_i| \leqslant R \tag{2.23}$$

式中，$R > 0$。

2. 贪婪追踪算法

贪婪追踪算法又称为贪婪算法[4,5,37]，它并非直接求解全局最优解，而是通过每一次的迭代求出局部最优解，并逐步逼近全局最优解。通常在压缩感知信号重构时用得最多的贪婪算法有匹配追踪(MP)算法[23,37]、正交匹配追踪(OMP)算法[15,17]、正则化正交匹配追踪(ROMP)算法[25]、子空间追踪(SP)算法[16]和压缩采样匹配追踪(CoSaMP)算法[26]等。

1993 年 Mallat 将迭代思想融入贪婪算法，提出了 MP 算法[23]。MP 算法的步骤是，在迭代中的每一步求解观测矩阵原子集中每个原子与原始信号的相关系数，并筛选出最大相关系数所对应的原子，用以线性表示出原始信号。同时计算原始信号与线性表示的信号之间的残差，再计算残差与其余原子的相关系数，依次类推，得到一组原子，原始信号就可用这一组原子来稀疏表示，所求得的残差即采用该组原子进行信号重构时的重构误差。经过大量测试，MP 算法能有效重构原始信号，误差较小且速度较快。然而，原始信号与经原子线性表示后的信号的残差和经过以上步骤筛选出来的原子并不都是正交的，这样会导致迭代次数急剧上升，算法的收敛性会大大降低。

基于 MP 算法残差与原子不正交导致收敛性差的缺点，研究者对其进行了改进，提出了 OMP 算法[15]。OMP 算法的第一步与 MP 算法相同，即通过计算信号残差与原子的相关系数来选择最佳原子，而针对残差的处理与 MP 算法不同。OMP 算法在每一次的迭代中选出原子后将原子正交化，使得所选出来的原子全部正交，即信号残差所投影的空间为正交空间，再把余量分解出来，当迭代次数增加时，余量呈指数衰减趋势。同时考虑信号重构时信号的稀疏度 K 为已知，在应用该算法进行迭代时，若迭代次数达到 K，则停止迭代。应用 OMP 算法重构信号，既使得所选出的原子为最优，又使迭代次数大大降低，但是要判断原始信号的稀疏度并不容易。因此，研究者进一步改进了 OMP 算法。Donoho 等在 2006 年提出了基于 OMP 算法的改进算法，即 StOMP 算法[24]。该算法在 OMP 算法的基础上做了简化，求解得到的最优解具有近似的精度，这样计算复杂度迅速从之前的 $O(NK^2)$ 降低到 $O(N)$。随着计算复杂度的降低，该算法越来越多地被应用于大规模的工程问题求解。

Needell 等将正则化与 OMP 算法的思想相结合，提出了 ROMP 算法[25]。在 OMP 算法的基础上，ROMP 算法将原子选择增加了一次筛选，也就是说在第一次选择原子时并不是选择与残差值相关系数最大的原子作为最佳原子，而是选出一些与残差相关系数较大的原子集合，第二次再根据正则化需求选择满足条件的原子加入支撑集中。ROMP 算法对更新残差的方式也做了更改，采用最小二乘法来更新残差，一步步逼近原始信号。这样能精确重构出原始信号，且计算复杂度较低。

贪婪算法具有计算量小且易实现的特点，下面在 2.1.3 节 OMP 算法和 SP 算法的基础上，介绍 ROMP 算法和 CoSaMP 算法的流程。

参数说明：$\boldsymbol{r}_i$ 表示残差，t 表示迭代次数，Λ_t 表示 t 次迭代的索引集合。

1) ROMP 算法[25]

ROMP 算法的具体步骤如下。

(1) 初始化：$\boldsymbol{r}_0 = \boldsymbol{y}$，$\Lambda = \varnothing$，$t = 1$，重复 K 次以下步骤或者直到 $|\Lambda| \geqslant 2K$。

(2) 鉴定：计算 $u = \left\langle r_{t-1}, \boldsymbol{\Phi}_j \right\rangle$。

(3) 选择：选择所有非零坐标中的最小值组成集合 J。

(4) 正则化：在所有具有可比较坐标的子集 $J_0 \subset J$ 中，$|u(i)| \leqslant 2|u(j)|$，对 $i, j \in J_0$ 选择具有最大能量 $\|u_{J_0}\|_2$ 的 J_0。

(5) 更新：增加 J_0 到指标集：$\Lambda \leftarrow \Lambda \cup J_0$，$\boldsymbol{x} = \arg\min\limits_{z \in \mathbf{R}^l} \|\boldsymbol{y} - \boldsymbol{\Phi}_z\|$，$\boldsymbol{r} = \boldsymbol{y} - \boldsymbol{\Phi x}$。

2) CoSaMP 算法[26]

CoSaMP 算法具有收敛速度快、误差范围小的特点，具体步骤如下。

(1) 初始化：$\boldsymbol{x}=\boldsymbol{0}$，$\boldsymbol{r}_0=\boldsymbol{y}$，$t=1$。

(2) 计算信号投影：$c=\boldsymbol{\Phi}^{\mathrm{T}}\boldsymbol{r}_{t-1}=\langle\boldsymbol{\Phi},\boldsymbol{r}_{t-1}\rangle$。

(3) 鉴定大的成分，合并支撑集：$\Omega=\mathrm{supp}(\boldsymbol{c}_{2K})$，$\Lambda=\Omega\cup\mathrm{supp}(\boldsymbol{x}_{t-1})$。

(4) 通过最小二乘法估计信号：$\boldsymbol{b}|_{\Lambda}=\boldsymbol{\Phi}_{\Lambda}^{\dagger}\boldsymbol{y}$，$\boldsymbol{b}|_{\Lambda^{\mathrm{c}}}=\boldsymbol{0}$。

(5) 获得下一次逼近：$\boldsymbol{x}_t=\boldsymbol{b}_K$。

(6) 更新残差：$\boldsymbol{r}_t=\boldsymbol{y}-\boldsymbol{\Phi}\boldsymbol{x}_t$。

(7) 若满足停止条件，则输出 $\boldsymbol{x}=\boldsymbol{x}_t$，否则 $t=t+1$ 并回到步骤(2)。

3. 贝叶斯压缩感知信号重构法[35-42]

贝叶斯压缩感知(BCS)理论也是一种被广泛采用的信号重构方法，它有许多优良特性。BCS 理论运用了统计学思想，通过对观测向量进行统计得到原信号的后验分布函数，计算出信号的均值和方差等统计特性，这为后面的观测信号做了充分的准备；同时，其鲁棒性很好，能在有噪声的环境中准确重构出原信号，这一特性决定了其在无线通信中的重要作用[35-38]。

基于 BCS 的稀疏信号重构方法，是指基于无线通信场景建立稀疏贝叶斯回归模型，利用模型中的相关向量机(relevance vector machine, RVM)对模型进行学习和训练，通过训练出的数据对信号进行重构[38]。研究表明，基于稀疏贝叶斯框架的信号重构，实质上是基于 BCS 的对相关向量机的学习，利用学习的结果对稀疏信号进行最大后验概率(maximum a posteriori probability, MAP)估计[35]。文献[38]考虑了 BCS 理论在认知无线传感网络中的应用，将 BCS 与网络数据进行融合，并结合感知信号在时间和空间上的相关性，将稀疏贝叶斯模型进行分层处理，在汇聚节点感知并重构信号，以较高概率重构原始信号。与 OMP 算法重构信号的性能相比，BCS 算法的重构均方根误差大大降低，即使在压缩比较低时算法也能快速收敛。文献[39]将 BCS 理论应用于无线传感器网络中的能量检测，它将已有的分簇算法进行了改进，选择出信号的最佳传输路径，使网络的能量达到最优。以能量约束的 BCS 算法重构信号，可在保证重构误差达到要求的基础上，使网络的能效也得到保障。如果能设计出符合要求的观测矩阵，则只需较少的观测次数即可在认知基站侧通过贝叶斯学习和层次化参数估计实现稀疏重构，即感知节点向认知基站传输的数据量和存储空间可以大大减小，节省了系统采样及存储数据的资源，因而提高了传输效率。文献[40]提出了一种结合分布式节点互信息的 BCS 数据融合方法。每一个认知用户先基于压缩感知进行频谱感知，然后计算出任意两个认知用户的互信息量以得出两者信息差，将信息差异大的两个认知用户关联并共享认知信息，在认知用户端即可采用 BCS 算法来重构原始信号并进行新的信号感知。

基于 BCS 的信号重构方法是通过层次化贝叶斯分析分级先验模型获得稀疏信号估计，故可应用于认知无线电宽带压缩频谱检测。利用多用户感知信号的时空相关性，实现在多用户多任务传输条件下的稀疏信号重构与宽带压缩频谱检测，同时考虑基于期望最大化算法和相关向量机模型的多任务 BCS 参数估计[41,42]。在具有较强相关性的多信号重构方面，相比于传统单任务 BCS 重构方法，多任务 BCS 重构方法在节点能耗与网络带宽受限的条件下，通过对估计参数的合理优化实现了重构均方误差的快速收敛，且收敛速度随着任务数的增加而提高，显著提高了宽带频谱检测性能[41,42]。

2.2.3 约束二次规划问题求解方法

对于含噪观测信号 $\boldsymbol{x}$，其观测向量 $\boldsymbol{y}$ 表示如下：

$$\boldsymbol{y}=\boldsymbol{\Phi x}+\boldsymbol{n} \tag{2.24}$$

式中，$\boldsymbol{\Phi}$ 为 $M\times N$ 观测矩阵；$\boldsymbol{n}$ 为随机高斯向量，且 $\|\boldsymbol{n}\|_2\leqslant\varepsilon$，$\varepsilon$ 是大于零的常数。

将含噪观测信号的凸松弛重构问题改成以下约束凸优化问题[13,14,19]：

$$\min\|\boldsymbol{y}-\boldsymbol{\Phi x}\|_2^2,\quad \text{s.t. } \|\boldsymbol{x}\|_1\leqslant t \tag{2.25}$$

式中，$t>0$。

根据文献[13]、[14]和[19]，式(2.25)为二次规划问题。以下为二次规划问题的几种求解方法。

1. 基追踪去噪法

将式(2.25)的二次规划问题改成如下带约束的凸优化问题：

$$\min_x\|\boldsymbol{x}\|_1,\quad \text{s.t. } \|\boldsymbol{y}-\boldsymbol{\Phi x}\|_2^2\leqslant\varepsilon \tag{2.26}$$

式中，ε 为允许的最大误差。

该不等式可改为无约束凸规划的等价问题：

$$\min_{\boldsymbol{x}}\frac{1}{2}\|\boldsymbol{y}-\boldsymbol{\Phi x}\|_2^2+\tau\|\boldsymbol{x}\|_1 \tag{2.27}$$

式中，参数 τ 为引入的稀疏正则因子，可用来在残差 $\boldsymbol{r}^{(\tau)}=\boldsymbol{y}-\boldsymbol{\Phi x}$ 和系数稀疏度 $\|\boldsymbol{x}\|_1$ 之间进行折中。

在式(2.27)中，目标函数由两部分组成，一部分是 l_1 范数项，表示稀疏能力，只要让稀疏系数尽可能更多地为 0，算法的稀疏能力便可增强；另一部分是 l_2 范数项，为均方误差项，表示噪声的能量大小。合适的稀疏正则因子可以在噪声抑制能力和稀疏表示性能之间进行有效折中[6,33,34,43]。当 $\tau\to 0$ 时，残差 $\boldsymbol{r}^{(\tau)}\to 0$；当 $\tau\to\infty$ 时，残差增大，则 $\boldsymbol{r}^{(\tau)}\to\boldsymbol{y}$。

式(2.27)等价于如下二次规划问题：

$$\min_{\boldsymbol{x}}\boldsymbol{c}^{\mathrm{T}}\boldsymbol{x}+\frac{1}{2}\|\boldsymbol{p}\|_2^2,\quad \text{s.t. } \boldsymbol{Ax}+\delta\boldsymbol{p}=\boldsymbol{b},\ \boldsymbol{x}\geqslant 0,\ \delta=1 \tag{2.28}$$

式中，$\boldsymbol{A} \Leftrightarrow (\boldsymbol{\Phi}, -\boldsymbol{\Phi})$；$c \Leftrightarrow \tau[1, 1, \cdots, 1]^{\mathrm{T}}$；$\boldsymbol{b} \Leftrightarrow \boldsymbol{y}$。

可采用 BPDN 内点(BPDN interior points)法求解以上二次规划问题[18]。这种算法的优点在于收敛性能稳定，但由于其计算复杂度很高，需要较长时间才能计算出结果。

当噪声为高斯白噪声并对正交基字典 $\boldsymbol{\Phi}$ 进行规范化$(\|\boldsymbol{\Phi}\|=1)$时，设置稀疏正则因子 $\tau=\varepsilon\sqrt{2\log_2 N}$，即 τ 与最大允许误差 ε 和信号长度 N 有关。τ 的经验值是一种次优值，它源于小波去噪法的软阈值[19]。容易证明，在对正交基字典 $\boldsymbol{\Phi}$ 进行规范化后，目标函数具有唯一的极值。因此，可用线性搜索方法进行迭代寻求最优解[19,34]。

2. 同伦法

同伦法的基本思想是利用前一次的估计值估计出信号变化的路径和步长，以此建立模型，并求解出下一次的估计值。同伦法是由 BPDN 算法衍生出来的，它结合了同伦函数和迭代算法，可解决工程中的许多问题，具有一定的有效性[6,19]。在信号重构中，Salman 和 Romberg 受同伦法思想的启发，将其与重构方法结合，研究出一种动态更新的最小化 l_1 范数重构方法(Dynamic X)[19]。该算法在估计出前一次的值后，依据某种规则改变激活基中包含的基的个数，再在同伦法的基础上建立模型来估计同伦路径的最佳方向，依次进行直到满足迭代停止条件。Dynamic X 算法在搜索同伦路径时与正则因子 τ 的变化同步，这就需要在搜索路径时满足获得最优解的条件[6]。如果向量 $\boldsymbol{x}^*$ 是式(2.27)的解，则必须满足

$$\left\|\boldsymbol{\Phi}^{\mathrm{T}}(\boldsymbol{\Phi}\boldsymbol{x}^*-\boldsymbol{y})\right\|_\infty \leqslant \tau \tag{2.29}$$

说明残差与观测矩阵的相关系数不超过正则因子。

假设信号 $\boldsymbol{x}$ 变成 $\boldsymbol{x}'$，可获得新的 M 个观测值：

$$\boldsymbol{y}'=\boldsymbol{\Phi}\boldsymbol{x}'+\boldsymbol{n}' \tag{2.30}$$

那么 $\boldsymbol{x}'$ 可通过求解式(2.31)所示的优化问题获得：

$$\min_{\boldsymbol{x}'} \frac{1}{2}\|\boldsymbol{y}'-\boldsymbol{\Phi}\boldsymbol{x}'\|_2^2+\tau\|\boldsymbol{x}'\|_1 \tag{2.31}$$

引入同伦因子 ε 到式(2.31)中，有

$$\min_{\boldsymbol{x}'} \tau\|\boldsymbol{x}'\|_1+\frac{1-\varepsilon}{2}\|\boldsymbol{y}'-\boldsymbol{\Phi}\boldsymbol{x}'\|_2^2+\frac{\varepsilon}{2}\|\boldsymbol{y}'-\boldsymbol{\Phi}\boldsymbol{x}'\|_2^2 \tag{2.32}$$

式中，$\varepsilon \in (0,1)$。

Dynamic X 算法在搜索同伦路径时，不断对同伦因子 ε 进行迭代，在此过程中估计出解的方向和迭代方向。若重构过程是离散的，则可将重构的初始值设为零；若重构过程是连续的，则将重构初始值设为前一次的估计值，再设计算法求解下一次的估计值[6,19,44]。同伦因子迭代和解的更新过程表示如下：

$$\begin{cases} \varepsilon_k^+ = \varepsilon_k + \Delta\varepsilon_k \\ x_k^{*+} = x_k^* + \Delta\varepsilon_k \Delta \boldsymbol{x}^* \end{cases} \tag{2.33}$$

式中，$\Delta\varepsilon_k$ 为同伦因子在第 k 次迭代的增量，其为一个接近零的正数；$\Delta\boldsymbol{x}^* = \Delta\varepsilon_k \left(\boldsymbol{\Phi}_S^{\mathrm{T}}\boldsymbol{\Phi}\right)^{-1}\boldsymbol{\Phi}_S^{\mathrm{T}}\Delta\boldsymbol{y}$ 为估计值增量，S 为 $\boldsymbol{x}^*$ 的支撑集，在每一次迭代过程中它的值都要更新。

Dynamic X 算法在用同伦法搜索同伦路径时效率高，很容易计算出新的估计值。但是要想计算出估计值必须建立同伦路径，而当初始值不同时，同伦路径的差异很大，在初始值的影响下，Dynamic X 算法不一定能稳定收敛[6,19,44]。

3. 最小角回归法

1996 年 Tibshirani 提出了 Lasso 算法[45]，首先将模型系数的 l_1 范数作为罚函数，然后通过求解优化问题得到系数，结果中有一部分系数为零，即模型系数会自行得到压缩，从而选择出具有代表性的变量，并对其参数进行估计[45,46]。Lasso 算法主要用于求解二次规划问题(式(2.25))，也可等价于求解无约束凸规划问题(式(2.27))。

Lasso 算法的计算复杂度高，计算效率很低，为了解决这个问题，一般采用最小角回归(Lars)算法。用 Lars 算法求解 Lasso 问题所得结果与 Lasso 算法基本一致，但求解复杂度与最小二乘回归相当，因此可有效解决其计算复杂度问题[47-49]。Lars 算法的运算过程为：首先将所有系数置零，依次求因变量和自变量的相关系数并进行比较，将相关性最强的自变量 x_{j1} 记为 u_1。然后沿着 u_1 的方向以一定的步长前进，依次求当前残差与自变量的相关系数，当相关系数绝对值与之前相同时停止前进，找到对应的变量 x_{j2}，记为 u_2。接着沿着前两个变量角平分线方向继续前进且在前进的过程中重复以上步骤，找到变量 u_3，再沿着平分前三个变量夹角的方向找第四个变量 u_4。以此类推，进行变量搜索。图 2.3 给出了 Lars 算法的变量搜索路径示意图。

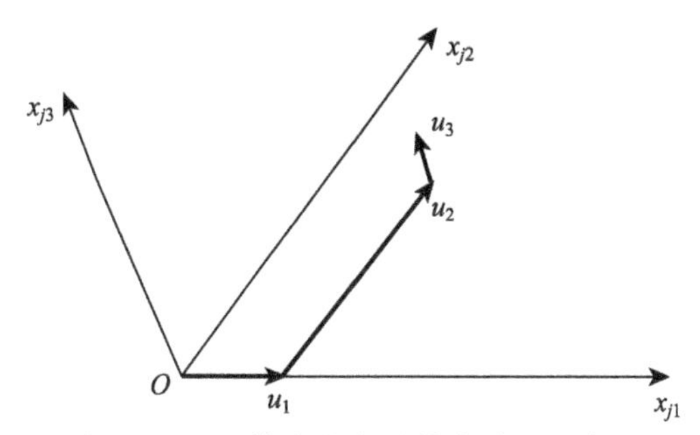

图 2.3　Lars 算法的变量搜索路径示意图

Lars 算法的具体步骤如下。

(1) 初始化：回归系数 $\beta^{(0)} = 0$，活动变量集 $A = \varnothing$，非活动集 $I = \{1,2,\cdots,p\}$。

(2) 对于各次迭代 $k = 0:1:(p-2)$，更新残差 $\boldsymbol{r} = \boldsymbol{y} - \hat{\boldsymbol{y}}^{(k)}$。

(3) 找到极大相关值：$c_{\mathrm{m}} = \max\limits_{i \in I} | \boldsymbol{x}_i^{\mathrm{T}} \boldsymbol{r} |$。

(4) 计算最小二乘解：$\beta_{\mathrm{OLS}}^{(k+1)} = (\boldsymbol{X}_A^{\mathrm{T}} \boldsymbol{X}_A)^{-1} \boldsymbol{X}_A^{\mathrm{T}} \boldsymbol{y}$。

(5) 确定搜索方向：$\boldsymbol{d} = \boldsymbol{X}_A \beta_{\mathrm{OLS}}^{(k+1)} - \hat{\boldsymbol{y}}^{(k)}$，搜索步长：

$$\delta = \min_{i \in I}{}^{+} \left\{ \frac{\boldsymbol{x}_i^{\mathrm{T}} \boldsymbol{r} - c_{\mathrm{m}}}{\boldsymbol{x}_i^{\mathrm{T}} \boldsymbol{d} - c_{\mathrm{m}}}, \frac{\boldsymbol{x}_i^{\mathrm{T}} \boldsymbol{r} + c_{\mathrm{m}}}{\boldsymbol{x}_i^{\mathrm{T}} \boldsymbol{d} + c_{\mathrm{m}}} \right\}, \quad 0 < \delta \leqslant 1$$

(6) 更新回归系数：$\beta^{(k+1)} = (1-\delta)\beta^{(k)} + \delta \beta_{\mathrm{OLS}}^{(k+1)}$。

(7) 更新拟合向量：$\hat{\boldsymbol{y}}^{(k+1)} = \hat{\boldsymbol{y}}^{(k)} + \delta \boldsymbol{d}$。

(8) 输出回归系数：$\boldsymbol{\beta} = [\beta^{(0)}, \cdots, \beta^{(p)}]$。

2.3　基于最大能量子集的自适应观测

本节将介绍认知无线网络中认知节点侧的模拟信息转换器对本地感知数据进行稀疏表示与压缩观测的方法，提出一种基于最大能量子集的自适应观测压缩反馈策略[50]。大量认知节点的实际感知信号为非平稳信号，具有时空相关性，可将感知数据映射到小波正交基进行稀疏变换，并计算变换域信号的能量，选择最大能量子集作为观测矩阵的行向量，进一步对所选择的行向量进行正交化构造自适应观测矩阵。由于最大能量子集反映了 t 时刻的感知信号能量，且信号经稀疏变换后能量守恒，可以将最大能量子集中的元素个数 M 作为观测矩阵行向量，经正交化后构造自适应观测矩阵，从而形成自适应观测压缩反馈，所设计的自适应观测矩阵满足压缩感知理论中的约束等距性质[4,5,9]。对于汇聚节点，采用 OMP 重构方法重构感知信息。相关仿真表明，基于最大能量子集的自适应观测方案(adaptive measurement scheme, AMS)的信号重构效果优于传统随机高斯观测方案(random measurement scheme, RMS)。Sink 节点采用 OMP 重构具有较优的效果，在较小的观测次数下即可实现快速收敛，且具有较低的重构均方误差[15]。它对于大规模 CRN 中的感知信号的自适应观测与稀疏重构具有实际的应用价值。

传统压缩感知的观测矩阵多为随机高斯或伯努利观测矩阵、部分傅里叶矩阵或部分 Hadamard 矩阵、Toeplitz 矩阵或循环矩阵等[28,29]，仅考虑矩阵元素的分布特性，而未考虑观测信号本身的特性。在多节点感知过程中，由于认知节点实际感知到的非平稳信号具有时空相关性[8,42,50]，可以根据观测信号的能量分布自适应地选择观测矩阵维数，从而减少观测次数 M，并使认知基站重构均方误差达到最小。

图 2.4 给出了基于最大能量子集的自适应观测压缩反馈与 Sink 节点 OMP 重构的系统结构。

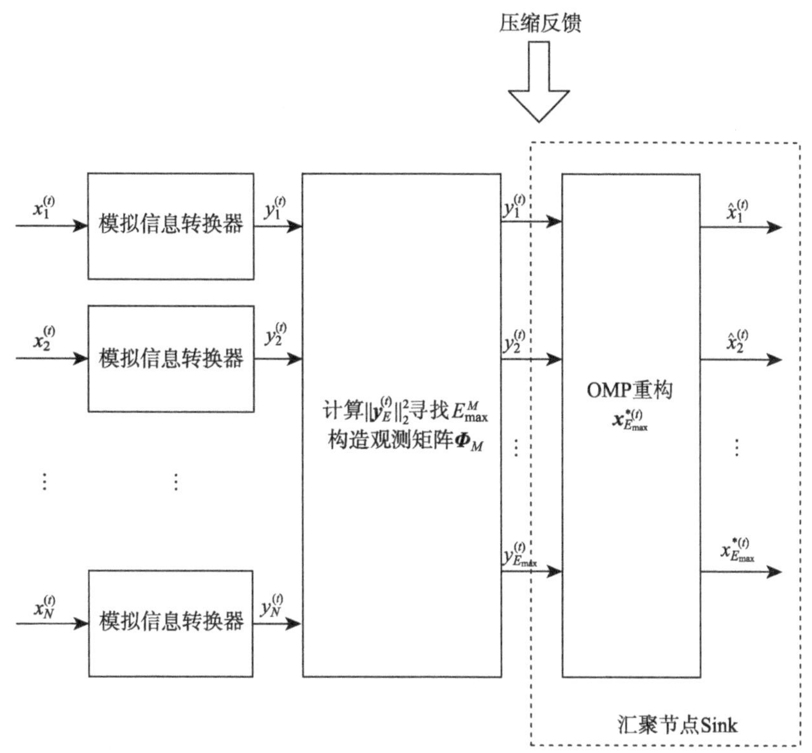

图 2.4　基于最大能量子集的自适应观测压缩反馈与 Sink 节点 OMP 重构的系统结构

RIP 条件给出了观测信号 $\boldsymbol{y}^{(t)}$ 具有 K 稀疏信号 $\boldsymbol{\theta}_s^{(t)}$ 的能量，可以定义能量子集 E，$E \subset A=\{1,2,\cdots,N\}$，在子集 E 上存在映射 $\boldsymbol{y}^{(t)} \to \left\|\boldsymbol{y}_E^{(t)}\right\|_2^2$，子集 E 中的元素个数 $|E|<N$。若存在 $E_{\max}=\max\limits_{E\subset A}\left\|\boldsymbol{y}_E^{(t)}\right\|_2^2$，则 $E_{\max}$ 为集合 A 的最大能量子集，集合中的元素个数为 $|E_{\max}|=M$。

由于变换域能量守恒，根据式(2.5)的 RIP 条件，令 $T=M=|E_{\max}|$，通过分析 $\boldsymbol{y}^{(t)}=\boldsymbol{\Phi}_M(\boldsymbol{x}^{(t)}-\overline{\boldsymbol{x}}^{(t)})+\boldsymbol{n}^{(t)}$ 的能量分布获得 t 时刻感知信号的能量，$\boldsymbol{n}^{(t)}$ 为 t 时刻信道的噪声向量，寻找自适应观测矩阵 $\boldsymbol{\Phi}_M$。

自适应观测的具体过程[50,51]如下。

(1) 认知基站给网络事件区域(event region, ER)中的 N 个节点均发送信令，要求在 t 时刻对各节点进行 PU 频谱检测，产生 t 时刻的感知信号向量 $\boldsymbol{x}^{(t)}$，考虑时刻 t 的感知向量与时间平均向量的差值向量 $(\boldsymbol{x}^{(t)}-\overline{\boldsymbol{x}}^{(t)})$，将其映射到小波基矩阵 $\boldsymbol{B}$ 进行稀疏变换，得到由 K 个非零元素构成的稀疏系数向量 $\boldsymbol{\theta}_s^{(t)}$。本节采用小波的马拉特(Mallat)塔式分解构造树型结构小波基(tree structured wavelet, TSW)矩阵 $\boldsymbol{B}$，小波基为四阶 Daubechies 系列紧支集正交小波(db4)，该小波具有 4 阶消失矩，马拉特分解层数为 6。

(2) 利用观测矩阵 $\boldsymbol{\Phi}$ 对感知信号差值向量进行线性变换，获得 t 时刻的观测值 $\boldsymbol{y}^{(t)}$：

$$\boldsymbol{y}^{(t)} = \boldsymbol{\Phi}\left(\boldsymbol{x}^{(t)} - \overline{\boldsymbol{x}}^{(t)}\right) = \boldsymbol{\Xi}\boldsymbol{\theta}_s^{(t)} \tag{2.34}$$

式中，初始观测矩阵 $\boldsymbol{\Phi} \in \mathbf{R}^{N\times N}$ 为满秩矩阵；$\boldsymbol{\Xi} = \boldsymbol{\Phi}\boldsymbol{B} \in \mathbf{R}^{M\times N}$ 为压缩感知信息算子。

(3) 计算感知信号差值向量在小波域的能量子集 $\left\|\boldsymbol{y}_E^{(t)}\right\|_2^2$，寻找最大能量子集 $E_{\max}^M$，获取其对应元素个数 M，即最佳观测值，它是自适应观测矩阵 $\boldsymbol{\Phi}_M$ 的行向量个数：

$$E_{\max}^M = \max_{E\subset A}\left\|\boldsymbol{y}_E^{(t)}\right\|_2^2 = \max_{E\subset A}\left\|\boldsymbol{\Phi}_M\left(\boldsymbol{x}^{(t)} - \overline{\boldsymbol{x}}^{(t)}\right)\right\|_2^2 \tag{2.35}$$

(4) 在满秩观测矩阵 $\boldsymbol{\Phi} \in \mathbf{R}^{N\times N}$ 中选取 M 个正交的行向量构造子观测矩阵 $\boldsymbol{\Phi}_M \in \mathbf{R}^{M\times N}$，产生观测值 $\boldsymbol{y}_{E_{\max}}^{(t)} = \boldsymbol{\Phi}_M\left(\boldsymbol{x}^{(t)} - \overline{\boldsymbol{x}}^{(t)}\right)$。

由于 t 时刻观测向量的元素是自适应观测矩阵 $\boldsymbol{\Phi}_M$ 行向量与 t 时刻感知信号差值向量相乘得到的，若 $\boldsymbol{\Phi}_M$ 的行向量之间相互独立，则观测向量元素之间的相关性相应减少。因此，还需对自适应观测矩阵的 M 个行向量进行正交化处理，即构造行向量相互正交的自适应观测矩阵 $\boldsymbol{\Phi}_M$，以此得到基于最大能量子集的观测向量 $\boldsymbol{y}_{E_{\max}}^{(t)}$。

图 2.5 给出了自适应压缩反馈在 OMP、BCS 两种重构方法下的重构均方误差。压缩比定义为基于最大能量子集的最佳观测次数 M 与感知数据量 N 之比。由图可知，在事件区域相同感知节点数的情况下，自适应压缩反馈 OMP 算法的重构均方误差略高于自适应压缩反馈 BCS 算法，但其收敛速度较 BCS 算法快。对于同一种重构方法，重构均方误差随着事件区域内感知节点数的增加而上升。例如，对于自适应压缩反馈 OMP 算法，事件区域感知节点数为 60 时的重构均方误差在 −22 dB 附近波动，较感知节点数为 100 时的重构均方误差下降约 2 dB。感知节点数的增加使得感知数据之间的时空相关性增大，在稀疏度一定的情况下，基于最大能量子集的最佳观测次数也相应增加。在相同压缩比下，重构均方误差将随着感知节点数的增加而增大。因此，需要考虑事件区域内感知节点数与重构均方误差之间的有效折中。

图 2.6 给出了不同感知节点数下两种压缩反馈策略的重构均方误差。在基于最大能量子集的自适应压缩反馈策略中，当正交基矩阵采用小波基矩阵且稀疏度 K 为 4 时，节点数为 60，最佳观测次数为 28；节点数为 100，最佳观测次数为 59。由图可知，在感知节点数相同时，自适应压缩反馈 OMP 算法的重构均方误差收敛速度

明显快于随机压缩反馈 OMP 算法，当观测次数 M 大于稀疏度 K 时重构均方误差趋于收敛，即自适应压缩反馈 OMP 算法在较小观测次数下的重构均方误差趋于零。同时，自适应压缩反馈 OMP 算法的重构均方误差小于随机压缩反馈 OMP 算法。例如，当事件区域内节点数为 100 时，自适应压缩反馈 OMP 算法在观测次数 $M>4$ 时的重构均方误差均小于 $-20\,\text{dB}$，而随机压缩反馈 OMP 算法在观测次数 $M>30$ 后的

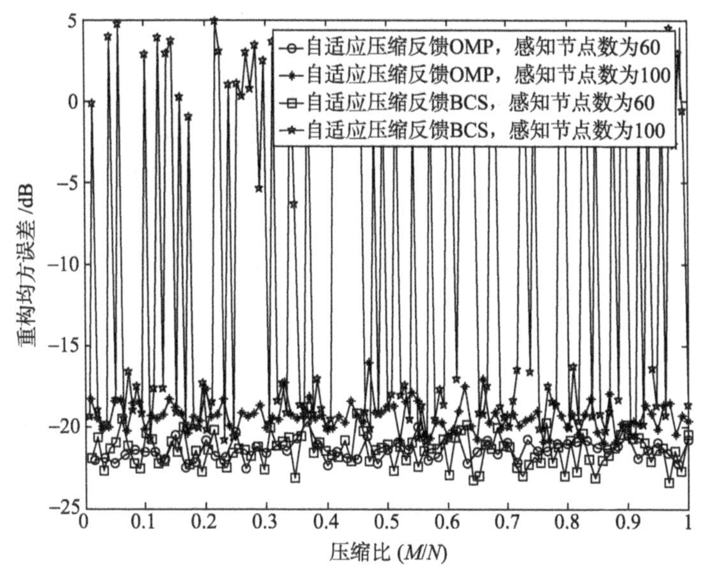

图 2.5　自适应压缩反馈在两种重构方法下的重构均方误差

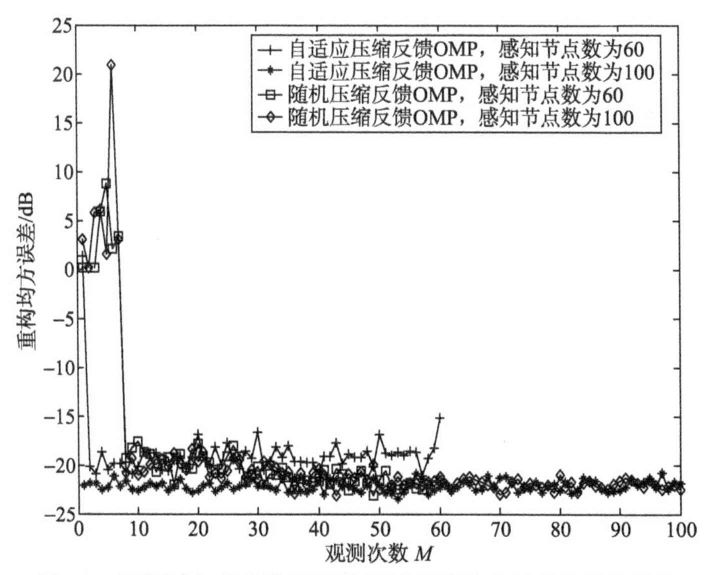

图 2.6　不同感知节点数下两种压缩反馈策略的重构均方误差

重构均方误差才趋于 -20dB。因此，相比于传统随机压缩反馈机制，基于最大能量子集的自适应压缩反馈策略在较低的观测次数下就可实现感知信号重构，且具有较小的重构均方误差。

图 2.7 给出了不同稀疏度下 AMS 与 RMS 两种方案的重构均方误差。感知信号分别采用余弦标准正交基与傅里叶标准正交基进行稀疏变换，其稀疏度为 4 和 6。由图可知，AMS OMP 算法较 RMS OMP 算法具有更好的重构均方误差收敛性能，且不同稀疏度对 RMS OMP 算法的性能影响明显。例如，对于稀疏度 $K=4$ 和 $K=6$，基于 AMS 的最大能量子集选取的观测次数均为 44，即稀疏度对重构均方误差的性能影响不明显。对于 RMS，当稀疏度 $K=4$ 且观测次数 $M>12$ 时，重构均方误差低于 -15dB；当稀疏度 $K=6$ 时，重构均方误差收敛时的观测次数 $M>15$。因此，对于 AMS OMP 算法，重构均方误差的收敛性能独立于稀疏度，但其最小观测次数必须满足 RIP 条件($M>K$)才能实现高概率重构。与 RMS OMP 算法相比，AMS OMP 算法具有稳健的重构性能。

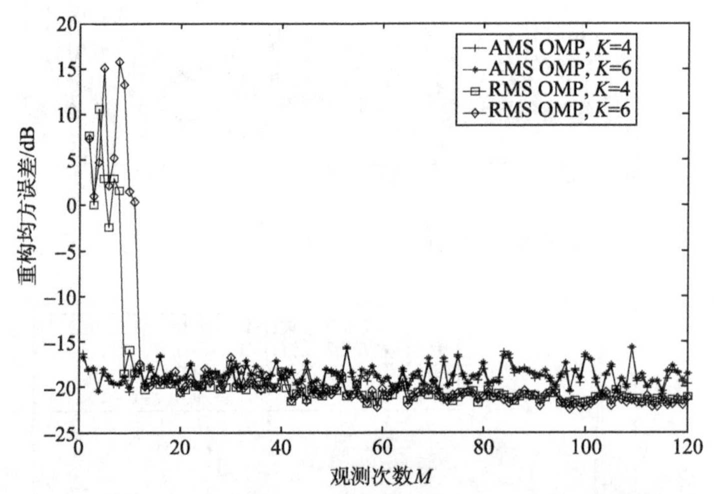

图 2.7　不同稀疏度下 AMS 与 RMS 方案的重构均方误差

2.4　基于能效观测的自适应压缩重构

针对认知无线传感器网络中传感器节点侧的模拟信息转换器可对本地感知数据进行稀疏表示与压缩观测，本节提出一种基于能效观测的梯度投影稀疏重构(gradient projection sparse reconstruction, GPSR)方法。该方法根据事件区域内认知节点将实际感知到的非平稳信号映射到小波正交基级联字典进行稀疏变换，通过加权能量子集函数进行自适应观测，以能量有效的方式获取合适的观测值，同时对所选观测向量进行正交化构造观测矩阵。认知无线传感器网络中基于能效自适应观测的 GPSR 压缩重构流程如图 2.8 所示。

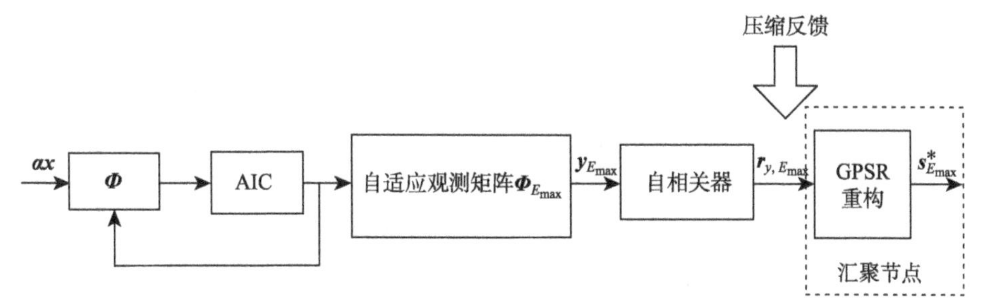

图 2.8　认知无线传感器网络中基于能效自适应观测的 GPSR 压缩重构流程

考虑事件区域内包含 N 个节点，在第 k 个采样时刻，第 i 个 WSN 节点的感知信号可以表示为

$$x_i(k)=d_i^{-n}h_i\sqrt{P_{\mathrm{PU}}}s_i(k)+n_i(k),\quad i=1,2,\cdots,N \tag{2.36}$$

式中，d_i 为 PU 与第 i 个 WSN 节点之间的距离；n 为路径衰耗指数($2\leqslant n\leqslant 4$)；h_i 为 PU 到第 i 个 WSN 节点的下行信道衰落系数；P_{PU} 为主用户发射功率。

相应地，第 i 个节点的接收信噪比为 $\gamma_i=\dfrac{|h_i|^2P_{\mathrm{PU}}}{d_i^n\sigma_n^2}$。其中，$\sigma_n^2=n_0B$ 为噪声功率，正比于感知信号带宽 B，通常在加性高斯白噪声(additive white Gaussian noise, AWGN)信道下单边噪声功率谱密度为 $n_0=-174\mathrm{dBm/Hz}$。假设各信道衰落系数均是均值为零、方差为 σ_n^2 的循环对称复高斯随机变量，且感知信道与压缩反馈信道相互独立，则信道矩阵 $\boldsymbol{H}$ 的 Frobenius 范数 $\|\boldsymbol{H}\|_{\mathrm{F}}^2=\sum_{i=1}^{2N}|h_i|^2$ 服从自由度为 $2N$ 的中心卡方分布，即 $\chi_{2N}^2(0)$[52]。根据一致不确定原则(uniform uncertainty principle, UUP)[4,53]，压缩感知算子需要满足 RIP 条件，有以下定理。

定理 2.1　设存在一个能量子集 E，$E\subset A=\{1,2,\cdots,N\}$，$|E|<K$，在压缩感知算子的列向量中根据 E 选择一个压缩感知算子的子矩阵 $\boldsymbol{\varXi}_E$，则对任意常数 $\delta_K<1$，有

$$(1-\delta_K)\|\boldsymbol{s}\|_2^2\leqslant\|\boldsymbol{\varXi}_E\boldsymbol{s}\|_2^2\leqslant(1+\delta_K)\|\boldsymbol{s}\|_2^2 \tag{2.37}$$

定理 2.1 说明了观测向量 $\boldsymbol{y}_E$ 保持了 K 稀疏向量 $\boldsymbol{s}$ 的能量分布(变换域感知信号能量)。第 i 个 WSN 节点的接收功率 $\alpha_i=\dfrac{|h_i|^2P_{\mathrm{PU}}}{d_i^n}$ 为节点能耗，将它作为第 i 个节点感知信号 x_i 的加权因子，则定义如下。

定义 2.1　设信号向量 $\boldsymbol{x}\in\mathbf{R}^N$，在能量子集 E 上存在映射 $S:\boldsymbol{\alpha x}\rightarrow\|\boldsymbol{\alpha x}_E\|_2^2$，其中 $\boldsymbol{\alpha}=(\alpha_1,\alpha_2,\cdots,\alpha_N)$。$\boldsymbol{\alpha x}_E$ 记为加权能量子集函数，若存在 $E_{\max}=\max\limits_{E\subset A}\|\boldsymbol{\alpha x}_E\|_2^2$，则 $E_{\max}$ 为集合 A 的最大加权能量子集，元素个数为 $M=|E_{\max}|$。

最大加权能量子集表明了感知信号的能量与节点感知时的能耗之间的关系。根据式(2.37)，令 $T=M=|E_{\max}|$，通过分析 $\boldsymbol{y}=\boldsymbol{\Phi}_{E_{\max}}\boldsymbol{\alpha x}$ 的能量分布即可获得加权感知信号的能量，构造观测矩阵 $\boldsymbol{\Phi}_{E_{\max}}$，从而获得自适应观测 $\boldsymbol{y}_{E_{\max}}$，并将 $\boldsymbol{y}_{E_{\max}}$ 的自相关向量 $\boldsymbol{r}_{y,E_{\max}}$ 反馈至汇聚节点进行压缩重构。具体步骤如下。

(1) 认知 WSN 汇聚节点事先给事件区域内的 N 个节点发送信令，各节点进行 PU 频谱检测产生感知信号向量 $\boldsymbol{x}$，而后根据接收功率得到能耗加权向量 $\boldsymbol{\alpha}$，它与 $\boldsymbol{x}$ 进行内积运算后映射到小波正交基级联字典 $\boldsymbol{\varPsi}$ 进行稀疏变换，得到由 K 个非零元素构成的稀疏系数向量 $\boldsymbol{s}$。这里采用二阶和四阶 Daubechies 系列紧支集正交小波基(db2 和 db4)级联字典，通过 Mallat 塔式分解构造树型结构小波基矩阵 $\boldsymbol{\varPsi}$，初始观测阵 $\boldsymbol{\Phi}$ 为满秩矩阵，记为

$$\boldsymbol{y}=\boldsymbol{\Phi\varPsi s}+\boldsymbol{n} \tag{2.38}$$

(2) 事件区域中各节点通过模拟信息转换器计算观测信号的变换域能量 $\|\boldsymbol{y}_E\|_2^2$，寻找最大加权能量子集 $E_{\max}$，并获取其对应元素个数 $M=|E_{\max}|$。模拟信息转换器由伪随机序列 $p_{\mathrm{c}}(t)$ 相乘器与模拟低通滤波器 $h(t)$ 构成，经低速采样后量化得到自适应观测向量 $\boldsymbol{y}$[50,54]，则

$$E_{\max}^M=\max_{E\subset A}\|\boldsymbol{y}_E\|_2^2=\max_{E\subset A}\left\|\boldsymbol{\Phi}_{E_{\max}}\boldsymbol{\alpha x}\right\|_2^2 \tag{2.39}$$

(3) 模拟信息转换器在初始观测矩阵 $\boldsymbol{\Phi}\in\mathbf{R}^{N\times N}$ 中选取 $M=|E_{\max}|$ 个正交行向量构造基于最大加权能量子集的子观测矩阵 $\boldsymbol{\Phi}_{E_{\max}}\in\mathbf{R}^{M\times N}$，从而产生自适应观测向量 $\boldsymbol{y}_{E_{\max}}$，进行能耗加权感知向量的压缩反馈，即

$$\boldsymbol{y}_{E_{\max}}=\boldsymbol{\Phi}_{E_{\max}}\boldsymbol{\alpha x} \tag{2.40}$$

可知自适应观测向量 $\boldsymbol{y}_{E_{\max}}$ 中的元素是基于最大加权能量子集的观测矩阵行向量与能耗加权感知信号向量相乘后得到的。若该观测矩阵行向量之间相互独立，则自适应观测向量 $\boldsymbol{y}_{E_{\max}}$ 元素之间的相关性也相应减少。因此，还需对 $\boldsymbol{\Phi}_{E_{\max}}$ 的行向量进行正交化处理，即构造满足定理 2.1 的正交自适应观测矩阵。

(4) 各节点模拟信息转换器输出自适应观测向量 $\boldsymbol{y}_{E_{\max}}$ 进行自相关运算，将自相关向量 $\boldsymbol{r}_{y,E_{\max}}$ 反馈至汇聚节点。为了重构稀疏系数向量，需准确获知最大加权能量子集 $E_{\max}$，因此模拟信息转换器和自相关器将观测向量中的元素位置与该元素对应的自相关值 $\left(i,\boldsymbol{r}_{y,E_{\max}}(i)\right),i=1,2,\cdots,|E_{\max}|$ 压缩反馈给汇聚节点进行稀疏信号重构[22,43]。

在第 k 个采样时刻，N 个节点经过初始观测后输入模拟信息转换器的感知信号向量可以表示为 $\boldsymbol{s}_k=[s_{kN},s_{kN+1},\cdots,s_{kN+(N-1)}]^{\mathrm{T}}$，模拟信息转换器输出向量为 $\boldsymbol{y}_k=[y_{kM},y_{kM+1},\cdots,y_{kM+(M-1)}]^{\mathrm{T}}$。根据压缩感知理论，式(2.38)可写成

$$\boldsymbol{y}_k=\boldsymbol{\Xi}\boldsymbol{s}_k+\boldsymbol{n}_k,\quad k=0,1,2,\cdots \tag{2.41}$$

模拟信息转换器基于最大加权能量子集函数构造自适应观测矩阵 $\boldsymbol{\Phi}_{E_{\max}}$，则输出向量 $\boldsymbol{y}_k$ 的自相关矩阵 $\boldsymbol{R}_y$ 记为

$$\boldsymbol{R}_y=E[\boldsymbol{y}_k\boldsymbol{y}_k^{\mathrm{H}}]=E[\boldsymbol{\Xi}\boldsymbol{s}_k\boldsymbol{s}_k^{\mathrm{H}}\boldsymbol{\Xi}^{\mathrm{H}}]=\boldsymbol{\Xi}\boldsymbol{R}_s\boldsymbol{\Xi}^{\mathrm{H}} \tag{2.42}$$

式中，$\boldsymbol{R}_s$ 为输入自相关矩阵；上角 H 表示压缩感知算子矩阵。

模拟信息转换器输入、相关器输出的自相关矩阵分别记为 $[\boldsymbol{R}_s]_{ij}=r_s(i-j)$ $(i,j=1,2,\cdots,N)$ 和 $[\boldsymbol{R}_y]_{ij}=r_y(i-j)$ $(i,j=1,2,\cdots,E_{\max})$。模拟信息转换器输入 $\boldsymbol{s}_k$、相关器输出 $\boldsymbol{y}_k$ 的自相关向量分别表示为 $\boldsymbol{r}_s=[r_s(-N+1),\ r_s(-N+2),\ \cdots,r_s(N-1),\ r_s(N)]^{\mathrm{T}}$ 和 $\boldsymbol{r}_y=[r_y(-E_{\max}+1),\ r_y(-E_{\max}+2),\ \cdots,\ r_y(E_{\max}-1),\ r_y(E_{\max})]^{\mathrm{T}}$，有 $\boldsymbol{r}_y=\boldsymbol{X}\boldsymbol{r}_s$，信号重构问题可以转化为对信号自相关向量的重构[6]，亦为无约束的 QP 问题，即

$$\hat{\boldsymbol{r}}_s=\arg\min_{\boldsymbol{r}_s}\left\{\left\|\boldsymbol{r}_y-\boldsymbol{X}\boldsymbol{r}_s\right\|_2^2+\tau\left\|\boldsymbol{r}_s\right\|_1\right\} \tag{2.43}$$

式中，$\boldsymbol{X}=\begin{bmatrix}\boldsymbol{\Xi}\boldsymbol{X}_1 & \boldsymbol{\Xi}\boldsymbol{X}_2\\ \boldsymbol{\Xi}\boldsymbol{X}_3 & \boldsymbol{\Xi}\boldsymbol{X}_4\end{bmatrix}\in\mathbf{R}^{2E_{\max}\times 2N}$，$\boldsymbol{X}_1$、$\boldsymbol{X}_2$ 为 Hankel 矩阵，$\boldsymbol{X}_3$、$\boldsymbol{X}_4$ 为 Toeplitz 矩阵[43]。

在此根据加权能量子集选取最佳观测值 $E_{\max}$，结合 GPSR-BB(GPSR Barzilai-Borwein)凸优化方法[43]，快速搜索合适的步进因子，迭代更新重构向量。

设第 j 个节点的模拟信息转换器输入自相关向量 $\boldsymbol{r}_{s,j}$ 可分解为正值部分 $\boldsymbol{u}_j$ 和负值部分 $\boldsymbol{v}_j$，则 $\boldsymbol{r}_{s,j}=\boldsymbol{u}_j-\boldsymbol{v}_j,j=1,2,\cdots,N$，其中，$u_j(i)=\left(r_{s,j}(i)\right)^+$，$v_j(i)=\left(-r_{s,j}(i)\right)^+$，$i=1,2,\cdots,2N$。$\boldsymbol{r}_{s,j}$ 的 l_1 范数为 $\left\|\boldsymbol{r}_{s,j}\right\|=\mathbf{1}_{2N}^{\mathrm{T}}\boldsymbol{u}_j+\mathbf{1}_{2N}^{\mathrm{T}}\boldsymbol{v}_j$，其中 $\mathbf{1}_{2N}=[1,\ 1,\ \cdots,\ 1]^{\mathrm{T}}$ 为包含 $2N$ 个 1 的列向量。式(2.43)可以写成约束二次规划(bound constrained quadratic programming, BCQP)形式[14,22,43]：

$$\begin{aligned}&F(\boldsymbol{z}_j)=\arg\min_{\boldsymbol{z}_j}\boldsymbol{b}^{\mathrm{T}}\boldsymbol{z}_j+\frac{1}{2}\boldsymbol{z}_j^{\mathrm{T}}\boldsymbol{B}\boldsymbol{z}_j\\ &\text{s.t.}\quad \boldsymbol{z}_j\geqslant 0,\quad j=1,2,\cdots,N\end{aligned} \tag{2.44}$$

式中，$\boldsymbol{z}_j=\begin{bmatrix}\boldsymbol{u}_j\\ \boldsymbol{v}_j\end{bmatrix}$；$\boldsymbol{b}=\tau\mathbf{1}_{4N}+\begin{pmatrix}-\boldsymbol{b}_t\\ \boldsymbol{b}_t\end{pmatrix}$，$\boldsymbol{b}_t=\boldsymbol{X}^{\mathrm{T}}\boldsymbol{r}_{y,j}$；$\boldsymbol{B}=\begin{bmatrix}\boldsymbol{X}^{\mathrm{T}}\boldsymbol{X} & -\boldsymbol{X}^{\mathrm{T}}\boldsymbol{X}\\ -\boldsymbol{X}^{\mathrm{T}}\boldsymbol{X} & \boldsymbol{X}^{\mathrm{T}}\boldsymbol{X}\end{bmatrix}$ 为 Toeplitz 方阵。从 $\boldsymbol{z}_j^{(k)}$ 到 $\boldsymbol{z}_j^{(k+1)}$ 的迭代更新仅需一次乘法。若第 j 个节点在 k 时刻的步进因子

$\alpha_j^{(k)}>0$，则 $z_j^{(k)}$ 的迭代更新公式为

$$z_j^{(k+1)}=z_j^{(k)}-\alpha_j^{(k)}\nabla F(z_j^{(k)}) \tag{2.45}$$

式中，$\nabla F(z_j^{(k)})$ 为目标函数 $F(z_j)$ 在 k 时刻的梯度，即 $\nabla F(z_j^{(k)})=\boldsymbol{b}+\boldsymbol{B}z_j^{(k)}$。

根据计算步进因子的不同，存在两种重构方法：基本 GPSR 算法和 GPSR-BB 算法，本节选取 GPSR-BB 算法。GPSR-BB 算法利用 Barzilai-Borwein 等式协助计算步进因子 α_j，在获得最佳估计向量的同时可降低计算复杂度。结合基于能效观测的加权能量子集观测值 $M=|E_{\max}|$，在汇聚节点侧采用 GPSR-BB 算法，具体步骤如下[14,22,43,55]。

(1) 选择初始值 $z_j^{(0)}$，步进因子取值区间为 $[\alpha_{\min},\alpha_{\max}]$，迭代计数器初值 $k=0$。

(2) 计算第 j 个节点相邻时刻估计值的步长。采用 Hessian 逆矩阵与 $\nabla F(z_j^{(k)})$ 负梯度矩阵相乘进行近似，即

$$\boldsymbol{\delta}_j^{(k)}=(z_j^{(k+1)})^+-z_j^{(k)}=-\boldsymbol{H}_k^{-1}\nabla F(z_j^{(k)}) \tag{2.46}$$

式中，$\boldsymbol{H}_k\approx\eta^{(k)}\boldsymbol{I}$ 为 $F(z_j^{(k)})$ 的 Hessian 矩阵近似，Hessian 矩阵为 $F(z_j^{(k)})$ 的二阶偏导数矩阵 $\boldsymbol{H}_k=\nabla^2F(z_j^{(k)})$。相邻时刻的目标函数梯度之差为 $\nabla F(z_j^{(k+1)})-\nabla F(z_j^{(k)})\approx\eta^{(k+1)}(z^{(k+1)}-z^{(k)})$，其中 $k+1$ 时刻的 $\eta^{(k+1)}$ 参数选择需要符合最小均方误差准则[6]。

(3) 通过后向线搜索更新估计值。参数 $\lambda_j^{(k)}\in[0,1]$ 的选择使目标函数 $F(z_j^{(k+1)})$ 最小化，更新估计向量：

$$z_j^{(k+1)}=z_j^{(k)}+\lambda_j^{(k)}\boldsymbol{\delta}_j^{(k)}=z_j^{(k)}-\lambda_j^{(k)}\boldsymbol{H}_k^{-1}\nabla F(z_j^{(k)}) \tag{2.47}$$

式中，∇ 为微分算子。

(4) 第 j 个认知 WSN 节点在 k 时刻的线搜索参数 $\lambda_j^{(k)}$ 采用以下闭式解进行估计：

$$\lambda_j^{(k)}=\operatorname{mid}\left\{0,\frac{(\boldsymbol{\delta}_j^{(k)})^{\mathrm{T}}\nabla F(z_j^{(k)})}{(\boldsymbol{\delta}_j^{(k)})^{\mathrm{T}}\boldsymbol{B}\boldsymbol{\delta}_j^{(k)}},1\right\} \tag{2.48}$$

令 $\gamma_j^{(k)}=(\boldsymbol{\delta}_j^{(k)})^{\mathrm{T}}\boldsymbol{B}\boldsymbol{\delta}_j^{(k)}$，如果 $\gamma_j^{(k)}=0$，则 $\lambda_j^{(k)}=1$。更新步进因子 $\alpha_j^{(k)}$，即

$$\alpha_j^{(k+1)}=\operatorname{mid}\left\{\alpha_{\min},\frac{\left\|\boldsymbol{\delta}_j^{(k)}\right\|_2^2}{\gamma_j^{(k)}},\alpha_{\max}\right\} \tag{2.49}$$

(5) 令 $k=k+1$，根据式(2.47)进行迭代，直到满足以下收敛条件时停止迭代[22,43]：

$$\left\|\boldsymbol{r}_{y,j}-\boldsymbol{X}\boldsymbol{r}_{s,j}\right\|_2^2\leqslant\varepsilon\left\|\boldsymbol{r}_{y,j}-\boldsymbol{X}\boldsymbol{r}_{s,j,\mathrm{GP}}\right\|_2^2 \tag{2.50}$$

式中，ε 为一个较小的正数。

由最佳 $z_j^{*(k+1)}$ 可重构出第 j 个节点的模拟信息转换器输入自相关向量 $\boldsymbol{r}_{s,j}^*$，进而得到重构的小波域稀疏系数向量 $\boldsymbol{s}_{E_{\max}}^*$，则重构的能耗加权感知向量为 $\boldsymbol{\alpha x}_{E_{\max}}^* = \boldsymbol{\Psi s}_{E_{\max}}^*$。

大规模认知无线传感器网络中的节点随机均匀分布于某一事件区域，假设其内分布有 100 个感知节点，各节点随机分布于大小为100m×100m 的事件区域内，区域中心为 Sink 节点。PU 与各节点之间的距离在[0,100]内均匀分布，自由空间路径衰耗指数 $n=2$，PU 发射信号幅度归一化为 1，各感知信道衰落系数 $|h_i|$ 服从自由度为 2 的中心卡方分布。各节点分别对 PU 频谱占用情况进行本地感知，同时根据节点接收功率 P_i 获得本地节点能耗权值，加权的感知信号在经过模拟信息转换器和基于能效观测的自适应压缩反馈过程中叠加了均值为零、方差为 0.01 的高斯白噪声。Sink 节点采用 GPSR-BB 算法从压缩反馈的观测向量中重构模拟信息转换器输入自相关向量，进一步重构能耗加权感知向量。若感知信号的时间平均值均为 1，感知数据向量在 db2 和 db4 小波基级联字典下的稀疏度 $K=4$，采用加权能量子集自适应压缩反馈方案，Sink 节点基于 GPSR-BB 算法进行重构时的最佳观测次数 $M=40$。由于噪声方差为 0.01，基于能效观测的 GPSR-BB 算法的接收信噪比为 20dB [22,55]。

图 2.9 给出了基于能效观测的 GPSR 自适应重构信号与原信号的对比。由图可知，GPSR 重构信号与原信号基本重合，大部分节点的重构信号幅度小于原信号。

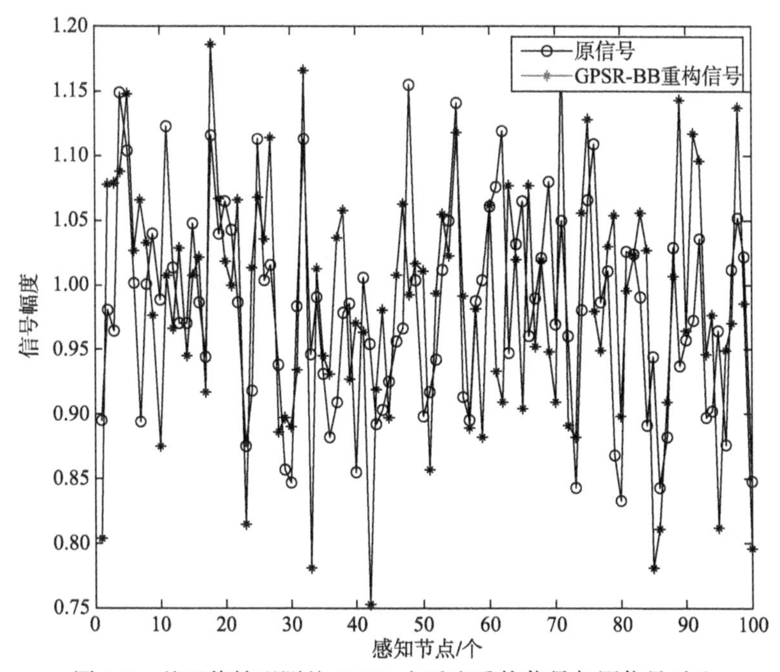

图 2.9　基于能效观测的 GPSR 自适应重构信号与原信号对比

从重构的结果中可以看到噪声的存在，噪声不仅干扰了原信号，而且扰动了重构信号，但对 GPSR 重构信号的影响较小，即 GPSR 算法对噪声具有一定的鲁棒性。

图 2.10 显示了不同感知节点数时认知无线传感器网络传输距离与能耗的关系。由图可知，在相同传输距离条件下，单位传输能耗随着感知节点数的增加而增大。例如，当传输距离为 50m 时，事件区域内感知节点数为 60 的单位传输能耗比感知节点数为 10 的高约 10^{-3} J/bit，若感知节点数为 100，则单位传输能耗可达 2.2×10^{-3} J/bit。这是因为随着感知节点数的增加，在各节点对感知信号传输能耗不变的前提下，网络总传输能耗将增大。当事件区域内具有相同的感知节点数时，单位传输能耗随着传输距离的增加而增大。当传输距离大于 100m 时，传输总能耗将显著增加。因此，本节设定的认知无线传感器网络场景为 100m×100m 的事件区域，区域中心为 Sink 节点，可使单位传输能耗随传输距离的增加不会出现显著增大，从而提高网络节点的能效。

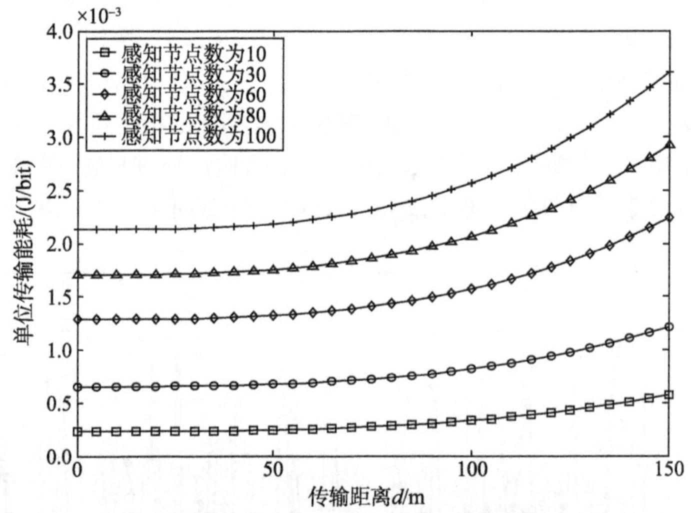

图 2.10　不同感知节点数时认知无线传感器网络传输距离与能耗的关系

图 2.11 给出了不同感知节点数时 OMP 与 GPSR-BB 两种重构方法的重构均方误差。压缩比定义为观测次数 M 与感知数据量 N 之比。由图可知，在相同感知节点数情况下，OMP 算法的重构均方误差在低压缩比未收敛时远高于 GPSR-BB 算法，但其收敛速度快，收敛时重构均方误差随压缩比迅速下降。例如，在感知节点数为 60 的事件区域，低压缩 OMP 算法的重构均方误差比未收敛时高 10dB，在收敛时 OMP 算法的重构均方误差则在−20dB 附近波动。GPSR-BB 算法在低压缩比未收敛时的重构均方误差均为 0dB，其在低压缩比区域内具有较小的重构均方误差。当压缩比大于 0.15 时，重构均方误差开始趋于收敛，并随压缩比的增加迅速减小，收敛时重构均方误差达到−20dB，两种算法收敛时的重构均方误差趋于一致。因此，尽

管 GPSR-BB 算法的重构均方误差略高于 OMP 算法，但其收敛曲线平稳，波动不明显，方差性能较好。此外，对于相同重构方法，重构均方误差随着感知节点数的增加而略有增大。例如，对于 GPSR-BB 算法，收敛时感知节点数为 100 的重构均方误差高于感知节点数为 60 的重构均方误差约 3dB。究其原因，感知节点数的增加使得感知数据之间的时空相关性增大，在稀疏度一定的情况下，基于能效观测的加权能量子集观测次数也相应增加。因此，在相同压缩比下，重构均方误差将随着节点数的增加而增大。

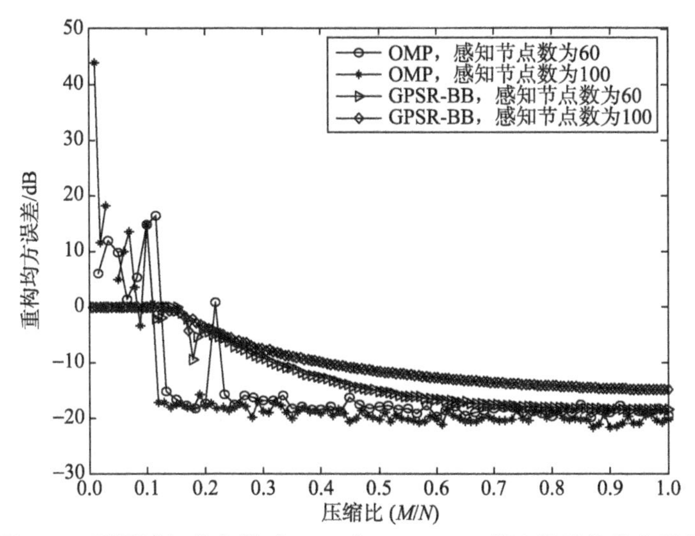

图 2.11　不同感知节点数时 OMP 与 GPSR-BB 算法的重构均方误差

图 2.12 给出了不同感知节点数时自适应压缩反馈 GPSR 算法与随机压缩反馈 GPSR 算法的重构均方误差。当考虑随机压缩反馈观测方案(RMS)时，观测矩阵为随机高斯矩阵，其元素为高斯分布随机变量，满足 $\{\phi_{ij}\} \sim N\left(0,1/\sqrt{M}\right)$，观测矩阵与小波正交基(db2 和 db4)级联字典亦满足不相关性和 RIP 条件。由图可知，随着感知节点数的增加，GPSR 算法的重构均方误差均明显升高，这与图 2.11 的分析一致。例如，当感知节点数为 60 时，自适应压缩反馈 GPSR 算法的重构均方误差可达−14dB；当感知节点数为 100 时，其重构均方误差下降至−8dB 以下。此外，当感知节点数相同时，自适应压缩反馈 GPSR 算法在低压缩比(压缩比小于 0.2)区域内的重构均方误差性能优于随机压缩反馈 GPSR 算法，而随机压缩反馈 GPSR 算法的重构均方误差在低压缩比区域均在 0dB 附近波动。但在高压缩比区域，其重构均方误差将迅速减小并收敛。这是因为，自适应压缩反馈 GPSR 算法的最优观测次数为 M=40，当 N>M 时，重构均方误差收敛值将低于−10dB。因此，自适应压缩反馈 GPSR 算法在较低的压缩比(即较少的观测次数)下可实现感知信号的快速重构。

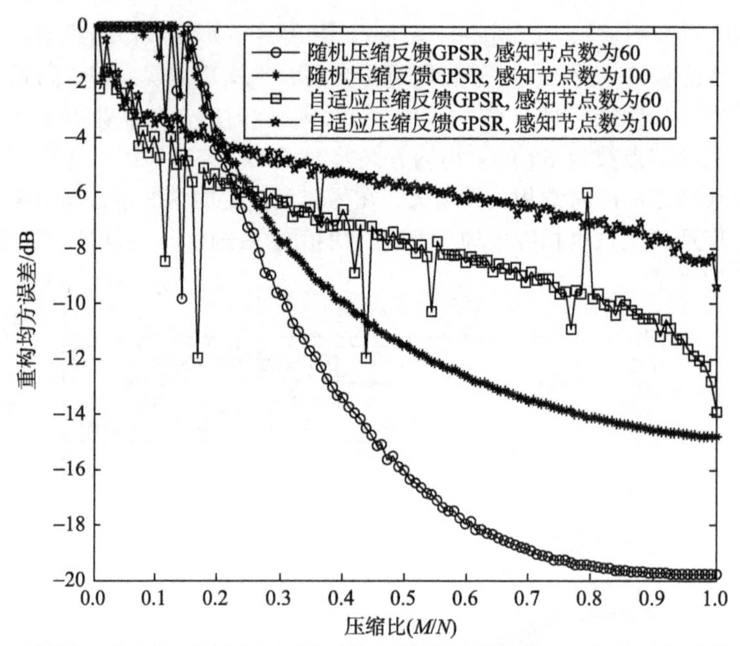

图 2.12　不同感知节点数时自适应压缩反馈与随机压缩反馈 GPSR 算法的重构均方误差

图 2.13 给出了不同信噪比时自适应压缩反馈与随机压缩反馈 GPSR 算法的重构均方误差。为获得较低的均方误差，取仿真节点数为 60。由图可知，对于同一种

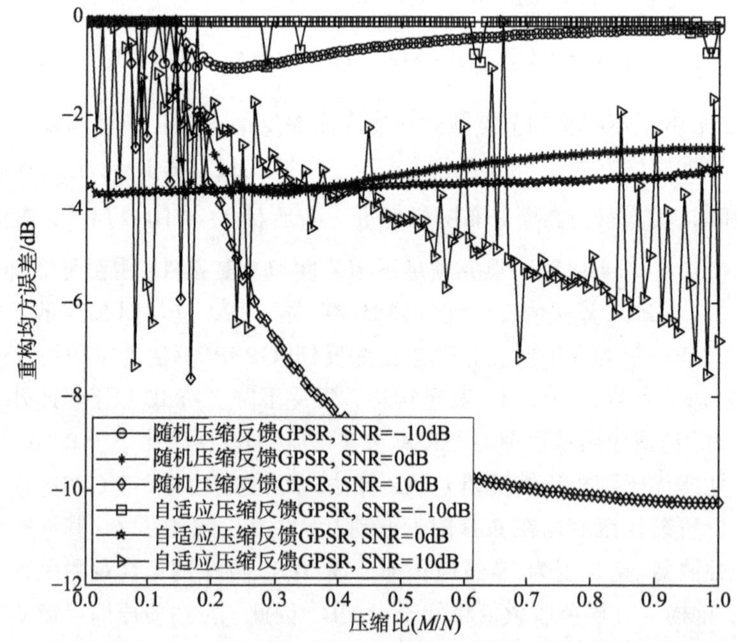

图 2.13　不同信噪比时自适应压缩反馈与随机压缩反馈 GPSR 算法的重构均方误差

压缩反馈 GPSR 算法，随着 SNR 的提高，重构均方误差显著减小。例如，当 SNR 为 10dB 时，随着压缩比的增加，自适应压缩反馈 GPSR 算法的重构均方误差可达–6dB，但波动较大。在低 SNR 情况下，算法的重构均方误差较为平稳，自适应压缩反馈 GPSR 算法的重构均方误差性能优于随机压缩反馈 GPSR 算法，例如，当 SNR 为 0dB 时，自适应压缩反馈 GPSR 算法的重构均方误差性能优于随机压缩反馈 GPSR 算法的重构均方误差约 1dB，收敛时重构均方误差达到–3.5dB，且重构均方误差随压缩比变化不明显；当 SNR 为 10dB 时，随机压缩反馈 GPSR 算法的重构均方误差迅速下降至–10dB，明显优于自适应压缩反馈 GPSR 算法。可见，基于能效观测的自适应压缩反馈 GPSR 算法在低信噪比区域具有较低的重构均方误差，可应用于实际认知无线传感器网络低信噪比的场景中。因此，本节所提方法在低压缩比和低信噪比区域内可实现感知信号的快速重构，同时有效保障了感知节点的能耗均衡。

2.5　分布式压缩感知-最小角回归信号重构

相对于地面无线通信，低轨(LEO)微小卫星感知无线电(LEO cognitive radios, L-CR)系统具有节点能量受限、传输时延长、链路损耗大、传输信噪比低的特点。在 L-CR 系统中，授权频带的主用户(PU)和 LEO 卫星认知用户(SU)采用交叉共享方式进行频谱共享。SU 通过频谱感知判断 PU 是否使用授权频谱。当 PU 未使用授权频谱时，SU 接入空闲频带进行通信。当 PU 接入授权频谱时，SU 退出机会占用的 PU 频带，从而有效控制了 SU 对 PU 的干扰。SU 感知信号同时包含 PU 干扰和噪声。针对上述问题，L-CR 系统通过 DCS 理论将感知信号进行稀疏观测后转发到地面信关站汇聚节点，汇聚节点通过凸松弛重构算法实现系统中低信噪比感知信号的重构[6,34,46,56]。凸松弛重构算法需要求解的是一个由系数的 l_1 范数构成的凸优化问题，其存在唯一最优解。相比于匹配追踪类重构方法[57,58]，凸松弛重构算法需要的观测次数少，不需要先验信息，适合于 L-CR 系统中的 LEO 卫星汇聚节点在低信噪比条件下对感知信号进行重构。

L-CR 系统基于 DCS 的感知信号重构场景如图 2.14 所示。由图可知，L-CR 系统中以某一 LEO 卫星为 PU 节点，其他多个 LEO 卫星作为具有认知功能的 SU 节点。PU 节点与多个 LEO 认知节点通过分布式组网对地面信关站发射的信息进行感知、传输和处理。在该系统中，主卫星作为授权频带的 PU 节点接收地面信关站发送的信号，SU(CR1、CR2)节点机会利用主用户频谱。由于 SU 之间距离较远且卫星移动速度快，这里不考虑 SU 之间的通信。SU 分别对 PU 频谱进行检测。LEO 卫星将感知到的频谱检测信息发送到地面汇聚节点，地面汇聚节点将多个 LEO 卫星的感知信息进行融合处理，并利用凸松弛法进行信号重构[6,34,46]，同时采用能量检测频谱感知法得到授权频谱占用情况。

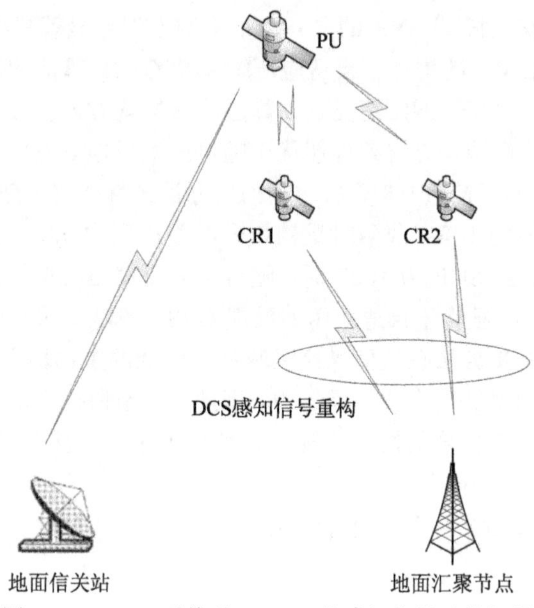

图 2.14　L-CR 系统基于 DCS 的感知信号重构场景

在多个 LEO 卫星协作感知的情况下，需要进行感知信号的联合稀疏重构[30,31,34,46]。本节将 Lars 算法推广到 DCS 场景，研究了基于分布式压缩感知的最小角回归(DCS-Lars)方案。该方案基于 JSM-2 联合稀疏模型，可分为两个阶段。第一阶段为信号重构，第二阶段为频谱检测。各 LEO 感知信号在同一稀疏基进行变换，信号重构采用 Lars 算法，在保障重构误差性能的同时降低计算复杂度。同时，根据重构信号的频谱，地面汇聚节点采用能量检测方法对占用的信道进行检测与判决。由于 PU 与 SU 之间采用交叉频谱共享方式，它们使用相邻的频带，在 SU 能量检测过程中需要设计旁瓣衰减快的滤波器来加速带外功率衰减、降低带外干扰。

假设上一感知时刻的频谱占用情况已知，用 d 表示一个长度为 C 的 0-1 序列，C 为信道个数，0 表示信道未被占用，1 表示信道被占用，$d(c)$ 表示第 c 个信道的占用情况，$c=1,2,\cdots,C$，有 J 个 LEO 卫星同时进行频谱感知。J 个 LEO 卫星感知到的信号共享傅里叶稀疏基，即感知信号都是该基中任意 K 个基向量的不同线性组合，将不同的 x_j 映射到同一个由 K 个基向量张成的基空间上。

输入： 稀疏基 $\boldsymbol{\Psi}$，观测矩阵 $\boldsymbol{\Phi}_j$，观测向量 $\boldsymbol{y}_j$，稀疏度 K，第 j 个 LEO 卫星的压缩采样矩阵 $\boldsymbol{\Theta}_j=\boldsymbol{\Phi}_j\boldsymbol{\Psi}=[\boldsymbol{\theta}_{j,1},\boldsymbol{\theta}_{j,2},\cdots,\boldsymbol{\theta}_{j,N}]$。

输出： 重构出来的信号频谱 $\mathbf{a\_est}_j^l$，重构出来的信号 $\hat{\boldsymbol{x}}_j$。

DCS-Lars 算法信号重构过程的具体步骤如下。

(1) 初始化：迭代次数 $l=1$，重构信号频谱 $\mathbf{a\_est}^{(0)}=\mathbf{0}$，活动变量集 $A=\varnothing$，

非活动集 $I=\{1,2,\cdots,N\}$，残差 $\boldsymbol{r}_j^0=\boldsymbol{y}_j$。假设当前为第 l 次迭代，$j=1,2,\cdots,J$，对于各次迭代 $l=1,2,\cdots,N$。

(2) 提取 $d^{l-1}(c)=1$，对各 LEO 协作卫星进行原子信息融合：

$$i=\arg\max_n\left|\sum_{j=1}^{J}(\boldsymbol{r}_j^{l-1})^{\mathrm{T}}\boldsymbol{\theta}_{j,n}\right|,\quad n=1,2,\cdots,C$$

求出集合中的极大相关值 $c_{\mathrm{m}}=\max\limits_{i\in I}\left|\sum_{j=1}^{J}(\boldsymbol{r}_j^{l-1})^{\mathrm{T}}\boldsymbol{\theta}_{j,n}\right|$，将该值对应的 i 从 I 移动到 A。

(3) 更新残差：$\boldsymbol{r}_j^l=\boldsymbol{y}_j-\hat{\boldsymbol{y}}_j^l$。

(4) 计算最小二乘解：$x_{\mathrm{OLS}}^{(l+1)}=(\boldsymbol{\Theta}_{j,A}^{\mathrm{T}}\boldsymbol{\Theta}_{j,A})^{-1}\boldsymbol{\Theta}_{j,A}^{\mathrm{T}}\boldsymbol{y}_j$。

(5) 计算当前方向函数：$\boldsymbol{f}_j^l=\boldsymbol{\Theta}_{j,A}x_{\mathrm{OLS}}^{(l+1)}-\hat{\boldsymbol{y}}_j^l$。

(6) 计算搜索步长：

$$\delta_{j,l}=\min_{i\in I}{}^{+}\left\{\frac{\sum_{j=1}^{J}(\boldsymbol{r}_j^{l-1})^{\mathrm{T}}\boldsymbol{\theta}_{j,n}-c_{\mathrm{m}}}{\sum_{j=1}^{J}(\boldsymbol{f}_j^{l-1})^{\mathrm{T}}\boldsymbol{\theta}_{j,n}-c_{\mathrm{m}}},\quad\frac{\sum_{j=1}^{J}(\boldsymbol{r}_j^{l-1})^{\mathrm{T}}\boldsymbol{\theta}_{j,n}+c_{\mathrm{m}}}{\sum_{j=1}^{J}(\boldsymbol{f}_j^{l-1})^{\mathrm{T}}\boldsymbol{\theta}_{j,n}+c_{\mathrm{m}}}\right\},\quad 0<\delta_{j,l}\leqslant 1$$

(7) 更新重构信号频谱估计值：$\mathbf{a\_est}_j^{(l+1)}=(1-\delta_{j,l})\mathbf{a\_est}_j^{(l)}+\delta_{j,l}x_{\mathrm{OLS}}^{(l+1)}$。

(8) 若满足停止准则进行步骤(9)，否则更新拟合向量 $\hat{\boldsymbol{y}}_j^{l+1}=\hat{\boldsymbol{y}}_j^l+\delta\boldsymbol{f}_j^l$，返回步骤(2)。

(9) 计算重构信号 $\hat{\boldsymbol{x}}_j=\boldsymbol{\Psi}\bullet\mathbf{a\_est}_j$。

(10) 计算归一化重构均方误差：

$$M_{\mathrm{MSE}}=10\lg\left[E\left(\frac{\|\boldsymbol{x}_j-\hat{\boldsymbol{x}}_j\|_2^2}{\|\boldsymbol{x}_j\|_2^2}\right)\right]\tag{2.51}$$

2.6　分布式压缩感知-同伦法动态更新信号重构

2.2.3 节介绍了凸松弛法中的三种信号重构方法：BPDN 法、同伦法(Homotopy)和 Lars 法。其中，由于 BPDN 法的重构复杂度过高，若将其推广至 DCS 环境中进行信号群重构，则复杂度会随着信号数量的增加而成倍增加。为了进行算法性能的对比，除了 2.5 节的 DCS-Lars 算法外，本节将同伦法推广至 DCS 场景，提出了分布式压缩感知动态更新(DCS-DX)算法[34,46]。

DCS-DX 算法信号重构过程的具体步骤如下。

(1) 初始化：迭代次数 $l=1$，重构信号频谱 $\mathbf{a\_est}^{(0)}=\mathbf{0}$，选定初始值 $\boldsymbol{x}_0$、支撑集 S，同伦因子 $\varepsilon_0=0$。假设当前为第 l 次迭代，$j=1,2,\cdots,J$。

(2) 提取 $d^{l-1}(c)=1$，对各 LEO 协作卫星进行原子信息融合：

$$S^l=\operatorname{supp}\left(\left(\sum_{j=1}^{J}\left|(\boldsymbol{y}_j-\boldsymbol{y}_j')^{\mathrm{T}}\boldsymbol{\theta}_{j,n}\right|-\max_{n=1,2,\cdots,N}\left(\sum_{j=1}^{J}\left|(\boldsymbol{y}_j-\boldsymbol{y}_j')^{\mathrm{T}}\boldsymbol{\theta}_{j,n}\right|\right)\right)<10^{-5}\right) \tag{2.52}$$

式中，$\operatorname{supp}(\bullet)$ 表示获取向量的支撑索引集合。

(3) 计算解的方向：

$$\partial\boldsymbol{x}_{j,l}=\begin{cases}\left(\boldsymbol{\Theta}_{j,S}^{\mathrm{T}}\boldsymbol{\Theta}_{j,S}\right)^{-1}\boldsymbol{\Theta}_{j,S}^{\mathrm{T}}\left(\boldsymbol{y}_j'-\boldsymbol{y}_j\right), & \text{在}S\text{上}\\ 0, & \text{其他}\end{cases} \tag{2.53}$$

(4) 计算

$$\boldsymbol{p}_{j,l}=\boldsymbol{\Theta}_j^{\mathrm{T}}\left(\boldsymbol{\Theta}_j\boldsymbol{x}_{j,l}-\boldsymbol{y}_j+\varepsilon\left(\boldsymbol{y}_j-\boldsymbol{y}_j'\right)\right) \tag{2.54}$$

和

$$\boldsymbol{d}_{j,l}=\boldsymbol{\Theta}_j^{\mathrm{T}}\left(\boldsymbol{\Theta}_j\boldsymbol{x}_{j,l}-\boldsymbol{y}_j+\varepsilon\left(\boldsymbol{y}_j-\boldsymbol{y}_j'\right)\right) \tag{2.55}$$

(5) 计算到达下个临界点的步长：令

$$\theta_{j,l}^{-}=\min_{n\in S^{\mathrm{c}}}\left(\frac{-\boldsymbol{x}_{j,l}(n)}{\partial\boldsymbol{x}_{j,l}(n)}\right)_{+} \tag{2.56}$$

$$\theta_{j,l}^{+}=\min_{n\in S^{\mathrm{c}}}\left(\frac{\tau-\boldsymbol{p}_{j,l}(n)}{\boldsymbol{d}_{j,l}(n)},\frac{\tau+\boldsymbol{p}_{j,l}(n)}{-\boldsymbol{d}_{j,l}(n)}\right)_{+} \tag{2.57}$$

则步长为

$$\delta_{j,l}=\min\left(\theta_{j,l}^{+},\theta_{j,l}^{-}\right) \tag{2.58}$$

(6) 更新同伦因子 $\varepsilon_{j,l+1}=\varepsilon_{j,l}+\delta_{j,l}$ 和解 $\boldsymbol{x}_{j,l+1}=\boldsymbol{x}_{j,l}+\delta_{j,l}\partial\boldsymbol{x}_{j,l}$。

(7) 若 $\varepsilon_{j,l+1}>1$，则直接输出 $\boldsymbol{x}_{j,l+1}$，否则继续。

(8) 更新支撑集：令 γ^{-} 是式(2.56)解的索引，γ^{+} 是式(2.57)解的索引。若 $\delta_{j,l}=\theta_{j,l}^{-}$，则 $S\leftarrow S/\{\gamma^{-}\}$，否则 $S\leftarrow S\cup\{\gamma^{+}\}$。

(9) 令 $l=l+1$，如果满足停止准则，则输出 $\boldsymbol{x}_{j,l+1}$，否则重复步骤(2)。

(10) 计算重构信号：$\hat{\boldsymbol{x}}_j=\boldsymbol{\Psi}\bullet\mathbf{a\_est}_j$。

(11) 计算归一化重构均方误差。

2.7　盲分布式压缩感知-最小角回归信号重构

DCS-Lars 算法执行的前提是在重构算法中信号稀疏度 K 为已知量，但在实际场景中应用信号重构算法时，信号稀疏度 K 往往为未知量。同时，稀疏度 K 并非静态不变的，而是与时间相关，随时间的变化有着不确定性。因此，需要使用一个复杂度低且无须事先已知稀疏度的信号重构算法来重构信号。本节提出基于 DCS-Lars 算法的盲 DCS-Lars(DCS-Lars-B)算法，这是一种在稀疏度未知情况下的盲信号重构算法[34,46]。

下面介绍 DCS-Lars-B 算法信号重构过程的具体步骤。

(1) 初始化：迭代次数 $l=1$，重构信号频谱 $\mathbf{a\_est}^{(0)}=\mathbf{0}$，活动变量集 $A=\varnothing$，非活动集 $I=\{1,2,\cdots,N\}$，残差 $\boldsymbol{r}_j^0=\boldsymbol{y}_j$。假设当前为第 l 次迭代，$j=1,2,\cdots,J$，对于各次迭代 $l=1,2,\cdots,N$。

(2) 提取 $d^{l-1}(c)=1$，对各 LEO 协作卫星进行原子信息融合：

$$i=\arg\max_n\left|\sum_{j=1}^{J}(\boldsymbol{r}_j^{l-1})^{\mathrm{T}}\boldsymbol{\theta}_{j,n}\right|,\quad n=1,2,\cdots,C$$

$$\text{s.t.}\quad d^{l-1}(c)=1$$

求出此时的极大相关值：

$$c_{\mathrm{m}}=\max_{i\in I}\left|\sum_{j=1}^{J}(\boldsymbol{r}_j^{l-1})^{\mathrm{T}}\boldsymbol{\theta}_{j,n}\right|$$

将该值对应的 i 从 I 移动到 A。

(3) 更新残差：$\boldsymbol{r}_j^l=\boldsymbol{y}_j-\hat{\boldsymbol{y}}_j^l$。

(4) 计算最小二乘解：$x_{\mathrm{OLS}}^{(l+1)}=(\boldsymbol{\Theta}_{j,A}^{\mathrm{T}}\boldsymbol{\Theta}_{j,A})^{-1}\boldsymbol{\Theta}_{j,A}^{\mathrm{T}}\boldsymbol{y}_j$。

(5) 计算当前方向函数：$\boldsymbol{f}_j^l=\boldsymbol{\Theta}_{j,A}x_{\mathrm{OLS}}^{(l+1)}-\hat{\boldsymbol{y}}_j^l$。

(6) 计算搜索步长：

$$\delta_{j,l}=\min_{i\in I}{}^{+}\left\{\frac{\sum_{j=1}^{J}(\boldsymbol{r}_j^{l-1})^{\mathrm{T}}\boldsymbol{\theta}_{j,n}-c_{\mathrm{m}}}{\sum_{j=1}^{J}(\boldsymbol{f}_j^{l-1})^{\mathrm{T}}\boldsymbol{\theta}_{j,n}-c_{\mathrm{m}}},\ \frac{\sum_{j=1}^{J}(\boldsymbol{r}_j^{l-1})^{\mathrm{T}}\boldsymbol{\theta}_{j,n}+c_{\mathrm{m}}}{\sum_{j=1}^{J}(\boldsymbol{f}_j^{l-1})^{\mathrm{T}}\boldsymbol{\theta}_{j,n}+c_{\mathrm{m}}}\right\},\quad 0<\delta_{j,l}\leqslant 1 \tag{2.59}$$

(7) 更新重构信号频谱估计值：$\mathbf{a\_est}_j^{(l+1)}=(1-\delta_{j,l})\mathbf{a\_est}_j^{(l)}+\delta_{j,l}x_{\mathrm{OLS}}^{(l+1)}$。

(8) 若活动集信号范数和大于等于 ε 则进行步骤(9)，否则更新拟合向量 $\hat{\boldsymbol{y}}_j^{l+1}=\hat{\boldsymbol{y}}_j^l+\delta\boldsymbol{f}_j^l$，返回步骤(2)。

(9) 计算重构信号：$\hat{\boldsymbol{x}}_j = \boldsymbol{\Psi} \cdot \mathbf{a\_est}_j$。

(10) 计算归一化重构均方误差。

可以看出，该算法的步骤(7)与 DCS-Lars 算法不同，DCS-Lars 算法在迭代次数等于 K 时停止迭代，DCS-Lars-B 算法则在活动集信号范数和大于等于 ε 时停止迭代，在未知稀疏度的情况下有效地实现了信号重构。

图 2.15～图 2.17 分别给出了基追踪去噪(BPDN)算法、同伦算法和最小角回归(Lars)算法三种凸松弛算法的重构均方误差。感知信号为正弦信号叠加加性高斯白噪声，正交变换采用傅里叶变换基矩阵。取 LEO 地面信关站接收 SNR 为−10dB，感知信号长度 N 分别为 30、60、100，得到三种算法的重构均方误差在不同压缩比(M/N)下的变化情况。

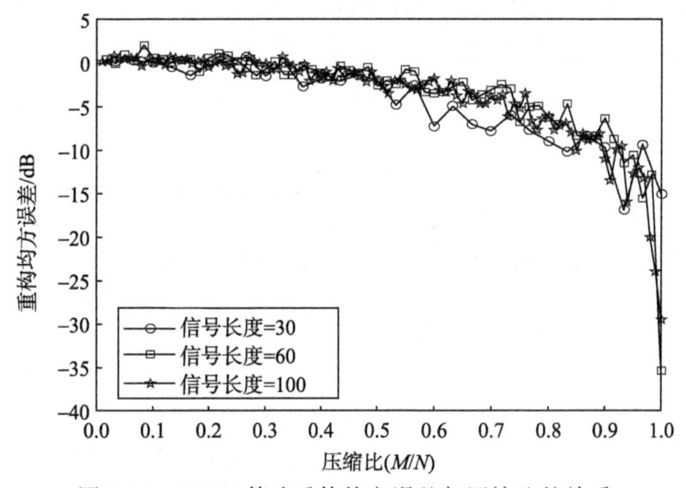

图 2.15　BPDN 算法重构均方误差与压缩比的关系

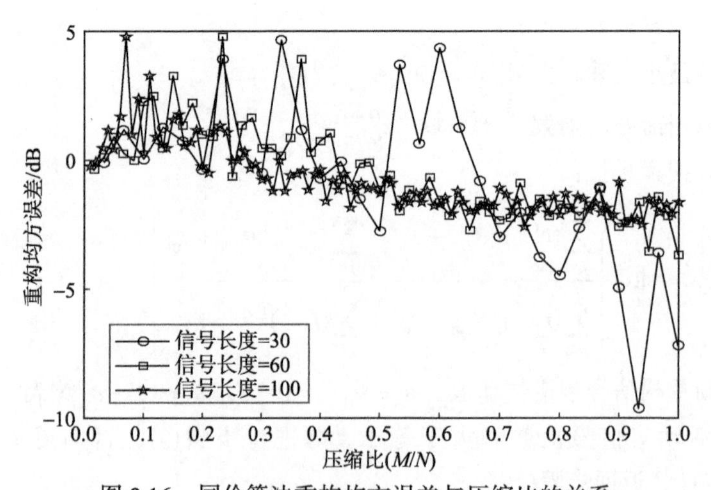

图 2.16　同伦算法重构均方误差与压缩比的关系

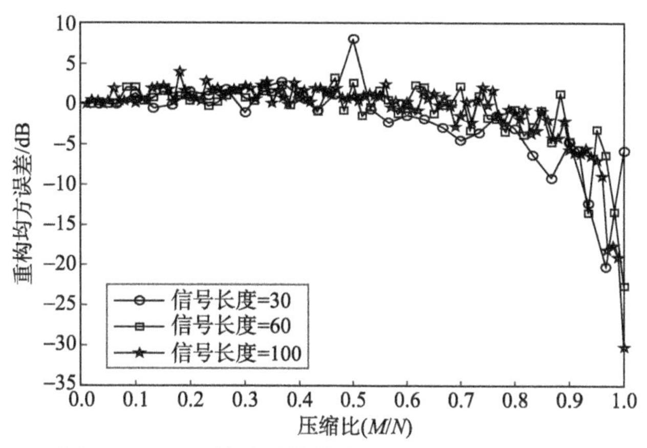

图 2.17　Lars 算法重构均方误差与压缩比的关系

由图 2.15～图 2.17 可知，当信号长度增加时，重构均方误差随压缩比的变化趋于稳定，即波动性减小。BPDN 算法的重构均方误差受信号长度影响最小，Lars 算法次之，而同伦算法在信号长度较小时波动很大。当信号长度一定时，随着压缩比的增加，信号重构均方误差波动减小，且不同阶段的重构均方误差不同。在低压缩比时，三种算法的重构均方误差均在 0dB 附近波动并缓慢减小。在相同压缩比情况下，BPDN 算法的重构均方误差波动最小，Lars 算法次之，同伦算法的波动性大于以上两种算法。当压缩比大于 0.7 时，BPDN 算法和 Lars 算法的重构均方误差开始迅速减小，在达到收敛时，BPDN 算法的重构均方误差略低于 Lars 算法，同伦算法的重构均方误差最大。当 DCS 感知信号长度为 60 时，BPDN 算法的重构均方误差可达到–35dB，Lars 算法的重构均方误差可达到–25dB，同伦算法的重构均方误差只能达到–2dB。对于三种算法的重构时间，当信号长度相同时，在信噪比为–10dB 且观测次数相同的条件下，同伦算法的重构时间低于 Lars 算法，BPDN 算法的重构时间远远高于 Lars 算法，是其 15～30 倍。因此，同伦算法重构时间短但其重构均方误差最大，BPDN 算法重构均方误差最小但其重构时间最长。而当压缩比相同时，随着信号长度的增加，相同算法的重构时间增加，其中 Lars 算法在低压缩比时重构时间变化不大，在高压缩比时重构时间显著增加，BPDN 算法和同伦算法的重构时间均随信号长度的增加而显著增加。综合考虑，Lars 算法可以在重构均方误差与重构复杂度之间取得最佳折中。

图 2.18 给出了一定压缩比下三种重构算法在不同信噪比下的重构均方误差。由图可知，在信噪比为–20～–5dB 时，三种算法的重构均方误差差异不大，均为 0dB 左右。在信噪比为–5～0dB 时，同伦算法的重构均方误差显著高于 Lars 算法和 BPDN 算法。随着信噪比的增加，同伦算法的重构均方误差仍在 0dB 附近波动，而 Lars 算法和 BPDN 算法的重构均方误差则显著下降。当信噪比继续增加到 20dB 时，Lars

算法的重构均方误差可达到−7dB，BPDN 算法的重构均方误差可达到−11dB。

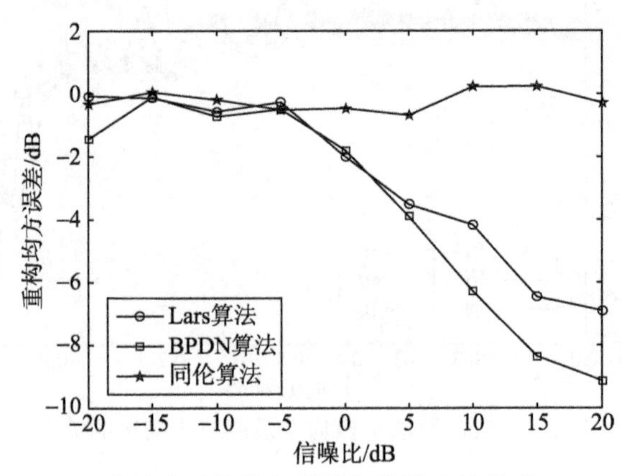

图 2.18　三种算法重构均方误差与信噪比的关系($M/N=0.3$)

表 2.1～表 2.3 分别给出了感知信号长度分别为 30、60、100，且信噪比为−10dB 时三种重构算法的重构时间(复杂度)。

表 2.1　三种重构算法的重构时间(感知信号长度为 30, SNR=−10dB)　(单位: s)

算法	压缩比(M/N)					
	1/6	1/3	1/2	2/3	5/6	1
Lars 算法	0.009385	0.002879	0.003215	0.003574	0.004459	0.017118
BPDN 算法	0.073417	0.137151	0.155772	0.166952	0.206589	0.231355
同伦算法	0.002911	0.002983	0.002727	0.003624	0.035087	0.006105

表 2.2　三种重构算法的重构时间(感知信号长度为 60, SNR=−10dB)　(单位: s)

算法	压缩比(M/N)					
	1/6	1/3	1/2	2/3	5/6	1
Lars 算法	0.00306	0.003824	0.005932	0.007958	0.011538	0.014789
BPDN 算法	0.117413	0.194927	0.24686	0.332367	0.389985	0.496929
同伦算法	0.004474	0.010878	0.008615	0.009455	0.01022	0.013546

表 2.3　三种重构算法的重构时间(感知信号长度为 100, SNR=−10dB)　(单位: s)

算法	压缩比(M/N)					
	1/6	1/3	1/2	2/3	5/6	1
Lars 算法	0.004238	0.008946	0.02056	0.023064	0.033108	0.045593
BPDN 算法	0.143361	0.333968	0.440326	0.763235	0.962597	1.087744
同伦算法	0.011051	0.018047	0.023146	0.02842	0.023354	0.028299

由表 2.1～表 2.3 可知，当感知信号长度一定时，在相同压缩比下，BPDN 算法的重构时间远高于 Lars 算法。在 LEO-CR 系统中，考虑在保障一定重构均方误差要求下进行快速检测，故采用 DCS-Lars 算法进行感知信号重构与多卫星协作频谱检测。

表 2.4 给出了在同样场景下采用 Lars 算法、DCS-Lars 算法、DCS-DX 算法进行多信号重构的性能比较。结果表明，DCS-Lars 算法在重构均方误差和重构速度上都有较大的提升。与 DCS-DX 算法相比，DCS-Lars 算法的重构复杂度更低，重构均方误差相当。在 LEO-CR 系统低信噪比和低压缩比的条件下，DCS-Lars 算法可以对含噪信号进行快速有效的重构，并具有良好的频谱检测能力，同时重构复杂度大大降低。

表 2.4　三种算法的多信号重构性能比较(感知信号长度 500, SNR=0dB, J=2, M/N = 0.3)

算法	重构时间/s	重构均方误差(频域)/dB
Lars 算法	0.2717	4.617223
DCS-Lars 算法	0.0935	–4.341407
DCS-DX 算法	0.1793	–4.333235

为了研究未知稀疏度情况下 DCS-Lars-B 算法的信号重构性能，将其与已知稀疏度情况下 DCS-Lars 算法的信号重构性能进行比较，结果如图 2.19 所示。仿真中信号采用随机 ±1 信号，含噪信号的信噪比为–5dB。由图可知，随着压缩比的增加，DCS-Lars 算法的重构均方误差在–0.1～0.4dB 范围内波动，均值约为 0dB；DCS-Lars-B 算法的重构均方误差在–0.1～0.1dB 范围内波动，均值约为 0dB。虽然两种算法的重构均方误差值相当，但 DCS-Lars-B 算法的重构均方误差较为稳定。因此，在未知信号稀疏度的情况下，DCS-Lars-B 算法可以取得较好的重构性能。

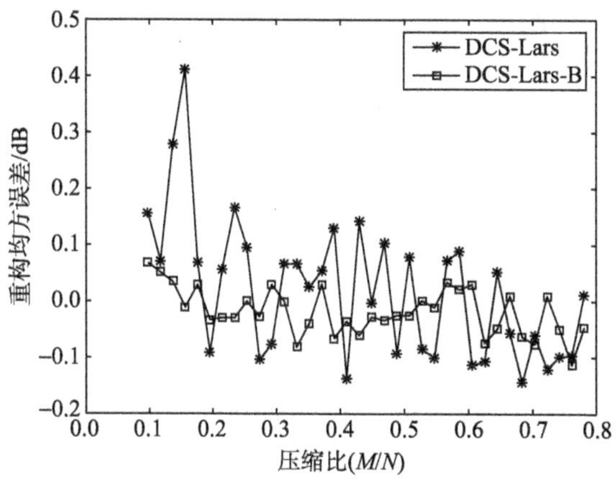

图 2.19　DCS-Lars 算法和 DCS-Lars-B 算法的重构均方误差与压缩比的关系

2.8 本章小结

本章首先详细阐述了压缩感知理论及其框架，包括信号稀疏变换、观测矩阵设计和信号重构方法，信号重构方法包括贪婪追踪算法和凸松弛法。然后介绍了分布式压缩感知理论、分布式压缩感知环境下的联合稀疏模型、分布式压缩感知信号重构方法，以及约束二次规划问题的求解方法，包括基追踪去噪法、同伦法和最小角回归法。接着介绍了基于最大能量子集的自适应观测方案、基于能效观测的梯度投影稀疏重构方法，同时将最小角回归法和同伦法推广到分布式压缩感知环境中，分别介绍了分布式压缩感知-最小角回归(DCS-Lars)和分布式压缩感知-同伦法动态更新(DCS-DX)两种感知信号重构方法，这两种方案在低信噪比和低压缩比情况下具有良好的重构性能。最后针对实际频谱感知场景稀疏度未知的情况，将 DCS-Lars 算法进一步推广，提出了盲分布式压缩感知-最小角回归(DCS-Lars-B)算法。仿真结果表明，DCS-Lars-B 算法在重构均方误差与重构复杂度方面相对于 DCS-Lars 算法均有明显改善。

参考文献

[1] Donoho D. Compressed sensing[J]. IEEE Transactions on Information Theory, 2006, 52(4): 1289-1306.

[2] Candès E, Tao T. Near optimal signal recovery from random projections: Universal encoding strategies[J]. IEEE Transactions on Information Theory, 2006, 52(12): 5406-5425.

[3] Candès E, Romberg J, Tao T. Robust uncertainty principles: Exact signal reconstruction from highly incomplete frequency information[J]. IEEE Transactions on Information Theory, 2006, 52(2): 489-509.

[4] 焦李成, 杨淑媛, 刘芳, 等. 压缩感知回顾与展望[J]. 电子学报, 2011, 39(7): 1651-1662.

[5] 石光明, 刘丹华, 高大化, 等. 压缩感知理论及其研究进展[J]. 电子学报, 2009, 37(5): 1070-1081.

[6] 邓军. 基于凸优化的压缩感知信号恢复算法研究[D]. 哈尔滨: 哈尔滨工业大学, 2011.

[7] 池景秀. 基于压缩感知的认知无线电宽带频谱感知与子载波比特分配关键技术研究[D]. 杭州: 杭州电子科技大学, 2013.

[8] 王赞. 基于分布式压缩感知的高能效宽带压缩频谱检测方法研究[D]. 杭州: 杭州电子科技大学, 2016.

[9] Candès E. The restricted isometry property and its implications for compressed sensing[J]. Acadèmie Des Sciences, 2006, 346(9-10): 589-592.

[10] Chen S S, Donoho D L, Saunders M A. Atomic decomposition by basis pursuit[J]. SIAM Review, 2001, 43(1): 129-159.

[11] Donoho D L, Tsaig Y. Extensions of compressed sensing[J]. Signal Processing, 2006, 86(3):

533-548.

[12] Tibshirani R. Regression shrinkage and selection via the lasso[J]. The Journal of the Royal Statistical Society, Series B, 1996, 58(1): 267-288.

[13] Wright S J, Nowark R D, Figueiredo M A T. Sparse reconstruction by separable approximation[J]. IEEE Transactions on Signal Processing, 2009, 57(7): 2479-2493.

[14] Figueiredo M A T, Nowak R D, Wright S J. Gradient projection for sparse reconstruction: Application to compressed sensing and other inverse problems[J]. IEEE Journal of Selected Topics in Signal Processing, 2007, 1(4): 586-597.

[15] Tropp J A, Gilbert A C. Signal recovery from random measurements via orthogonal matching pursuit[J]. IEEE Transactions on Information Theory, 2007, 53(12): 4655-4666.

[16] Dai W, Milenkovic O. Subspace pursuit for compressive sensing signal reconstruction[J]. IEEE Transactions on Information Theory, 2009, 55(5): 2230-2249.

[17] Mingrui Y, Hoog F D. Orthogonal matching pursuit with thresholding and its application in compressive sensing[J]. IEEE Transactions on Signal Processing, 2015, 63(20): 5479-5486.

[18] Kim S J, Koh K, Lustig M, et al. An interior-point method for large-scale l_1 regularized least squares[J]. IEEE Journal on Selected Topics in Signal Processing, 2007, 1(4): 606-617.

[19] Salman A M, Romberg J. Dynamic updating for l_1 minimization[J]. IEEE Journal of Selected Topics in Signal Processing, 2010, 4(2): 421-434.

[20] 梁瑞宇, 周采荣, 王青云, 等. 基于自适应次梯度投影算法的压缩感知信号重构[J]. 信号处理, 2010, 26(12): 1883-1888.

[21] 何宜宝, 毕笃彦, 马时平, 等. 梯度投影法求解压缩感知信号重构问题[J]. 北京邮电大学学报, 2012, 35(4): 112-115.

[22] 许晓荣, 姚英彪, 包建荣, 等. 认知 WSN 中基于能量有效性自适应观测的梯度投影稀疏重构方法[J]. 电子与信息学报, 2014, 36(1): 27-33.

[23] Mallat S, Zhang Z. Matching pursuits with time-frequency dictionaries[J]. IEEE Transaction Signal Process, 1993, 41(12): 3397-3415.

[24] Donoho D L, Tsaig Y, Drori I, et al. Sparse solution of underdetermined system of linear equations by stage-wise orthogonal matching pursuit[J]. IEEE Transactions on Information Theory, 2012, 58(2): 1094-1121.

[25] Needell D, Vershynin R. Signal recovery from incomplete and inaccurate measurements via regularized orthogonal matching pursuit[J]. IEEE Journal of Selected Topics in Signal Processing, 2010, 4(2): 310-316.

[26] Needell D, Tropp J A. CoSaMP: Iterative signal recovery from incomplete and inaccurate samples[J]. Applied and Computational Harmonic Analysis, 2009, 26(3): 301-321.

[27] 甘伟, 许录平, 张华, 等. 一种贪婪自适应压缩感知重构[J]. 西安电子科技大学学报(自然科学版), 2012, 39(3): 54-62.

[28] 李小波. 基于压缩感知的测量矩阵研究[D]. 北京: 北京交通大学, 2010.

[29] 秦周. 压缩感知中测量矩阵的优化与构造方法[D]. 北京: 北京交通大学, 2012.

[30] Baron D, Wakin M B, Sarvothan S. Distributed compressed sensing[D]. Houston: Rice University, 2006.

[31] Duarte M F, Sarvotham S, Baron D, et al. Distributed compressed sensing of jointly sparse signals[C]. Proceedings of IEEE 39th Asilomar Conference on Signals, Systems and Computers,

Pacific Grove, 2005: 1537-1541.
[32] Zeng F Z, Li C, Tian Z. Distributed compressive spectrum sensing in cooperative multihop cognitive networks[J]. IEEE Journal of Selected Topics in Signal Processing, 2011, 5(1): 37-48.
[33] 金露. 认知无线网络中基于压缩感知的宽带频谱感知及其资源分配技术研究[D]. 杭州: 杭州电子科技大学, 2014.
[34] 胡慧. LEO 微小卫星认知无线电系统中基于 DCS 的信号重构方法研究[D]. 杭州: 杭州电子科技大学, 2017.
[35] Ji S, Xue Y, Carin L. Bayesian compressive sensing[J]. IEEE Transactions on Signal Processing, 2008, 56(6): 2346-2356.
[36] Babacan S D, Molina R, Katsaggelos A K. Bayesian compressive sensing using Laplace priors[J]. IEEE Transactions on Image Processing, 2010, 19(1): 53-63.
[37] Huang K D, Guo Y, Guo X M, et al. Heterogeneous Bayesian compressive sensing for sparse signal recovery[J]. IET Signal Processing, 2014, 8(9): 1009-1017.
[38] 许晓荣, 黄爱苹, 章坚武. 一种基于贝叶斯压缩感知的认知 WSN 数据融合策略[J]. 通信学报, 2011, 32(9A): 220-225.
[39] 赵春晖, 许云龙. 能量约束贝叶斯压缩感知检测算法[J]. 通信学报, 2012, 33(10): 1-6.
[40] 汪振兴, 杨涛, 胡波. 基于互信息的分布式贝叶斯压缩感知[J]. 中国科学技术大学学报, 2009, 39(10): 1045-1051.
[41] Ji S, Dunson D, Carin L. Multitask compressive sensing[J]. IEEE Transactions on Signal Processing, 2009, 57(1): 92-106.
[42] 许晓荣, 王赞, 姚英彪, 等. 基于多任务贝叶斯压缩感知的宽带频谱检测[J]. 华中科技大学学报(自然科学版), 2015, 43(5): 33-38,43.
[43] Tan L T, Kong H Y, Bao V N Q. Projected Barzilai-Borwein methods applied to distributed compressive spectrum sensing[C]. Proceedings of IEEE International Symposia on New Frontiers in Dynamic Spectrum Access Networks, Singapore, 2010: 1-7.
[44] Xu X, Cao H, Guo Q. Homotopy reconstruction for compressive sensing based cooperative transmissions in cognitive radio network[C]. Proceedings of 7th International Conference on Wireless Communications and Signal Processing, Nanjing, 2015: 1-5.
[45] Tibshirani R. Regression shrinkage and selection via the lasso[J]. Journal of Royal Statistical Society B (Methodological), 1996, 58(1): 267-288.
[46] 许晓荣, 胡慧, 章坚武. L-CR 系统中分布式压缩感知最小角回归信号重构[J]. 信号处理, 2016, 32(12): 1395-1405.
[47] 杨海蓉, 张成, 丁大为, 等. 压缩传感理论与重构算法[J]. 电子学报, 2011, 39(1): 142-148.
[48] 彭丹妮. Lasso 算法在压缩感知中的应用[D]. 杭州: 浙江大学, 2014.
[49] Efron B, Hastie T, Johnstone I, et al. Least angle regression[J]. The Annals of Statistics, 2004, 32(2): 407-499.
[50] Xu X, Zhang J, Huang A, et al. An adaptive measurement scheme based on compressed sensing for wideband spectrum detection in cognitive WSN[J]. Journal of Electronics (China), 2012, 29(6): 585-592.
[51] 许晓荣, 包建荣, 姜斌, 等. 认知无线网络中基于自适应测量的贝叶斯压缩宽带频谱检测方法: 中国, ZL201210331987.6[P]. 2015.
[52] 江若宜, 季薇, 郑宝玉. 无线传感器网络中协作通信的能耗优化方法研究[J]. 电子与信息

学报. 2010, 32(6): 1475-1479.
[53] Yang A Y, Gastpar M, Bajcsy R, et al. Distributed sensor perception via sparse representation[J]. Proceedings of the IEEE, 2010, 98(6): 1077-1088.
[54] Elad M. Optimized projections for compressed sensing[J]. IEEE Transactions on Signal Processing, 2007, 55(12): 5695-5702.
[55] 许晓荣, 陆宇, 姜斌. 认知传感器网络中基于能量有效性观测的自适应压缩重构方法: 中国, ZL201310221326.2[P]. 2016.
[56] 关庆阳. 低轨宽带卫星移动通信系统 OFDM 传输技术研究[D]. 哈尔滨: 哈尔滨工业大学, 2011.
[57] 杨真真, 杨震, 孙林慧. 信号压缩重构的正交匹配追踪类算法综述[J]. 信号处理, 2013, 29(4): 486-496.
[58] 孟祥瑞, 赵瑞珍, 岑翼刚, 等. 用于压缩采样信号重建的回溯正则化自适应匹配追踪算法[J]. 信号处理, 2016, 32(2): 186-192.

第 3 章　基于压缩感知的认知无线电宽带频谱检测

3.1　认知无线电宽带频谱检测模型

本章主要讨论基于多用户分布式协作频谱感知的认知无线电(CR)宽带频谱检测。相比于窄带检测，宽带检测对采样硬件要求更高，为此引入压缩感知理论，提出了基于压缩感知的多用户分布式协作频谱感知方案[1-4]。本章讨论的宽带感知是指采用并行扫描方式的多信道宽带感知，即目标宽带是由已知的、确定的多个等宽窄带构成，系统以并行的方式对多个窄带(信道)同时进行扫描感知[5]。

在 CR 中，宽带无线电信号往往具有频域稀疏性。压缩感知得以引入 CR 中正是基于宽带无线电信号频域稀疏性的事实。图 3.1 给出了具有稀疏性的多信道功率谱密度(power spectrum density, PSD)示意图。图中，假设目标宽带被等分为 N 个互不重叠的子带(子信道)，且一般认为窄带大小和信道的子带划分信息对于认知用户(SU)是未知的。假设信道是慢时变信道，即在检测周期内可认为是时不变信道。空闲信道即频谱空穴，可供 SU 接入占用，而忙信道是正被主用户(PU)或其他 SU 占用的信道[3-5]。

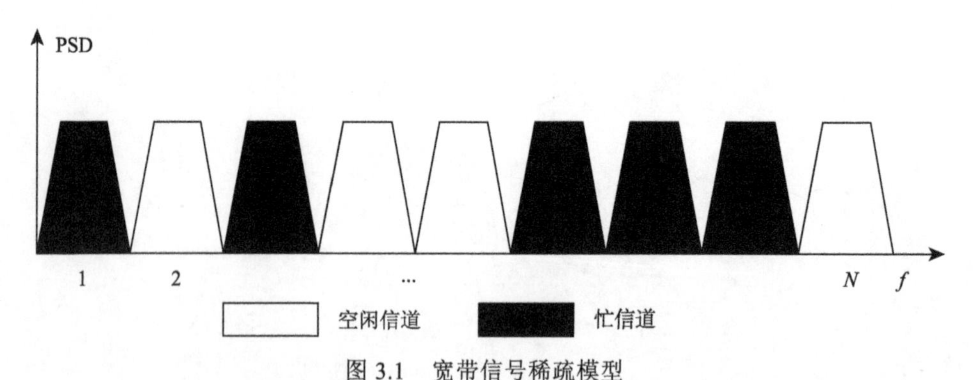

图 3.1　宽带信号稀疏模型

假设 J 个 SU 接收端对同一个 PU 信号进行感知检测。简单起见，假设 CR 高层协议(如介质访问控制层)可保证其他 SU 在检测过程中不发送信号，只有 PU 发送信号。因此，接收端接收的信号或为噪声，或为含噪信号，如式(1.1)所示[5,6]。事实上，在压缩频谱感知模型中，SU_j ($j=1,2,\cdots,J$) 接收的模拟信号 $x_j(t)$ 需要先通过模拟信息转换器压缩离散化为 $\boldsymbol{y}_j$，再根据 $\boldsymbol{y}_j$ 利用已有的稀疏重构算法重构出频域信号 $\hat{\boldsymbol{s}}_{f,j}$，然后利用能量检测器最终得到空穴判决向量 $\hat{\boldsymbol{d}}_j$，如图 3.2 所示[7,8]。

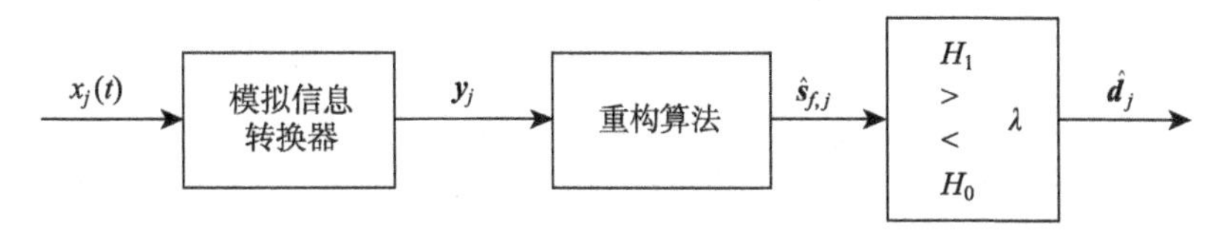

图 3.2　压缩频谱感知模型

此时，式(1.1)的二元检测模型可改写为式(3.1)，其中 $\boldsymbol{y}$ 为观测向量，$\boldsymbol{\Phi}$ 为 N 维观测矩阵，$\boldsymbol{x}$ 为接收信号的时间离散形式。压缩频谱感知问题中的信号恢复模型可改写为式(3.2)所示的形式，$\boldsymbol{x}_f$ 为接收信号的频域离散形式，它具有稀疏性，有 $\boldsymbol{x}_f = \boldsymbol{F}_N\boldsymbol{x}$，$\boldsymbol{F}_N$ 为 $N\times N$ 的 FFT 矩阵。

$$\begin{cases} H_0: \boldsymbol{y} = \boldsymbol{\Phi n} \\ H_1: \boldsymbol{y} = \boldsymbol{\Phi x} = \boldsymbol{\Phi}(\boldsymbol{s}+\boldsymbol{n}) \end{cases} \tag{3.1}$$

$$\arg\min \|\boldsymbol{x}_f\|_1, \quad \text{s.t. } \boldsymbol{y} = \boldsymbol{\Phi F}_N^{-1}\boldsymbol{x}_f \tag{3.2}$$

在宽带压缩频谱感知中，一个宽带模拟信号要压缩采样成为一个离散信号，可以使用模拟信息转换器。模拟信息转换器是 CR 接收机的重要组成部分。图 3.3 给出了模拟信息转换器的实现框图[5,9]。

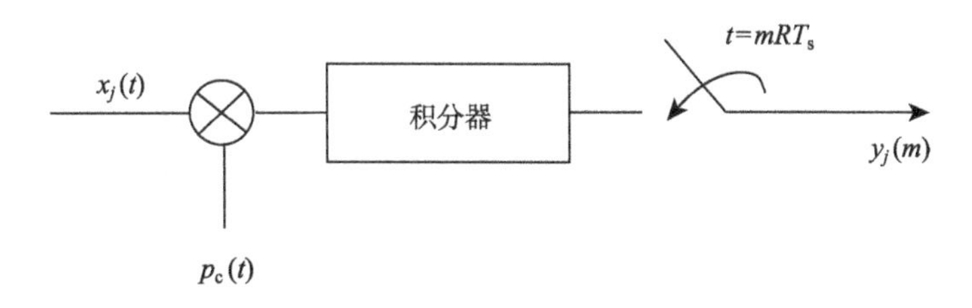

图 3.3　模拟信息转换器实现框图

模拟信息转换器主要针对信号中所含的有用频率成分相对于信号带宽很小的情况，且这些有用频率成分的位置信息是未知的。对于一个 K 阶稀疏的 N 维信号，模拟信息转换器只需 $O(K\log_2(N/K))$ 个采样值并通过凸优化方法即可重构信号[5,9,10]。

在图 3.3 中，SU_j 接收端接收的模拟信号 $x_j(t)$ 先与一个高速率的最大长度伪随机序列 $p_c(t)$ 相乘，然后经过一个低速率的低通模拟滤波器并以低速率采样获得离散数据。$p_c(t)$ 是一个以高于奈奎斯特速率采样获得的等概率 ±1 离散序列。模拟信息转换器本质上是一个模数转换器，只不过它经过两次采样：奈奎斯特采样和压缩采样[3-5]。

若设奈奎斯特采样率为$1/T_s$，则在一个RT_s时间内的积分输出经过采样后得到$\boldsymbol{y}_j(m)$，其中R是大于1的整数。$\boldsymbol{y}_j$可以认为是欠采样所得，欠采样频率为$1/(RT_s)$。在$[0, MRT_s]$时间内，可获得M点样本$\boldsymbol{y}_j=[y_j(1), y_j(2),\cdots, y_j(M)]^{\mathrm{T}}$。若用奈奎斯特速率进行采样，相同时间内可获得$N$点样本，$N=MR$。可见，实现的压缩采样比为$M/N=1/R$。模拟信息转换器输出的压缩向量$\boldsymbol{y}_j$可以通过第2章所述的压缩感知重构算法进行稀疏重构[11,12]。

模拟信息转换器和调制宽带解调器是将离散域压缩感知理论推广到模拟域的重要器件。在模拟信息转换器的启发下，Mishali和Eldar于2010年提出了调制宽带解调器[13]。图3.4给出了调制宽带解调器的实现结构框图。除模拟信息转换器和调制宽带解调器之外，将离散域的压缩感知理论推广到模拟域的方法还有随机滤波器[14]和奈奎斯特折叠模拟信息转换器(folding AIC)[15]。

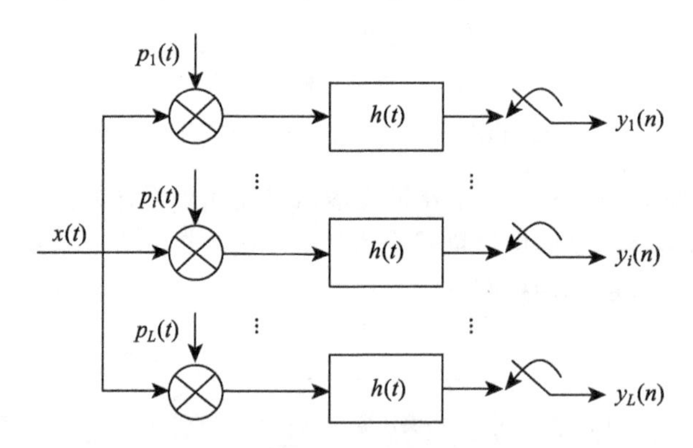

图3.4　调制宽带解调器实现结构框图

上述过程先对模拟信号进行欠采样并获得压缩离散信号，然后利用压缩感知理论中已有的信号重构方法对信号的频谱或功率谱进行重构，最后采用传统的单用户检测法进行频谱空穴检测。可见，压缩感知理论主要应用于频谱感知部分，而DCS理论主要应用于多用户协作频谱检测中。本章主要基于DCS理论，利用多用户的空间分集增益完成多用户协作频谱感知任务[16,17]。结合压缩感知理论，频谱感知技术可有效实现信号采样，特别是宽带信号的压缩采样，减少数据传送量进而降低用户功耗，延长系统运行周期[5,6,18-21]。

认知无线网络宽带频谱检测系统场景如图3.5所示[6]。主用户发射机(primary user transmitter, PUT)与主用户接收机(primary user receiver, PUR)利用授权宽带频谱进行通信。在认知无线网络宽带压缩频谱检测中，网络中可用信道带宽很宽，但PU实际传输信号占用的带宽很小，由于PU信号在频域上随机占用一部分子带，具有稀疏性，可以利用压缩感知对 SU 感知信号进行重构，并根据能量检测对 PU 占用的子带信号进行检测判决，最终确定 PU 信号所占子带位置。在本场景中，k 个 CR 用户对 PU 宽带频谱占用情况进行本地感知，通过选择最佳 CR 用户，利用其报告信道向认知基站(cognitive base station, CBS)汇报本地感知信息，CBS 基于 BCS 进行感知信息融合与稀疏重构，并根据信道能量累积进行宽带频谱检测[6,22,23]。

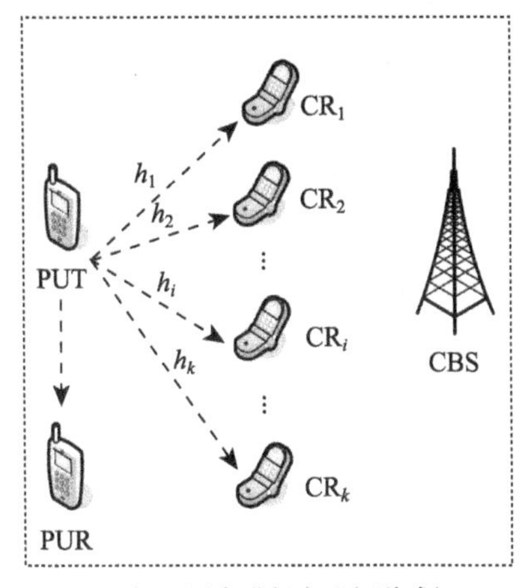

(a) k个CR用户进行本地频谱感知

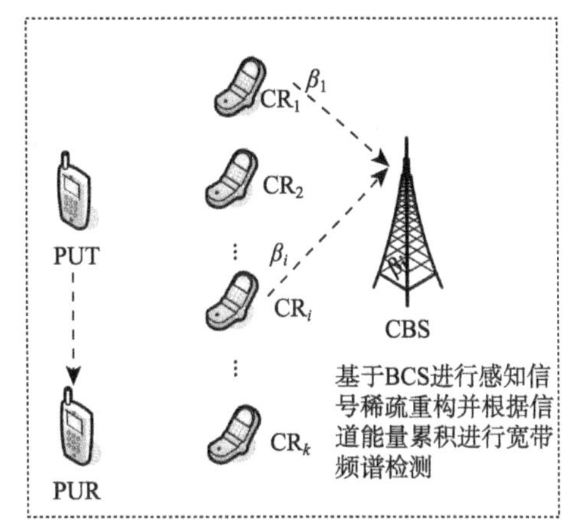

(b) 最佳CR_1和CR_i用户向CBS汇报本地感知信息，CBS进行宽带频谱检测

图 3.5　CRN 宽带频谱检测系统场景图

在 t 时刻，CR 用户进行本地频谱感知的信号为

$$x_{CR_1}(t)=\begin{cases}h_i x_{PUT}(t)+n_i(t), & H_1\\ n_i(t), & H_0\end{cases} \tag{3.3}$$

式中，$n_i(t)$ 表示感知信道的加性高斯白噪声；H_1 和 H_0 分别表示 PUT 存在和不存在的两种假设。

假设系统中 CR_1 请求接入而 PU 未使用频谱，由于多个 CR 用户进行协作检测将在提高检测性能的同时大幅度增加感知能耗，考虑到节点能耗、CBS 检测性能和隐蔽终端等因素，需要在 CR 集合中选择最佳 CR 用户进行协作检测[16,17,24,25]。所选择的最佳 CR_1 和 CR_i 用户共同向 CBS 汇报本地感知信息，同时系统模型参数如下。

(1) 感知信道与报告信道均为瑞利衰落信道。h_1、h_i 分别表示 PUT 与 CR_1、PUT 与 CR_i 之间的感知信道增益，在感知过程中信道增益为常数。

(2) CR_1 和 CR_i 接收端噪声满足均值为零、方差分别为 $\sigma_{CR_1}^2$ 和 $\sigma_{CR_i}^2$ 的独立同分布高斯随机变量。

(3) PUT 信号 $x_{PUT}(n)$ 为均值为零、方差为 σ_{PUT}^2 的独立同分布随机序列。

3.2　基于最大似然比的协作宽带频谱检测

考虑具有 N 个子载波的 CR 多载波调制(CR multi-carrier modulation, MCM_CR)系统，一个系统传输符号 $\{R_k, k\in[0,N-1]\}$ 与其等效复基带信号 $\{r_n, n\in[0,N-1]\}$ 之间为 N 点的离散傅里叶逆变换(inverse discrete Fourier transformation, IDFT)，即

$$r_n=\frac{1}{\sqrt{N}}\sum_{k=0}^{N-1}R_kW_N^{-kn},\quad n\in[0,N-1] \tag{3.4}$$

式中，R_k 为第 k 个子载波上的正交幅度调制(quadrature amplitude modulation, QAM)或相移键控(phase shift keying, PSK)调制符号；r_n 为第 n 个系统传输符号的基带采样信号；$W_N=\exp(-\mathrm{j}2\pi/N)$。

为分析 MCM_CR 系统的子载波利用情况，采用子载波空穴矢量(sub-carrier hole vector, SHV)进行表征，即表示为 $V(n)=\{U(0,n),U(1,n),\cdots,U(k,n),\cdots,U(N-1,n)\}$。其中，$U(k,n)$ 表示主用户在 n 时刻对第 k 个认知 OFDM 子载波的占用情况[26, 27]：

$$U(k,n)=\begin{cases}1, & \text{被PU占用}\\ 0, & \text{未被PU占用}\end{cases} \tag{3.5}$$

具有 N 个子载波的 MCM_CR 系统频谱如图 3.6 所示。在 MCM_CR 系统中，SHV 作为认知用户发射机(secondary user transmitter, SUT)频谱检测器的 N 点快速傅里叶逆变换(inverse fast Fourier transformation, IFFT)输入矢量，根据 N 点基 2-FFT 算法，其复杂度为 $O\left(\frac{N}{2}\log_2 N\right)$[28]。

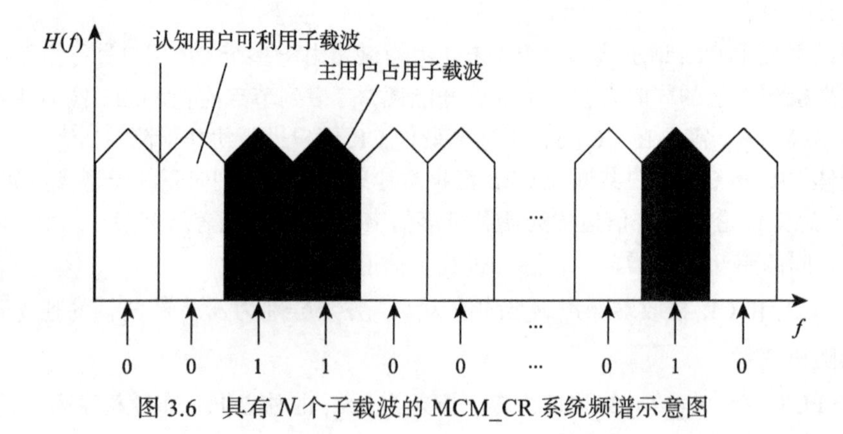

图 3.6　具有 N 个子载波的 MCM_CR 系统频谱示意图

考虑具有 N 个子载波的 MCM_CR 系统，在 n 时刻认知用户接收机(secondary user receiver, SUR)接收到的信号可以写成

$$r_n = whs_n + \eta_n \tag{3.6}$$

式中，$w=1(0)$ 表示 n 时刻 PU 发送(不发送)QAM 或 PSK 信号 s_n；信道加性噪声 η_n 服从均值为零、方差为 σ_η^2 的复高斯分布；信道衰落系数 $h=\alpha\exp(\mathrm{j}\theta)$，其中 α 为均值为零、方差为 σ_h^2 的瑞利分布随机变量，其概率密度函数为 $p_\alpha(r)=\dfrac{r}{\sigma_h^2}\exp\left(-\dfrac{r^2}{2\sigma_h^2}\right)$，$r\geqslant 0$，相位 θ 在 $[0,2\pi]$ 上服从均匀分布[29]。

将式(3.6)代入式(3.4)的逆变换表达式，可以得到 MCM_CR 系统的频域表达式为

$$R_k = w\alpha\exp(\mathrm{j}\theta)S_k + \xi_k,\quad k\in[0,N-1] \tag{3.7}$$

式中，$\{S_k\}$、$\{\xi_k\}$ 分别为 $\{s_n\}$、$\{\eta_n\}$ 的 N 点 DFT。

此时，子载波频域系数 $\{R_0,R_1,\cdots,R_{N-1}\}$ 相互不独立，而第 k 个子载波在各时刻之间是相互独立的，即 $R_k=\{R_k(1),R_k(2),\cdots,R_k(n),\cdots\}$ 各元素相互独立。采用基于子载波的最大似然检测(maximun likelihood detector, MLD)进行子载波频谱的动态分配。当 $n\to\infty$ 时，由中心极限定理，在某一时刻 PUR 对第 k 个子载波的接收信号 R_k 可认为是一复高斯变量 $R_k\sim N(0,\sigma_{R_k}^2)$ [29,30]。其中，$\sigma_{R_k}^2=\sigma_\eta^2(1+w^2\overline{\gamma}_k)$ 为 R_k 的方差，$\overline{\gamma}_k=\dfrac{\sigma_h^2 s_k^2}{\sigma_\eta^2}$ 为 SUR 第 k 个子载波的平均接收 SNR。将 R_k 进行幅度归一化，得到 $x_k=\dfrac{|R_k|}{\sigma_\eta}$，则归一化幅度 x_k 是均值为零、方差为 $\sigma_{x_k}^2=\dfrac{1+w^2\overline{\gamma}_k}{2}$ 的瑞利分布随机变量。根据文献[29]，其概率密度函数(probability density function, PDF)和累积分布函数(cumulative distribution function, CDF)可分别写作

$$f_R(x_k)=\frac{x_k}{\sigma_{x_k}^2}\exp\left(-\frac{x_k^2}{2\sigma_{x_k}^2}\right) \tag{3.8}$$

$$F_R(\lambda_k)=\Pr\{x_k\leqslant\lambda_k\}=\int_0^{\lambda_k}f_R(u)\mathrm{d}u=1-\exp\left(-\frac{\lambda_k^2}{2\sigma_{x_k}^2}\right) \tag{3.9}$$

令 H_1 表示 SU 认为 PU 正在占用第 k 个子载波($w=1$)，H_0 表示 SU 认为第 k 个子载波处于频谱空穴($w=0$)，假设 SUR 已知全部信道状态信息(channel state information, CSI)，则第 k 个子载波的 MLD 模型可以表示为[26,27]

$$\Lambda = \frac{f(x_k \mid H_1)}{f(x_k \mid H_0)} = \frac{1}{1+\overline{\gamma}_k} \exp\left(\frac{\overline{\gamma}_k x_k^2}{1+\overline{\gamma}_k}\right) > \beta_k \tag{3.10}$$

式中，β_k 为 MLD 阈值。

当 H_1 为真时，判决区域为 $\mathrm{DR} = \{x_k : \Lambda > \beta_k\}$，则 β_k 值变为

$$\beta_k = \Lambda\mid_{x_k=\lambda_k} = \frac{1}{1+\overline{\gamma}_k} \exp\left(\frac{\overline{\gamma}_k \lambda_k^2}{1+\overline{\gamma}_k}\right) \tag{3.11}$$

可得判决门限 $\lambda_k = \sqrt{\frac{1+\overline{\gamma}_k}{\overline{\gamma}_k} \ln[\beta_k(1+\overline{\gamma}_k)]}$。由于 $\beta_k \geqslant 1$，且 λ_k 为 β_k 增函数，可知 $\lambda_k \geqslant \sqrt{\frac{1+\overline{\gamma}_k}{\overline{\gamma}_k} \ln(1+\overline{\gamma}_k)}$，判决区域 $\mathrm{DR} = \{x_k > \lambda_k\}$，则 PU 占用第 k 个子载波的检测概率 $\mathrm{Pr}_{\mathrm{d}k}$、虚警概率 $\mathrm{Pr}_{\mathrm{f}k}$ 和漏检概率 $\mathrm{Pr}_{\mathrm{m}k}$ 分别为

$$\mathrm{Pr}_{\mathrm{d}k} = \int_{\mathrm{DR}} f(x_k \mid H_1)\mathrm{d}x_k = \exp\left(-\frac{\lambda_k^2}{1+\overline{\gamma}_k}\right) \tag{3.12}$$

$$\mathrm{Pr}_{\mathrm{f}k} = \int_{\mathrm{DR}} f(x_k \mid H_0)\mathrm{d}x_k = \exp\left(-\lambda_k^2\right) \tag{3.13}$$

$$\mathrm{Pr}_{\mathrm{m}k} = 1 - \mathrm{Pr}_{\mathrm{d}k} = 1 - \exp\left(-\frac{\lambda_k^2}{1+\overline{\gamma}_k}\right) \tag{3.14}$$

从式(3.10)可知，最大似然比(maximum likelihood ratio, MLR)判决门限 β_k 越大，判决准确度越高；式(3.11)～式(3.14)则表明，β_k 增大也使判决门限 λ_k 增大，从而使 $\mathrm{Pr}_{\mathrm{d}k}$ 减小，因此在 $\mathrm{Pr}_{\mathrm{d}k}$ 与判决准确度之间需要进行折中考虑[26,27]。对于 MCM_CR 系统，漏检概率 $\mathrm{Pr}_{\mathrm{m}k}$ 必须小于门限 Pr_0 以防止 SU 对 PU 造成干扰，通常使 SU 对 PU 的干扰小于某一干扰温度限 T_{PU} [16,31]，即

$$T_{\mathrm{SU}_k \to \mathrm{PU}} = \frac{P_k \mathrm{Pr}_{\mathrm{m}k}}{k_{\mathrm{B}} B_k} \leqslant T_{\mathrm{PU}} - T_0 \tag{3.15}$$

式中，T_0 为不考虑 SU 时的 PU 固有干扰温度；$k_{\mathrm{B}} = 1.38\times10^{-23}$ J/K 为玻尔兹曼常量；P_k 为第 k 个 SU 的平均发射功率；B_k 为第 k 个子载波的带宽。

由式(3.15)可知门限 Pr_0 为

$$\mathrm{Pr}_{\mathrm{m}k} \leqslant \mathrm{Pr}_0 = \frac{k_{\mathrm{B}}(T_{\mathrm{PU}} - T_0)B_k}{P_k} \tag{3.16}$$

将式(3.14)代入式(3.16)，可得

$$\lambda_k \leqslant \sqrt{-(1+\overline{\gamma}_k)\ln(1-\mathrm{Pr}_0)} \tag{3.17}$$

将式(3.17)代入式(3.11)，可以得到 MLR 判决门限 β_k 的上、下界：

$$1 \leqslant \beta_k \leqslant \frac{1}{1+\overline{\gamma}_k}(1-\mathrm{Pr}_0)^{-\overline{\gamma}_k} \tag{3.18}$$

取判决门限的上界为 $\beta_{\mathrm{u}} = \frac{1}{1+\overline{\gamma}_k}(1-\mathrm{Pr}_0)^{-\overline{\gamma}_k}$ 。

由于 λ_k 为 β_k 的增函数，可以得到第 k 个子载波判决门限 λ_k 的上、下界：

$$\sqrt{\left(1+\frac{1}{\overline{\gamma}_k}\right)\ln(1+\overline{\gamma}_k)} \leqslant \lambda_k \leqslant \sqrt{\left(1+\frac{1}{\overline{\gamma}_k}\right)\ln[\beta_{\mathrm{u}}(1+\overline{\gamma}_k)]} \tag{3.19}$$

由式(3.18)可知，第 k 个子载波的 MLR 判决门限 β_k 与最小漏检概率 Pr_0 和第 k 个子载波的平均接收 SNR $\overline{\gamma}_k$ 有关。

通常，由于式(3.7)中的 S_k 、ξ_k 未知，$\overline{\gamma}_k$ 也无法获知，可以采用最大似然(maximum likelihood, ML)方法对 $\overline{\gamma}_k$ 进行估计[26,27]，即

$$\hat{\overline{\gamma}}_k = \arg\max_{\overline{\gamma}_k} f(x_k \mid \overline{\gamma}_k, H_1) = x_k^2 - 1 \tag{3.20}$$

将式(3.20)代入式(3.10)，得到 MLR 判决门限为

$$\frac{f(x_k \mid H_1)}{f(x_k \mid H_0)} = \frac{1}{x_k^2}\exp(x_k^2 - 1) > \beta_0 \tag{3.21}$$

式中，$\beta_0 \in [1, \beta_{\mathrm{u}}]$。

将认知用户最大似然检测与能量检测两种方法进行比较。由于能量检测阈值与子载波接收 SNR 无关[30]， MLR 判决门限与漏检概率门限 Pr_0 和接收 SNR 有关。因此，相比于能量检测，MLR 判决门限变化对检测性能影响较小。当 $\mathrm{Pr}_0 = 0.15$、$\overline{\gamma}_k = 20\,\mathrm{dB}$ 时，由式(3.18)和式(3.19)可得到 $\beta_{\mathrm{u}} = 1.1318\mathrm{e}^5$ ，则判决门限 λ_k 的下界 $\lambda_1 = 2.1590$ ，上界 $\lambda_{\mathrm{u}} = 4.0515$ ，两种假设情况下的 MLR 概率密度与接收信号幅度之间的关系如图 3.7 所示。

采用接收机工作特性(ROC)曲线表述第 k 个子载波在不同检测算法下的频谱感知性能，即 $\mathrm{Pr}_{\mathrm{m}k} = f(\mathrm{Pr}_{\mathrm{f}k})$ 。由于 ROC 曲线不仅与检测方法和待检测信号的结构有关，也与 SU 平均接收 SNR 有关，考虑到 PU 与认知无线网络之间的距离通常远大于认知网络半径，可以认为对同一子载波进行感知时，不同 SU 具有相同的接收 SNR，对应的感知性能 ROC 函数相同[17,25]。图 3.8 给出了不同 MLR 判决门限条件下子载波采用最大似然检测的 ROC 曲线。由图可知，随着判决门限上界的增大，虚警概率明显降低。可见，MLR 判决门限是影响最大似然检测 ROC 曲线的主要因素。

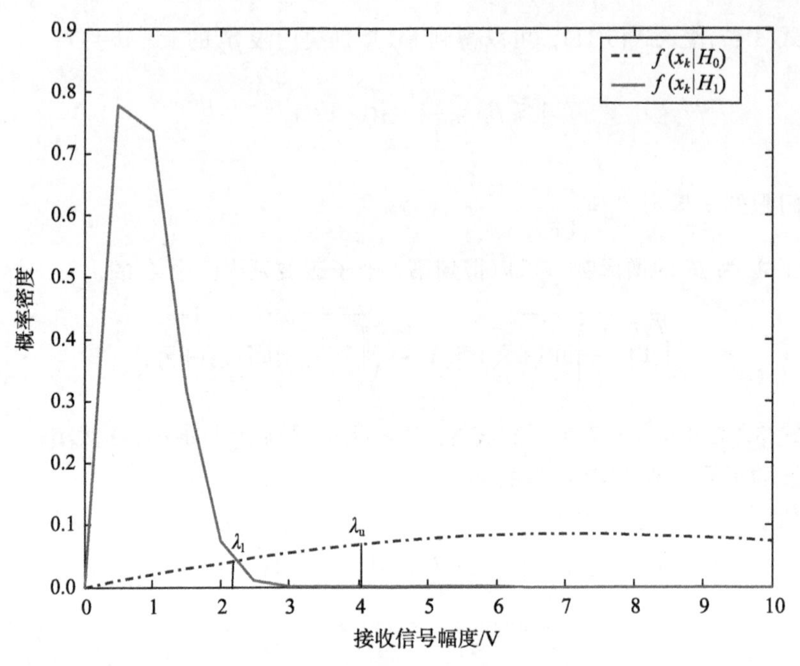

图 3.7　两种假设情况下 MLR 概率密度数值与接收信号幅度之间的关系

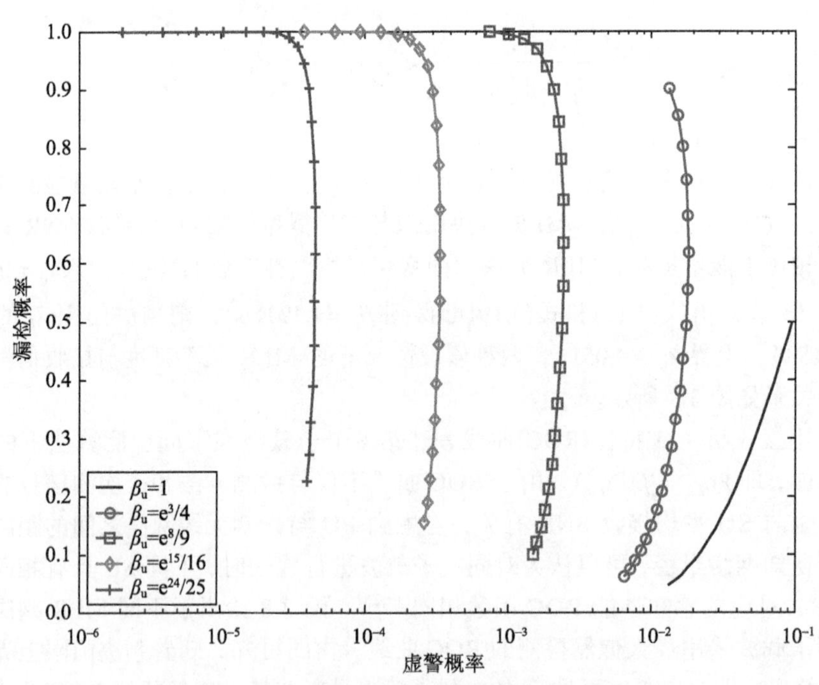

图 3.8　子载波最大似然检测 ROC 曲线

由式(3.11)～式(3.14)可知，一旦确定 MLR 阈值 β_0，即可求出第 k 个子载波判决门限 $\lambda_k(\lambda_k \in [\lambda_1, \lambda_u])$、$\mathrm{Pr}_{\mathrm{d}k}$、$\mathrm{Pr}_{\mathrm{f}k}$ 和 $\mathrm{Pr}_{\mathrm{m}k}$。根据 MLR 模型，若在 n 时刻 SU 探测到第 k 个子载波被 PU 所占用，则 SHV 中元素 $U(k,n)=1$ (以概率 $\mathrm{Pr}_{\mathrm{d}k}$)；反之，$U(k,n)=0$ (以概率 $1-\mathrm{Pr}_{\mathrm{f}k}$)，则式(3.5)等效为

$$U(k,n)=\begin{cases}1, & \mathrm{Pr}_{\mathrm{d}k} \\ 0, & 1-\mathrm{Pr}_{\mathrm{f}k}\end{cases} \tag{3.22}$$

采用对数似然概率 $\ln\dfrac{1-\mathrm{Pr}_{\mathrm{f}k}}{\mathrm{Pr}_{\mathrm{d}k}}$ 度量第 k 个子载波的空闲度[32]，并按 $\ln\dfrac{1-\mathrm{Pr}_{\mathrm{f}k}}{\mathrm{Pr}_{\mathrm{d}k}}$ 递减顺序对各子载波进行分配，最先分配的子载波为

$$\begin{aligned}k^* &= \arg\max_{k=1,2,\cdots,N}\{\ln(1-\mathrm{Pr}_{\mathrm{f}k})-\ln \mathrm{Pr}_{\mathrm{d}k}\} \\ &= \arg\max_{k=1,2,\cdots,N}\left\{\ln[1-\exp(-\lambda_k^2)]+\frac{\lambda_k^2}{1+\overline{\gamma}_k}\right\}\end{aligned} \tag{3.23}$$

最先分配的子载波即认知用户感知到空闲度最大的子载波。采用这种子载波分配机制后，越先感知的子载波其空闲度越大，认知用户一旦获得所需带宽，就可以使用相应空闲的子载波，而无须再对其他子载波进行感知，从而大大降低感知耗费的时间和功率。

图 3.9 给出了不同漏检概率下子载波不同 MLR 判决门限上界与接收信号信噪比的关系。根据式(3.18)，当 MLR 判决门限上界 $\beta_\mathrm{u}<1$ 时，若接收信号信噪比非常小($\mathrm{SNR}<5\,\mathrm{dB}$)，即在 PU 干扰温度限 T_{PU} 之下，则必须增加接收信号幅度或减小干扰等级，否则 SU 不能接入频谱空穴。若 $\mathrm{SNR}>5\,\mathrm{dB}$，则在 $\mathrm{Pr}_\mathrm{m}=0.45$ 时有 $\beta_\mathrm{u}>1$。随着信噪比的增大，β_u 呈指数增长。若 $\mathrm{SNR}=20\,\mathrm{dB}$，在不同漏检概率情况下均有 $\beta_\mathrm{u}>1$，此时第 k 个子载波的 SU 用户接入 PU 频谱空穴的概率为 $\mathrm{Pr}_{\mathrm{d}k}$。

图 3.10 给出了相同判决门限下第 k 个子载波采用 MLD 与 ED 时的性能比较。由式(3.21)可知，MLR 判决门限是接收信号幅度平方的指数函数，在判决门限较小的情况下，能量检测具有较好的检测性能。当判决门限突然增大时，能量检测的性能急剧下降，这是由于能量检测判决门限与接收信号信噪比无关，能量检测不能自适应信道变化。根据式(3.12)和式(3.21)，MLR 判决门限与接收信号信噪比有关，具有自适应特性，判决门限的急剧变化对 MLD 的性能影响非常小，例如，当 $\mathrm{SNR}=20\,\mathrm{dB}$ 时，三种不同 MLR 判决门限对 $\mathrm{Pr}_{\mathrm{d}k}$ 的影响仅为 0.05。因此，MLR 更适合于判决门限动态变化的自适应频谱感知，采用基于 MLR 频谱检测的子载波分配方法，可以明显提高认知 OFDM 中子载波频谱的感知性能，从而高效利用频谱资源，实现认知无线网络中的“绿色通信”。

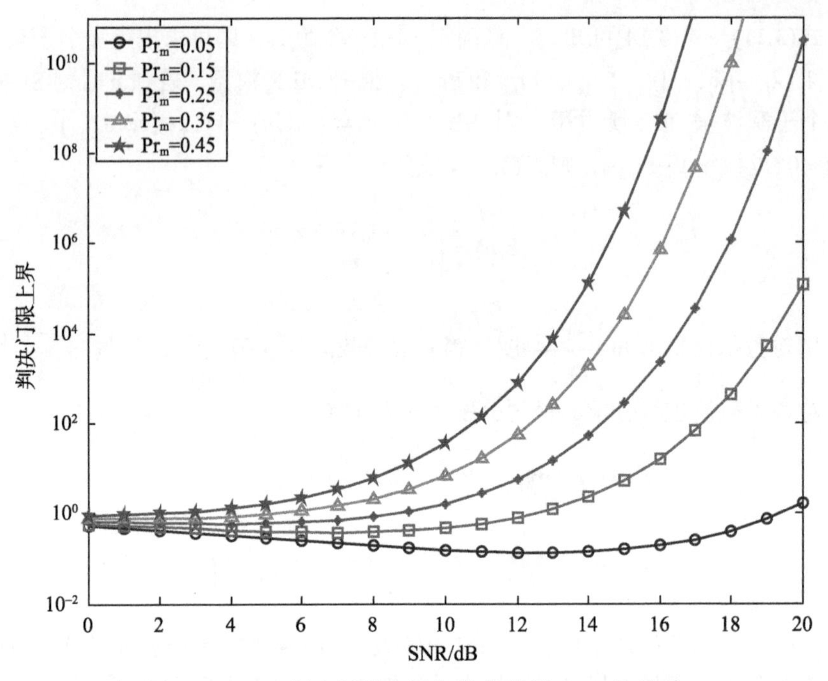

图 3.9　MLR 判决门限上界与接收信号 SNR 的关系

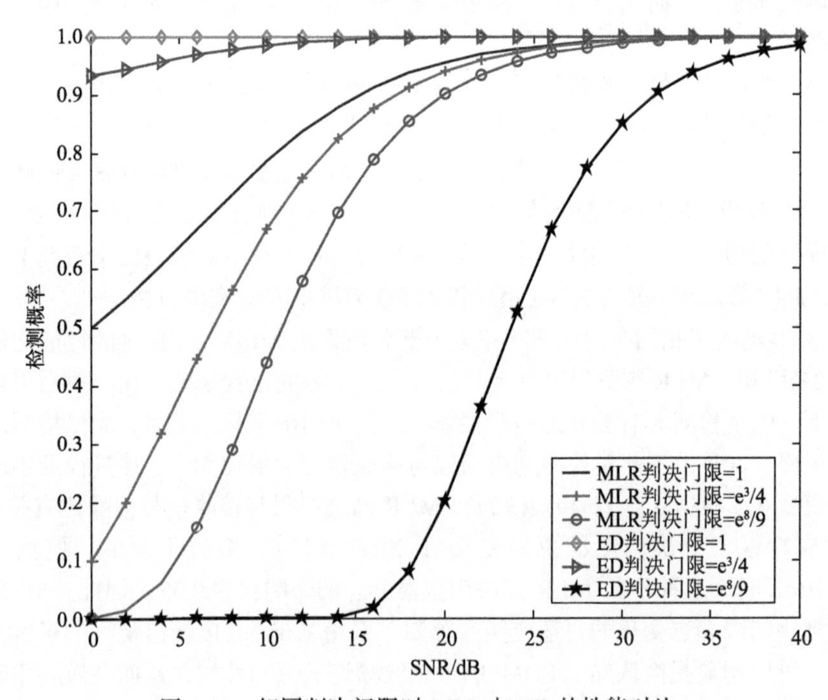

图 3.10　相同判决门限时 MLD 与 ED 的性能对比

多个认知用户将各自的感知数据发送给认知基站可以实现空间域感知数据的融合，从而实现基于多载波调制的空时频三维联合宽带频谱感知与资源优化分配。CBS 作为 MCM_CR 系统的中心控制单元，它将各认知用户的本地感知结果进行融合，并采用一定的数据融合准则对主用户频谱使用情况作出判决。认知无线网络中 CBS 数据融合与宽带频谱检测场景图如图 3.5 所示。根据 CBS 接收到的感知结果，数据融合过程可分为两类：集中式融合(软融合)与分布式融合(硬融合)。其中集中式融合是各 SU 直接将感知数据传送到融合中心，由融合中心经过处理后作出判决。此方法虽然具有感知信息无丢失、判决结论可信度高的优点，但是传输的数据量大，CBS 负担重，需要大量的频谱进行感知数据的传输，将对频谱资源造成大量浪费，有违认知无线网络高效利用频谱的目的。而分布式融合则是各 SU 对各自的感知数据进行初步分析处理并作出本地判决后，将本地判决结果向 CBS 汇报，CBS 以某种融合策略获得最终的判决结论。尽管分布式融合没有接收到完整的观测值会使性能略有降低，但具有传输数据量少、对传输网络要求低、数据融合处理时间短和响应速度高等优点[25,33]。因此，下面考虑分布式数据融合过程。

假设认知无线网络中有 M 个认知用户，第 j 个认知用户的本地判决结果可以表示为

$$d_j = \begin{cases} 1, & H_1 : Y_j \geqslant \lambda_j \\ 0, & H_0 : Y_j < \lambda_j \end{cases}, \quad j = 1, 2, \cdots, M \tag{3.24}$$

式中，Y_j 为第 j 个认知用户的接收信号能量值；λ_j 为采用 ED 或 MLD 时的判决门限。

CBS 汇聚不同 SU 发送的本地判决信息后，采用分布式融合算法进行感知数据融合。经 CBS 融合判决后，认知无线网络的检测概率和虚警概率分别表示为[15]

$$Q_{\mathrm{d}} = \sum_{l=T}^{M} \binom{M}{l} \mathrm{Pr}_{\mathrm{d}}^{l} (1 - \mathrm{Pr}_{\mathrm{d}})^{M-l} \tag{3.25}$$

$$Q_{\mathrm{f}} = \sum_{l=T}^{M} \binom{M}{l} \mathrm{Pr}_{\mathrm{f}}^{l} (1 - \mathrm{Pr}_{\mathrm{f}})^{M-l} \tag{3.26}$$

式中，$\binom{M}{l} = \dfrac{M!}{l!(M-l)!}$。$T$ 为 CBS 判决门限，当 $T=1$ 时，采用“或”准则进行协作感知判决融合，由二项式定理(binomial theorem)可知，$Q_{\mathrm{d}} = 1-(1-\mathrm{Pr}_{\mathrm{d}})^M$，$Q_{\mathrm{f}} = 1-(1-\mathrm{Pr}_{\mathrm{f}})^M$；当 $T = M$ 时，采用“与”准则进行协作感知判决融合，此时 $Q_{\mathrm{d}} = \mathrm{Pr}_{\mathrm{d}}^M$，$Q_{\mathrm{f}} = \mathrm{Pr}_{\mathrm{f}}^M$。

采用MLR分布式融合策略时的CBS全局检测性能如图3.11所示。根据式(3.12)和式(3.25)，分布式融合算法中的“或”准则明显优于“与”准则。在“或”准则中，检测性能随着协作用户数的增加而提高；而在“与”准则中，随着协作用户数的增加，检测性能反而下降。图中，当SNR为20dB时，三个用户协作时采用“或”准则融合的检测概率接近1，“与”准则融合的检测概率则为0.72。在单个SU下，两种分布式融合算法的性能相同。对于多个协作SU，“或”准则融合可以显著提高检测性能，而“与”准则融合使检测性能反而出现下降。究其原因，“与”准则融合在降低CRN虚警概率的同时也降低了系统的检测概率，而“或”准则融合可以提高检测概率，但同时也增加了系统虚警概率。在固定虚警概率条件下，“或”准则融合优于“与”准则融合，因为CBS在得到多个SU决策信息后，采用“与”准则融合是将各SU决策结果简单相乘，存在错误概率累积的情况，而“或”准则融合可以选择出最优的SU决策值，使得CBS的最后判决值相对更加正确[34]。针对这一情况，文献[35]提出了另一种分布式融合算法，它通过CBS将各SU局部频谱感知的可信度采用Dempster-Shafer证据理论实现感知结果融合，在提高检测概率的同时减小了虚警概率。

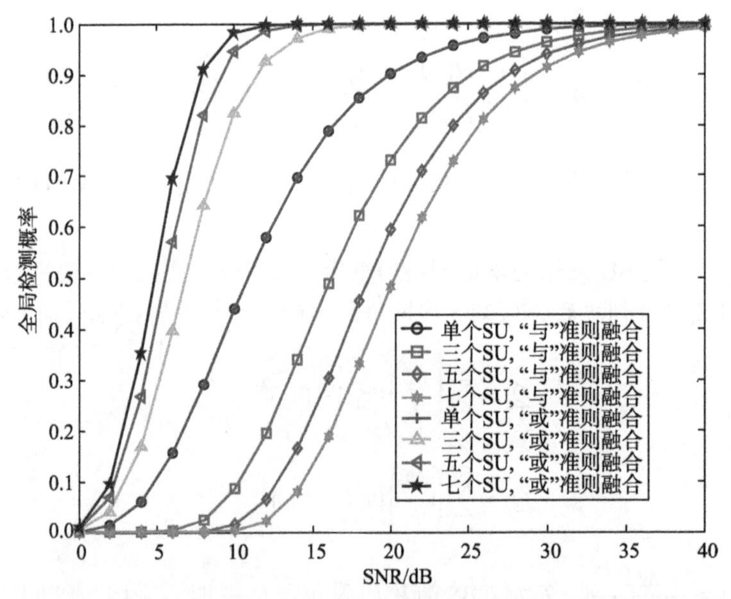

图3.11　采用MLR分布式融合策略的CBS全局检测性能

根据文献[16]、文献[17]、文献[25]和文献[26]，CBS采用“或”准则融合的检测性能大大优于“与”准则融合。CBS采用“或”准则融合时ED和MLD方法的检测性能比较如图3.12所示。其中，协作认知用户分别采用ED和MLD进行本地检测，判决阈值为$\beta=\frac{1}{9}e^8$。由图可知，随着认知用户数的增加，两种方法的检测性能均有明显改善，但 MLD 的性能明显优于 ED，仅当$\text{SNR}>24\text{dB}$时，五个 SU 采用 ED 的性能优于单个 SU 采用 MLD 的性能。因此，在高判决门限下，多个协作认知用户采用 MLD 方法可以大大改善 CBS 采用“或”准则融合判决时的检测性能[25,26]。

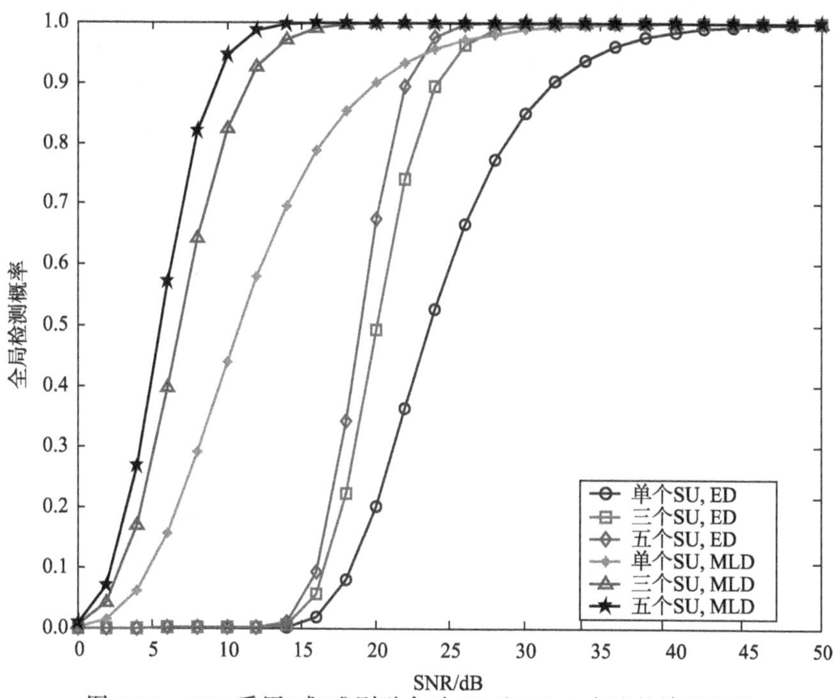

图 3.12　CBS 采用“或”准则融合时 ED 和 MLD 方法的检测性能

3.3　基于分布式压缩感知的宽带频谱检测

3.3.1　分布式压缩感知-子空间追踪频谱检测

现有J个 SU 协作感知稀疏度为K的 PU 信号频谱，目标频带等分为互不重叠的C个子带，每个子带采样点数为W，则信号总的采样点数相应为$N=CW$。简单起见，这里假设一个子带即一个子信道(子载波)。在某一时刻t，其中的I个子信道被 PU 占用并认为在频谱检测期间占用情况不变。因此，理想情况下，恢复出的$\hat{\boldsymbol{s}}_{f,j}$中的非零元素个数即稀疏度应为$IW=K$。

2.1.3 节已给出了 SP 算法[36]和 OMP 算法[37]的基本步骤，本节将 SP 算法推广到 DCS 环境，提出了分布式压缩感知-子空间追踪(distributed compressive sensingsubspace pursuit, DCS-SP)宽带频谱检测算法(简称 DCS-SP 算法)[5,21]。基于 2.2.1 节给出的 JSM-2 联合稀疏模型，DCS-SP 算法主要分为两个阶段：频谱感知阶段和频谱检测阶段。频谱感知阶段主要利用 DCS 环境下的 SP 算法进行信号频谱重构；频谱检测阶段则主要根据重构的频谱利用能量检测法进行频谱空穴的判决[5,21]。

由于 SP 算法只适用于单个 CR 接收机的情况，在 DCS 环境下显然是不适用的。在多个 CR 接收机情况下，需要考虑接收端分布式信息的相关性与信息共享问题。例如在压缩感知理论中，包括 MP 算法、OMP 算法、ROMP 算法和 CoSaMP 算法在内的贪婪重构算法均利用了剩余量 $\boldsymbol{r}$ 与测量矩阵中原子的相关性。这是由于压缩感知理论认为稀疏信号可由与其最相关的几个原子线性表示，这些原子又称为“正确”的原子。与剩余量的相关程度越大，该原子是正确原子的概率越大，这里均假设噪声与信号是相互独立的[36-40]。

根据该思想，在频谱估计阶段，DCS-SP 算法首先找出各用户剩余量 $\boldsymbol{r}_j$ 与相应的压缩采样矩阵 $\boldsymbol{\Theta}_j = \boldsymbol{\Phi}_j \boldsymbol{\Psi}$ 中各原子的最大相关性所在的 K 个原子索引值，并将此作为共享的原子信息。由于该算法是基于 JSM-2 联合稀疏模型，即各用户共享同一个稀疏基，且对同一个信号进行重构，在初次迭代时可高概率选中正确的原子(即确定解空间的范围)，从而有利于加快算法的收敛速度。然后，将这些选中的原子用于频谱重构。

但是，在噪声环境中，特别是在低信噪比条件下，相关性的降低可能会导致算法选择错误的原子进行频谱重构，从而使重构性能下降，此时可利用有效的能量阈值来保证较优的检测性能。在 DCS-SP 算法中，由于迭代停止条件的限制，在频谱感知阶段中选中的原子个数是有限的。在理想情况下，这些被选中的原子均是正确的原子，则 PU 的信号能量集中在被占用的子带上，即能量未发生外泄；在非理想情况即低信噪比情况下，强噪声会使算法选择错误的原子，使得重构的 PU 信号能量发生外泄，能量检测器在未被 PU 占用的子带中也能检测到信号能量，而且能量外泄情况会随着信噪比的降低而加重，甚至恶化到完全无法识别正确的子带位置的程度。这是传统能量检测法容易受噪声不确定性影响的缺点。因此，在 DCS-SP 算法的频谱检测阶段，能量门限并不固定，而是随着所重构频谱能量的变化而变化。考虑最差的原子选择情况，该算法将所得重构信号的能量均匀分布在目标频带的 C 个子带中，并以此作为门限。这样，即使各子带位置均有原子被选中，若要使所得的子带能量大于门限值而导致错误的检测，则需要在该子带位置上选择更多的错误原子。在实际应用中，噪声的不确定性使得在低信噪比环境下选择原子同样存在着不确定性，这意味着在同一个子带位置上选择多个错误原子的概率是非常小的。因此，该能量门限的设定方法有助于降低虚警概率并提高检测概率。改进算法的能量判决式为

$$d_j(c)=\begin{cases}1, & \sum_{i=(c-1)W+1}^{cW}|\hat{s}_{f,j,i}|^2\geqslant\lambda \\ 0, & \sum_{i=(c-1)W+1}^{cW}|\hat{s}_{f,j,i}|^2<\lambda\end{cases},\quad j=1,2,\cdots,J;\ c=1,2,\cdots,C \tag{3.27}$$

DCS-SP 算法的具体步骤如下。

输入：压缩采样矩阵 $\boldsymbol{\Theta}_j$；测量向量 $\boldsymbol{y}_j$；稀疏度 K；目标误差值 ε。

输出：重构的频域稀疏向量 $\mathbf{a\_est}_j^l$；检测概率 $\mathrm{Pr}_{\mathrm{d},j}$；虚警概率 $\mathrm{Pr}_{\mathrm{f},j}$。

1) 阶段一：频谱估计与 SP 重构阶段

(1) 初始化。迭代次数 $l=1$，剩余量 $\boldsymbol{r}_j^0=\boldsymbol{y}_j$，索引值集合 $\Lambda\_\mathrm{tem}^0=\varnothing$，$\Lambda\_\mathrm{it}_j^0=\varnothing$，$\Lambda_j^0=\varnothing$。

(2) 选择原子。假设当前为第 l 次迭代，$j=1,2,\cdots,J$，步骤如下。

① 多用户进行原子信息融合：

$$\Lambda\_\mathrm{tem}^l=\mathrm{supp}\left(\max_{n=1,2,\cdots,N}\left(\sum_{j=1}^{J}\frac{\left|\left\langle\boldsymbol{r}_j^{l-1},\boldsymbol{\theta}_{j,n}\right\rangle\right|}{\|\boldsymbol{\theta}_{j,n}\|_2},K\right)\right) \tag{3.28}$$

式中，$\mathrm{supp}(\bullet)$ 表示获取向量的支撑索引集合；$\max(\boldsymbol{a},K)$ 用于返回 $\boldsymbol{a}$ 中 K 个较大绝对值对应的下标；$\boldsymbol{\theta}_{j,n}$ 表示 $\boldsymbol{\Theta}_j$ 的第 n 个列向量。

② 更新支撑集：

$$\Lambda_j^l=\Lambda\_\mathrm{tem}^l\cup\Lambda\_\mathrm{it}_j^{l-1} \tag{3.29}$$

③ 计算频域稀疏向量：

$$\boldsymbol{\alpha}_j^l=\boldsymbol{\theta}_{\Lambda_j^l}^{\dagger}\boldsymbol{y}_j \tag{3.30}$$

式中，$(\bullet)^{\dagger}$ 表示伪逆运算。

④ 更新各用户索引值集合：

$$\Lambda\_\mathrm{it}_j^l=\mathrm{supp}(\max(\boldsymbol{\alpha}_j^l,K)) \tag{3.31}$$

⑤ 更新频域稀疏向量：

$$\mathbf{a\_est}_j^l|_{\Lambda\_\mathrm{it}_j^l}=\boldsymbol{\alpha}_j^l|_{\Lambda\_\mathrm{it}_j^l} \tag{3.32}$$

式中，$\boldsymbol{a}|_{\Lambda\_\mathrm{it}_j^l}$ 表示 $\boldsymbol{a}$ 中由 $\Lambda\_\mathrm{it}_j^l$ 内元素指定的位置上的元素。式(3.32)是将对应位置

上的稀疏值赋给稀疏向量 $\mathbf{a\_est}_j^l$ 。

⑥ 更新余量：

$$\boldsymbol{r}_j^l = \boldsymbol{y}_j - \boldsymbol{\Theta}_j \bullet \mathbf{a\_est}_j^l \tag{3.33}$$

(3) 若 $\| \boldsymbol{r}_j^l - \boldsymbol{r}_j^{l-1} \|_2 \leqslant \varepsilon$ ，则停止迭代；否则，转步骤(2)。

(4) 输出 $\mathbf{a\_est}_j^l$ 。

2) 阶段二：频谱能量检测阶段

(1) 计算各用户重构出的频域能量：

$$E_j = \sum_n \| \mathbf{a\_est}_{j,n} \|_2^2 \tag{3.34}$$

(2) 确定各用户独立判决的门限：

$$\lambda_j = E_j / C \tag{3.35}$$

(3) 根据式(3.27)对各子带进行判决。

(4) 计算各用户的检测概率和虚警概率。设在 C 个子带中被占用的 I 个子带下标为 $[c_{\mathrm{o}1}, c_{\mathrm{o}2}, \cdots, c_{\mathrm{o}I}]$ ，未被占用的 $C-I$ 个子带下标为 $[c_{\mathrm{u}1}, c_{\mathrm{u}2}, \cdots, c_{\mathrm{u}(C-I)}]$ ，第 j 个子载波在被占用子带位置上的判决结果为 $\boldsymbol{D}_j = [d_j^{c_{\mathrm{o}1}}, d_j^{c_{\mathrm{o}2}}, \cdots, d_j^{c_{\mathrm{o}I}}]$ ，在未被占用子带位置上的判决结果为 $\boldsymbol{F}_j = [d_j^{c_{\mathrm{u}1}}, d_j^{c_{\mathrm{u}2}}, \cdots, d_j^{c_{\mathrm{u}(C-I)}}]$ [41]，则

$$\mathrm{Pr}_{\mathrm{d},j} = \frac{\| \boldsymbol{D}_j \|_1}{I}, \quad \mathrm{Pr}_{\mathrm{f},j} = \frac{\| \boldsymbol{F}_j \|_1}{C-I}, \quad j = 1,2,\cdots,J \tag{3.36}$$

分析可知，上述算法的计算量主要来自式(3.28)和式(3.30)。式(3.28)的计算复杂度为 $O(MNJ)$ ；式(3.30)其实是一个最小二乘问题，其计算复杂度为 $O(KM)$ ，则该算法总的计算复杂度为 $O(MNJ+KM)$ 。这里主要考虑阶段一的计算复杂度，因为阶段二对于不同算法一般具有相同的计算复杂度。由该计算复杂度表达式可知，计算复杂度与协作用户数目和压缩比有关。值得指出的是，压缩比应尽可能地小，否则无法达到压缩的目的；协作用户数目不宜过大，否则会增加 SU 协作机制的实现复杂度。

假设信道为高斯白噪声信道。目标总带宽为 100 MHz ，等分为 $C = 50$ 个信道，采样点数 $N = 500$ ，每个子带的采样点数 $W=N/C=10$，被占用的子带数 $I = 2$ ，则稀疏度 $K = IW = 20$ ，相应稀疏度 $S=K/N=4\,\%$ 。图 3.13 给出了当信噪比为10 dB 、认知用户数为 2、压缩比为 0.2 时的重构频谱图及空穴判决图。

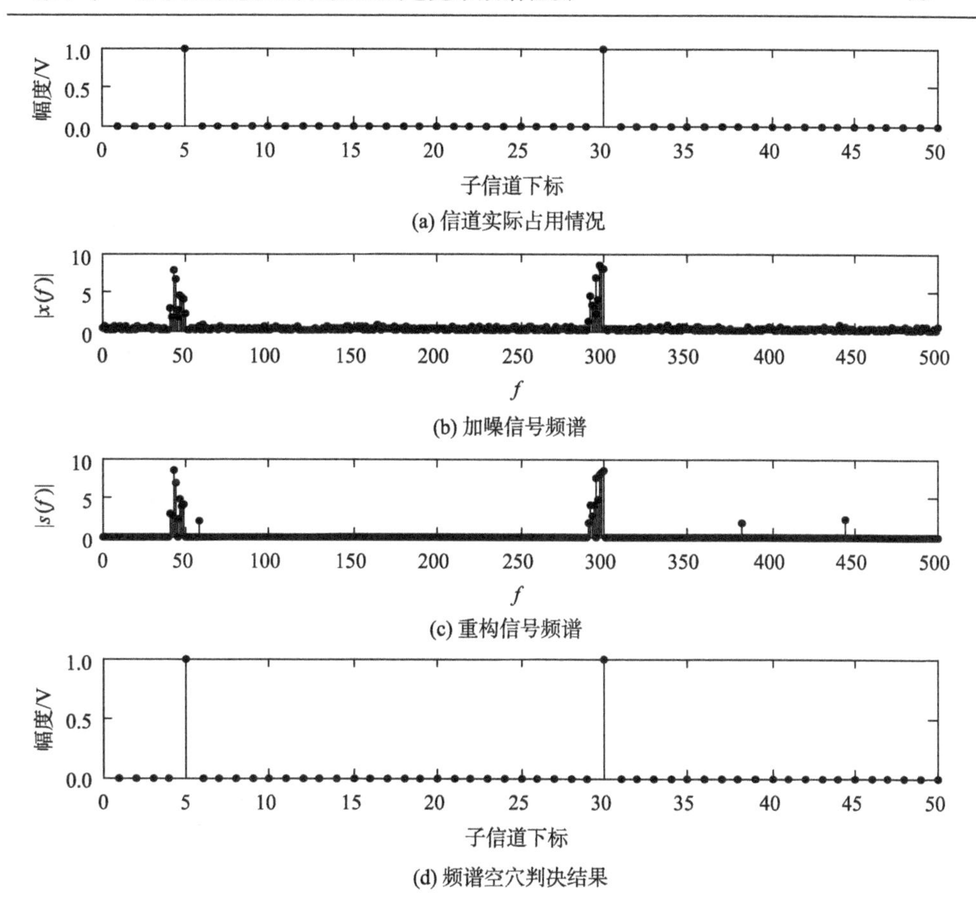

图 3.13 DCS-SP 算法频谱估计性能(J=2, SNR=10 dB, M/N=0.2)

在宽带频谱检测模型下，可通过两种方式提高判决的可靠性和准确率：① 重构出更可靠的频谱；② 设定更合理有效的判决门限。在图 3.13 中，由于压缩比较小，DCS-SP 算法在信噪比为 10 dB 时仍无法精确重构出信号频谱，存在频谱能量泄露的情况，但是采用改进的能量判决门限后可以准确判决出信道的实际占用情况。这表明，所提的能量检测法可以弥补频谱估计阶段可能存在的性能损失。

图 3.14 和图 3.15 分别给出了 DCS-SP 算法与 DCS-OMP 算法、DCS-conserve 算法在一定压缩比、不同信噪比下的检测概率和虚警概率比较。它们均是利用能量检测法进行频谱空穴判决。其中，DCS-OMP 算法是将单认知用户的 OMP 频谱重构算法应用于多用户协作环境下的频谱感知算法，而 DCS-conserve 算法[42]与 DCS-OMP 算法、DCS-SP 算法的区别在于它每次迭代是从多个候选原子中由某个参数值决定进入下一轮迭代的原子数目。由图 3.14 可知，在只有两个用户协作感知情况下，信噪比低于−15 dB 时，DCS-SP 算法具有较大的检测性能优势；信噪比为−15～0 dB 时，DCS-SP 算法的性能要劣于另两种算法；信噪比高于 0 dB 时，三种

算法的性能均能达到最优，即检测概率达到 1。在有 5 个用户进行协作感知情况下，信噪比低于−15 dB 时，DCS-SP 算法仍具有优势；信噪比高于−15 dB 并低于 0 dB 时，DCS-SP 算法的检测性能则劣于其他两种算法，直到信噪比达到 0 dB 以上才能取得相同的性能。图 3.14 表明 DCS-SP 算法适用于低信噪比的恶劣环境，有利于保证该环境下 PU 的正常通信，在不同信噪比环境下不易受到认知网络规模的影响，具有较稳定的检测性能。需要指出的是，对于信噪比高于 0 dB 的情况，考虑到频谱检测的目标是进行频谱空穴的准确判决，此时只要找到判别空穴所需的少量正确原子即可，即在不降低检测性能的前提下可以减少 DCS-SP 算法每次迭代的原子支撑集元素个数，以减少不必要的计算量[5,21]。

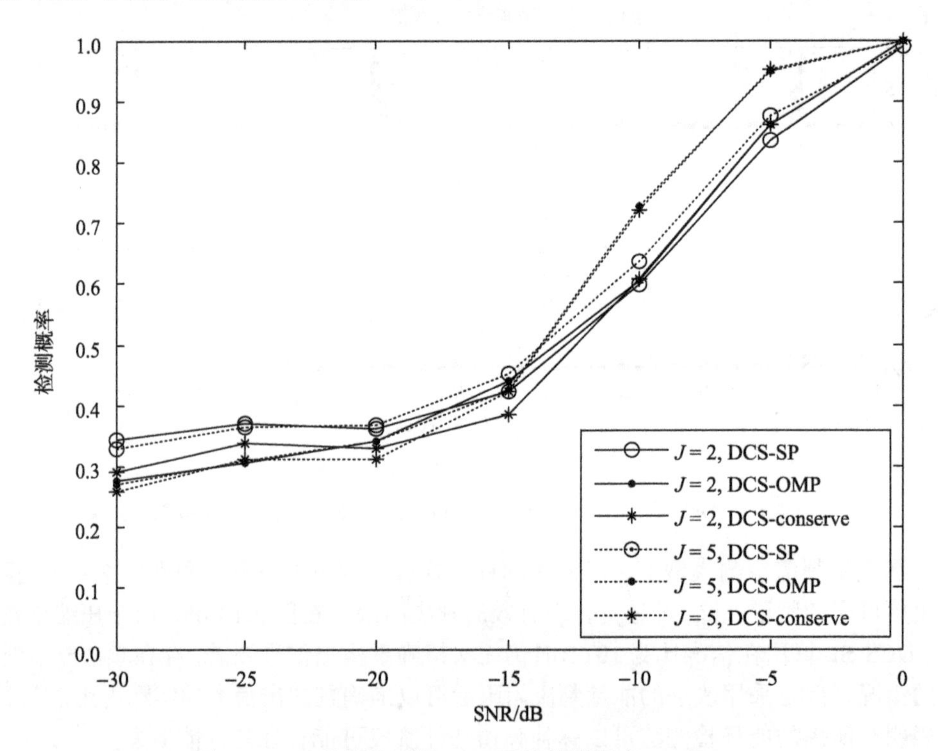

图 3.14　三种算法不同 SNR 下的检测概率(M/N=0.2)

由图 3.15 可知，由于 DCS-SP 算法在原子选择过程中是多个原子一次性被选中，采用并集的方式进行原子合并使得某些错误原子一旦被选中就难以被淘汰出去，所以存在虚警概率较高的缺点，即该算法能够在低信噪比环境下获得较好的检测概率，但以较高的虚警概率为代价。在实际应用中，对于恶劣的传输环境，人们更希望保证 PU 的正常使用，而不是为 SU 提供频谱接入机会。因此，对于信噪比低至−30dB 的传输环境，较高的虚警概率可以避免 PU 受到干扰。

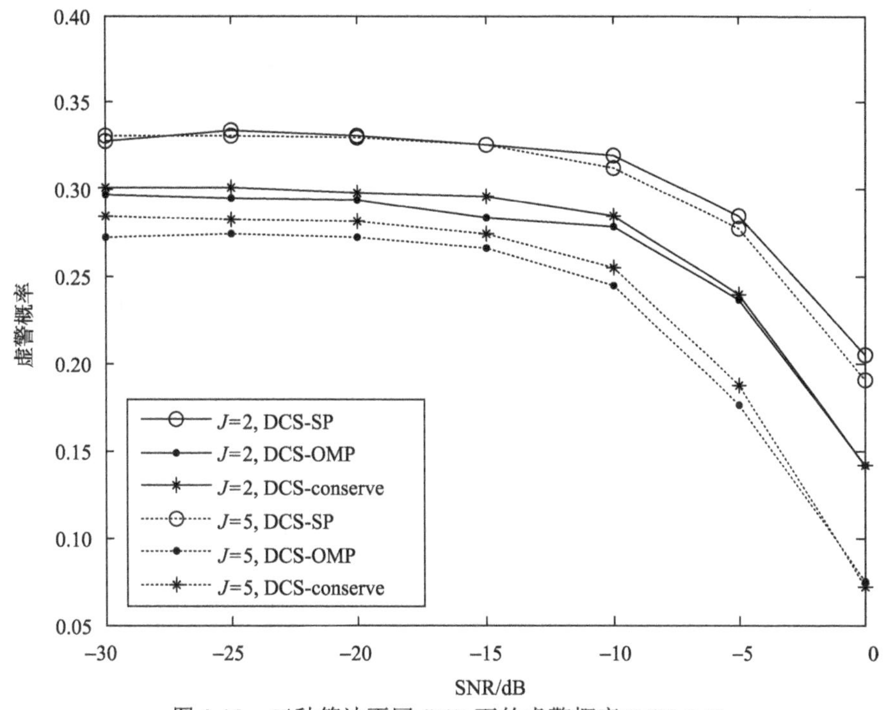

图 3.15　三种算法不同 SNR 下的虚警概率(M/N=0.2)

图 3.16 给出了信噪比为 10 dB 、不同压缩比下不同算法的检测概率。当压缩比大于 0.1 时，通过多用户协作后各算法的检测概率均可达到 1 从而实现可靠判决；当压缩比小于 0.1 时，检测概率小于 1，但是检测概率随着协作用户数的增加而提高，这是因为较小的压缩比导致用于重构频谱的可用信息数据较少，从而影响了检测性能。此时可利用多用户进行协作和信息共享的方式获取用户分集增益，从而保证检测性能。另外，当用户协作数为 2 时，DCS-SP 算法在低压缩比情况下的检测性能要优于其他两种算法，而当用户协作数为 5 时，该算法的检测性能要劣于其他两种算法。这表明，DCS-SP 算法更适用于小规模的协作式认知无线电系统(即协作用户数 J 较少，协作用户限制在单跳范围内)[5,21]。

图 3.17 给出了不同压缩比下不同算法的归一化均方根误差(normalized mean square error, NMSE)比较。该图表明，DCS-SP 算法在低压缩比(M/N=0.05)条件下具有最小的归一化均方根误差，而在高压缩比条件下具有较大的归一化均方根误差。结合图 3.16 可知，尽管 DCS-SP 算法在高压缩比条件下的重构效果劣于其他两种算法，但仍可获得与这两种算法相同的检测概率，这正说明了 DCS-SP 算法在低压缩比下的性能优势。就频谱重构而言，DCS-conserve 算法具有较好的重构性能，但是对于二元频谱检测，这种优势并不存在。正如文献[43]和文献[44]所指出的，PU 信号的存在性检测问题并不需要信号的完美重构。

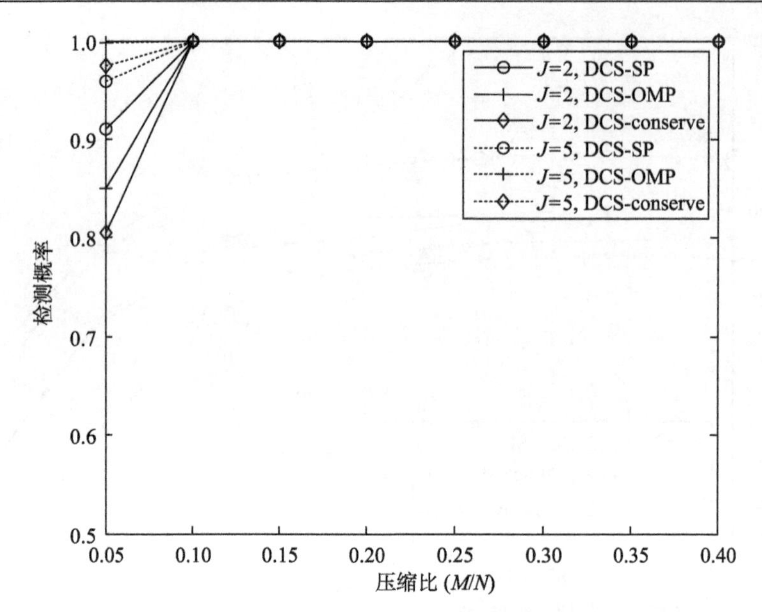

图 3.16　三种算法不同压缩比下的检测概率(SNR=10dB)

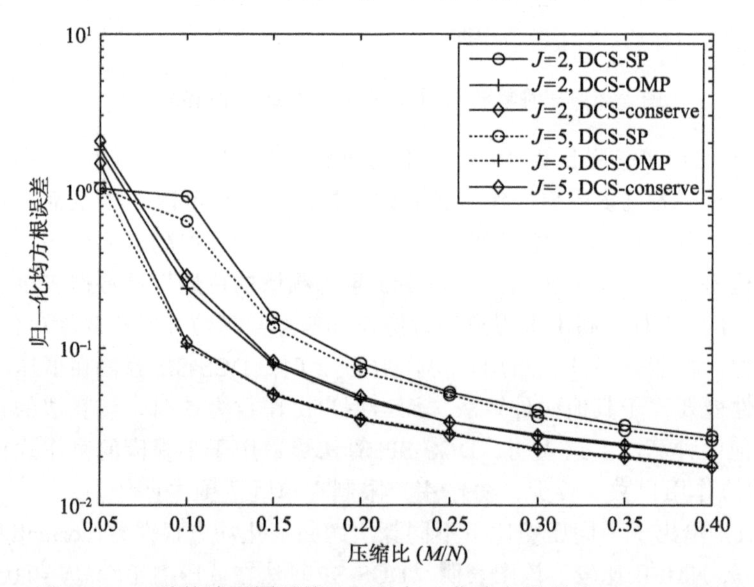

图 3.17　三种算法不同压缩比下的归一化均方根误差(SNR=10dB)

3.3.2　分布式压缩感知-盲协作压缩频谱检测

DCS-SP 算法是以信号稀疏度 K 先验已知为前提条件的，在实际应用中，CR 接收端的信号稀疏度 K 一般为未知，且为时间函数，会随着时间的变化而变化，因此要求压缩频谱感知算法以低复杂度快速、实时地估计信号稀疏度[5-8]。本节提出分布式压缩感知-盲协作压缩频谱检测(distributed compressive sensing-blind, DCS-B)算法，这是一种稀疏度未知情况下的盲频谱感知算法[5,45]。从压缩感知理论的重构算法可知，在保持近似最优性能的条件下，贪婪迭代算法相比于凸松弛算法具有较快的执行速度和较少的计算量[11,12]。因此，DCS-B 算法也借鉴了贪婪迭代思想。与 DCS-SP 算法类似，DCS-B 算法也分两个阶段(频谱感知阶段和频谱检测阶段)来完成频谱检测任务，并在频谱检测阶段采用了相同的改进能量检测法[5,45]。本节不再赘述频谱检测阶段的具体步骤。

在压缩感知理论中，稀疏度 K 与压缩程度以及重构算法性能密切相关(见 2.1.3 节)，因此有必要对其进行估计。

算法的频谱感知阶段又可具体分为两个不同的迭代过程：K-迭代过程和信号重构迭代过程。在 K-迭代过程中，首先给 K 设置一个较小的初始值，经过多次迭代直到达到迭代停止条件后退出。K-迭代过程的迭代停止条件与 SNR 有关。然后，转而进入信号重构迭代过程，其迭代停止条件可根据当前已有重构算法(如 OMP 算法、CoSaMP 算法)的迭代停止条件进行放宽和修改后得到。这意味着，算法可以根据不同的应用要求和目标动态设置迭代停止条件。下面给出 DCS-B 算法的具体步骤。

输入：稀疏矩阵 $\boldsymbol{\Psi}$；观测矩阵 $\boldsymbol{\Phi}_j$；测量向量 $\boldsymbol{y}_j$；所选原子个数 c_1^0；误差门限 ε_1；迭代步长 Δ_1；迭代计数 l。

输出：重构的频域稀疏向量 $\mathbf{a\_est}_j^l$ 和原子选择个数 c_1^l。

(1) 初始化。$\boldsymbol{\Theta}_j = \boldsymbol{\Phi}_j \boldsymbol{\Psi}$；$l=0$；$\text{flag}=1$；$\mathbf{r\_new}_j^0 = \boldsymbol{y}_j$；$\boldsymbol{r}_j^0 = \mathbf{r\_new}_j^0$；$\Lambda\_\text{it}_j^0 = \varnothing$　。

(2) 重复以下步骤直到满足迭代停止条件。

① 迭代计数更新，$l=l+1$。

② 多用户进行原子信息融合：

$$\Lambda\_\text{tem}^l = \text{supp}\left(\max_{n=1,2,\cdots,N}\left(\sum_{j=1}^{J}\frac{\left|\left\langle \boldsymbol{r}_j^{l-1}, \boldsymbol{\theta}_{j,n}\right\rangle\right|}{\|\boldsymbol{\theta}_{j,n}\|_2}, c_1^{l-1}\right)\right) \tag{3.37}$$

式中，$\boldsymbol{\theta}_{j,n}$ 表示 $\boldsymbol{\Theta}_j$ 的第 n 个列向量。

③ 更新支撑集：$\Lambda\_\text{it}_j^l = \Lambda\_\text{tem}^l \cup \Lambda\_\text{it}_j^{l-1}$。

④ 计算频域稀疏向量：$\boldsymbol{\alpha}_j^i = (\boldsymbol{\theta}_{\Lambda\_\text{it}_j^l}^{\text{H}} \boldsymbol{\theta}_{\Lambda\_\text{it}_j^l})^{-1} \boldsymbol{\theta}_{\Lambda\_\text{it}_j^l}^{\text{H}} \boldsymbol{y}_j$，其中 $(\bullet)^{\text{H}}$ 表示共轭转置。

⑤ 更新索引集合：$\Lambda\_\text{it}_j^l = \text{supp}(\max_n(\boldsymbol{\alpha}_j^i,\ c_1^{l-1}))$。

⑥ 更新频域稀疏向量：$\mathbf{a\_est}_j^l|_{\Lambda\_\text{it}_j^l} = \boldsymbol{\alpha}_j^l|_{\Lambda\_\text{it}_j^l}$；$\mathbf{a\_est}_j^l|_{\Lambda\_\text{it}_j^l|^c} = 0$。

⑦ 更新余量：$\mathbf{r\_new}_j^l = \boldsymbol{y}_j - \boldsymbol{\Theta}_j \bullet \mathbf{a\_est}_j^l$。

⑧ 若 flag==1 且所有用户满足 $\frac{\| \mathbf{r\_new}_j^l - \boldsymbol{r}_j^{l-1} \|_2}{\| \boldsymbol{r}_j^{l-1} \|_2} < \varepsilon_1$，则更新原子选择个数 $c_1^l = c_1^{l-1} + \varDelta_1$；否则，flag == 0，$\boldsymbol{r}_j^l = \mathbf{r\_new}_j^l$。

(3) 输出频域稀疏量 $\mathbf{a\_est}_j^l$ 和原子选择个数 c_1^l。

现假设子信道个数 C=16，I=4，以保证信号稀疏性。所有用户的压缩比均设置为 M/N=0.4，N=512。稀疏度初始值设置为 c_1=2，迭代步长为 $\varDelta_1$=2。

图 3.18 和图 3.19 分别给出了 DCS-B 算法和 DCS-OMP 算法的重构性能。这里，DCS-OMP 算法并不具备盲感知功能，它要求信号稀疏度先验已知[37]。从图 3.18(c) 可看到，DCS-B 算法重构的信号频谱并不完美，这是由于算法并未精确估计稀疏度，即未找到所有非零频域值所在的位置。若以均方根误差作为重构性能的度量，则 DCS-B 算法的均方根误差性能逊于 DCS-OMP 算法。但是，图 3.18(d) 显示，DCS-B 算法仍能正确判断频谱空穴的位置。这表明，频谱的不完美重构并不降低算法的检测概率，即不影响算法的检测性能，根本原因在于频谱检测的本质是仅做信号的存在性检测[5,45]。相比于图 3.19 中 DCS-OMP 算法的重构性能，相同条件下，DCS-OMP 算法选择的原子个数更多，且由于噪声的干扰，在所选择的原子中存在不少错误原子[37]。两种算法均能做出正确的频谱空穴判断，但是 DCS-B 算法在数据减少量和算法灵活快速方面更有优势。

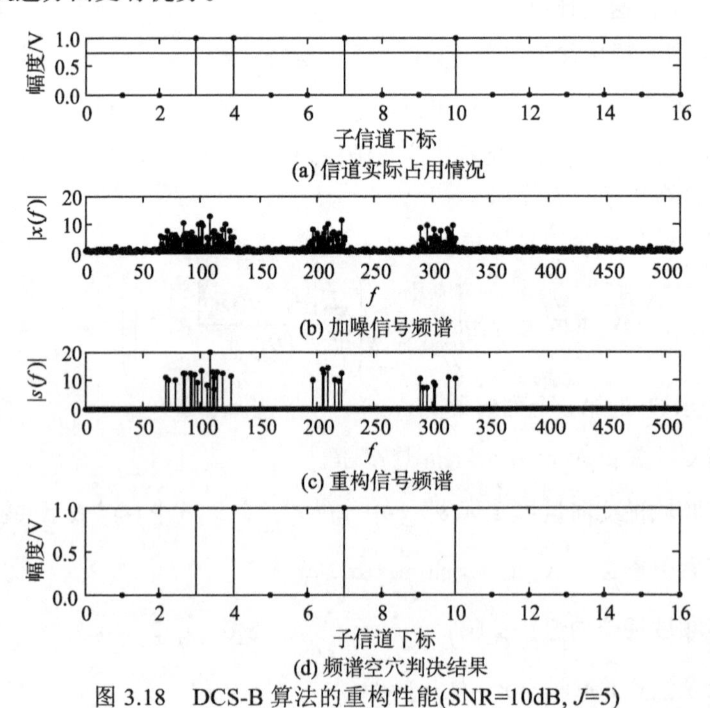

图 3.18 DCS-B 算法的重构性能(SNR=10dB, J=5)

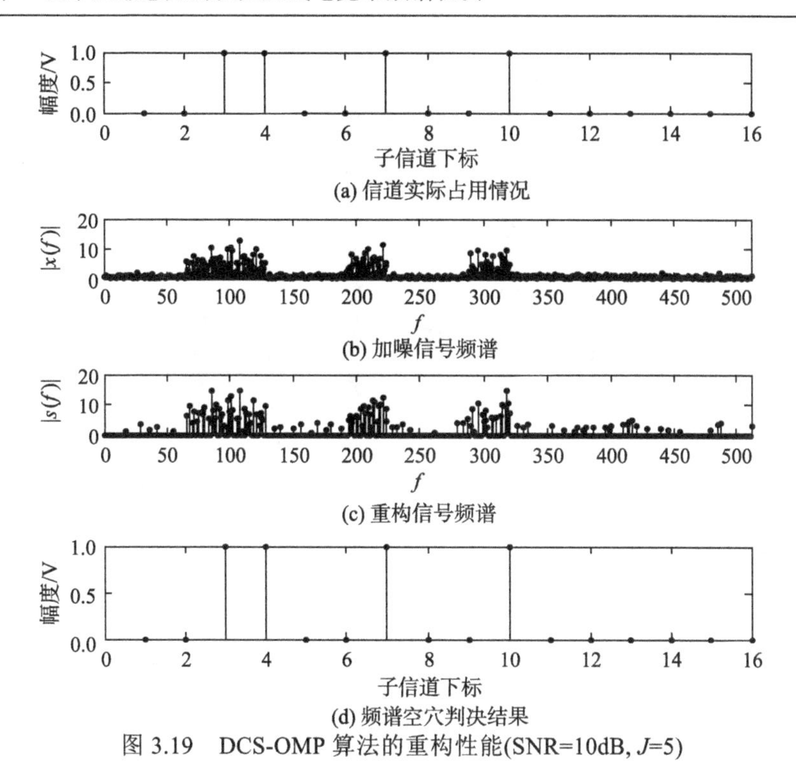

图 3.19　DCS-OMP 算法的重构性能(SNR=10dB, J=5)

图 3.20 给出了不同信噪比下 DCS-OMP 算法和 DCS-B 算法所选择的原子个数，其中黑色柱体表示 DCS-OMP 算法选择的原子个数，而白色柱体表示 DCS-B 算法选择的原子个数。仿真条件中，正确的原子有 128 个，即 K=128。由图可知，DCS-B 算法选择的原子个数远小于 DCS-OMP 算法，平均约可减少 83%的数据量。另外，DCS-B 算法所选择的原子个数随着信噪比的增加而有小幅度的增加。究其原因，在低信噪比下，原子相关性遭到破坏，算法仅选取其中最相关的少数原子参与重构，而所选的具体最相关原子个数与门限 ε_1 有关；在高信噪比下，原子相关性未遭到破坏，在相同 ε_1 条件限制下所选的相关原子自然会比较多。当信噪比较大时信道条件变好，选择出正确的原子将会相对容易些，所以可适当放宽该门限选择较少的原子用于检测判决。

图 3.21 给出了 DCS-OMP 算法和 DCS-B 算法在不同信噪比下的检测概率。由图可知，DCS-B 算法与 DCS-OMP 算法有相近的检测概率，在信噪比高于 0dB 时，两种算法均能以接近于 1 的概率做出正确判决；在信噪比低于 0dB 时，DCS-B 算法的检测概率要略微逊于 DCS-OMP 算法，但当信道环境恶化至−10dB 以下时，DCS-B 算法又体现出其优势。结合图 3.20 可知，DCS-B 算法关于稀疏度粗估计的思想并不以检测性能的降低为代价，而是在此基础上探索数据传输量和计算量的减少。

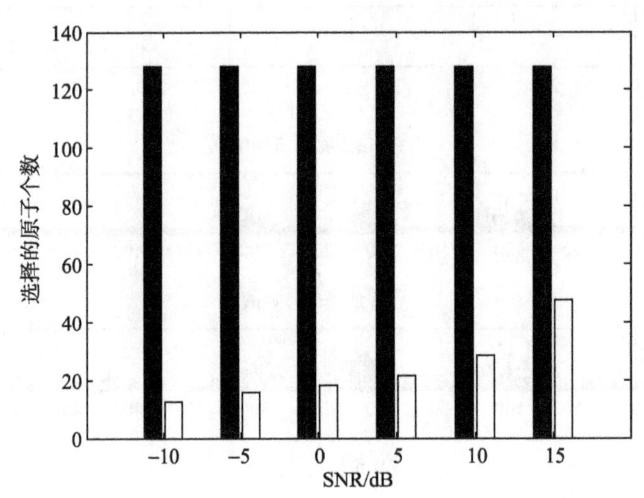

图 3.20　不同信噪比下 DCS-OMP 算法和 DCS-B 算法选择的原子个数

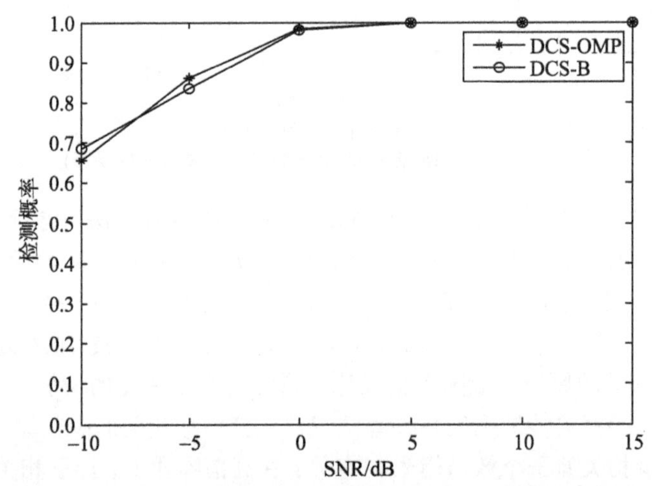

图 3.21　不同信噪比下 DCS-OMP 算法和 DCS-B 算法的检测概率 (M/N=0.4, K=128)

3.3.3　分布式压缩感知-稀疏度与压缩比联合调整频谱检测

DCS-B 算法虽然已在一定程度上减少了不必要的数据处理量、缩短了频谱感知周期，但是对于实时认知无线网络，该算法需要在频谱检测的准确度和速度上进行改进。为进一步减少不必要的数据传输量和缓解通信压力，本节考虑为具有不同信噪比的 SU 自适应分配不同的压缩比，提出分布式压缩感知-稀疏度与压缩比联合调整 (distributed compressive sensing-sparsity level and compression ratio joint adjustment, DCS-SCJA)的频谱检测算法[5,46,47]。

在 DCS 环境的 JSM-2 模型下，考虑信号稀疏度未知，DCS-SCJA 算法根据需要满足的目标检测概率决定稀疏度估计值以及具有不同信噪比的 SU 的压缩比值。稀疏度估计仍然采用迭代思想进行，对于每一个新的稀疏度估计值，均可以为每个用户迭代确定最适合的压缩比值，最适合的依据是其相应重构的频谱质量或检测概率达到预先设定的目标值。不同于一般的盲频谱感知算法，该算法并不要求先准确估计出稀疏度值再利用该值确定测量矩阵或压缩比的大小，而是在保证目标检测概率的条件下，将稀疏度估计和压缩比调整联合同时进行。

具体地，首先根据以往的经验确定当前授权频谱的原子选择个数经验值 c_1，相应确定合适的原子选择个数初始值 c_2。然后，利用 DCS-B 算法估计稀疏度并得出初步的频谱稀疏向量，可将该步骤简写为 $\mathbf{a\_est}_j = \mathrm{CS}(\boldsymbol{\Phi}_j, \boldsymbol{y}_j)$。接着，进入压缩比的调整阶段。根据获得的重构频谱计算检测概率 $\hat{\mathrm{P}}\mathrm{r}_\mathrm{d}$，并将该值与理论检测概率计算值 Pr_d 比较以确定是否需要调整当前用户的压缩比。Pr_d 是由奈奎斯特采样率确定的理论值，如式(3.38)所示。压缩比调整阶段与稀疏度估计阶段是相互联系、密不可分的。压缩比和稀疏度在联合调整过程中达到折中。该算法没有加入额外复杂的排序操作或乘法计算而只增加了简单的大小比较过程，因此并没有增加计算复杂度。

$$\mathrm{Pr}_{\mathrm{d},j} = Q\left(\frac{Q^{-1}(P_\mathrm{f}) - \sqrt{\dfrac{N \bullet \mathrm{SNR}_j^2}{2}}}{\sqrt{1+2\mathrm{SNR}_j}}\right) \tag{3.38}$$

稀疏度估计阶段的算法即 DCS-B 算法已在 3.3.2 节给出，本节不再赘述，只给出压缩比调整阶段的具体过程。

输入：稀疏矩阵 $\boldsymbol{\Psi}$；观测矩阵 $\boldsymbol{\Phi}_j$；测量向量 $\boldsymbol{y}_j$；原子选择个数 c_1^0；误差门限 ε_1、η；迭代步长 $\varDelta_1$、$\varDelta_2$；迭代计数 l、m；虚警概率 Pr_f；各用户的信噪比 $\mathbf{SNR} = [\mathrm{SNR}_1, \mathrm{SNR}_2, \cdots, \mathrm{SNR}_J]$；原子选择个数初始值 c_2^0。

输出：重构的频域稀疏向量 $\mathbf{a\_est}_j^l$、$\mathbf{a\_est}_j^m$ 和 $\hat{\boldsymbol{d}}_j^m$，变量 c_1^l、$c_{2,j}^m$、$\hat{\mathrm{P}}\mathrm{r}_{\mathrm{d},j}^m$。

(1) 初始化。$\varOmega_1 = \{1,2,\cdots,J\}$；$\eta_{\mathrm{l},j} = \mathrm{Pr}_{\mathrm{d},j} - \eta$，$\eta_{\mathrm{u},j} = \mathrm{Pr}_{\mathrm{d},j} + \eta$，其中 $\mathrm{Pr}_{\mathrm{d},j}$ 由式(3.38)计算所得；$m=0$；$\mathrm{flag} == 1$；$\mathrm{Pr}_\mathrm{dr} = []$。

(2) 重复以下步骤直到 $\varOmega_1 = \varnothing$。

① $m = m+1$；$\varOmega_2 = []$。

② $\mathbf{a\_est}_j^m = \mathrm{CS}(\boldsymbol{\Phi}_j^m, \boldsymbol{y}_j^m)$，$j \in \varOmega_1$。

③ 由 $\mathbf{a\_est}_j^m$ 根据式(3.27)和式(3.36)分别计算 $\hat{\boldsymbol{d}}_j^m$ 和 $\hat{\mathrm{P}}\mathrm{r}_{\mathrm{d},j}^m$。

④ 若 $\mathrm{flag}==1$，则 $\mathrm{Pr}_{\mathrm{dr},j} = \hat{\mathrm{P}}\mathrm{r}_{\mathrm{d},j}^m$，$\mathrm{flag}==0$。

⑤ 若 $\hat{\Pr}_{\mathrm{d},j}^{m} \geqslant \min(\eta_{\mathrm{u},j},1)$，则 $c_{2,j}^{m} = c_{2,j}^{m-1} - \varDelta_2$；若 $\hat{\Pr}_{\mathrm{d},j}^{m} < \eta_j$，且 $m>1\ \&\&\hat{\Pr}_{\mathrm{d},j}^{m} < \Pr_{\mathrm{dr},j}$，则 $\hat{\Pr}_{\mathrm{d},j}^{m} = \Pr_{\mathrm{dr},j}$，$\varOmega_2 = \varOmega_2 \cup j$，并使 $c_{2,j}^{m} = c_{2,j}^{m-1} + \varDelta_2$；若仅有 $\hat{\Pr}_{\mathrm{d},j}^{m} < \eta_j$，则 $\varOmega_2 = \varOmega_2 \cup j$。

⑥ 更新用户检测概率，即 $\Pr_{\mathrm{dr},j} = \hat{\Pr}_{\mathrm{d},j}^{m}$，并使 $\varOmega_1 = \varOmega_1 / \varOmega_2$。

(3) 输出频域稀疏向量 $\mathbf{a\_est}_j^m$、估计的稀疏度值 c_1^l 和压缩比 $c_{2,j}^{m}$，以及检测概率 $\hat{\Pr}_{\mathrm{d},j}^{m}$ 和空穴判决向量 $\hat{\boldsymbol{d}}_j^m$。

假设目标频段等分为 50 个子信道，其中只有 2 个或 4 个子信道被占用。初始压缩比为 0.2，初始原子选择个数为 2，迭代步长为 2。

图 3.22 给出了 DCS-SCJA 算法稀疏度和压缩比的渐变过程。协作用户数为 3，被占用的子信道数为 4，总的采样点数为 500，则相应的稀疏度为 8%。由图可知，随着迭代的进行，具有较高信噪比的用户(如 SNR=10dB)其压缩比(M/N)逐渐减少，但其检测概率并不降低；而具有较低信噪比的用户(如 SNR=−5dB)，其压缩比逐渐增加，直到达到目标检测概率。另外，当达到给定检测概率时，算法还尝试减少压缩比以便在不降低检测性能的条件下减少数据量空间，这将使此时的稀疏度估计值进行进一步调整。图 3.22 中显示该过程可在 4 次迭代后结束。需要指出的是，这里的稀疏度估计过程并不是以寻求真实的稀疏度值为目标，而只是为压缩比的最后确定作参考。事实上，该图给出的稀疏度估计值要远小于其真实值，但是这并不以牺牲检测性能为代价，这也是算法设计过程中需要考虑的前提条件。

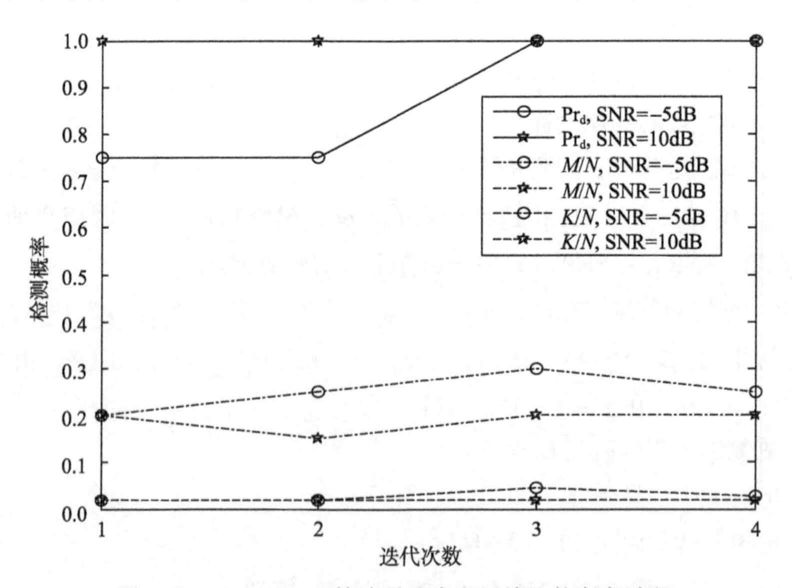

图 3.22　DCS-SCJA 算法稀疏度和压缩比的渐变过程

图 3.23 给出了 DCS-SCJA 算法和 DCS-OMP 算法在不同信噪比下的检测性能比较。其中，协作用户数为 5。随着 SNR 的增大，两种算法的检测性能均有所改善，但是在相同条件下，DCS-SCJA 算法具有更好的检测性能，再一次证明该算法对压缩比的优化并不以检测性能的降低作为代价。

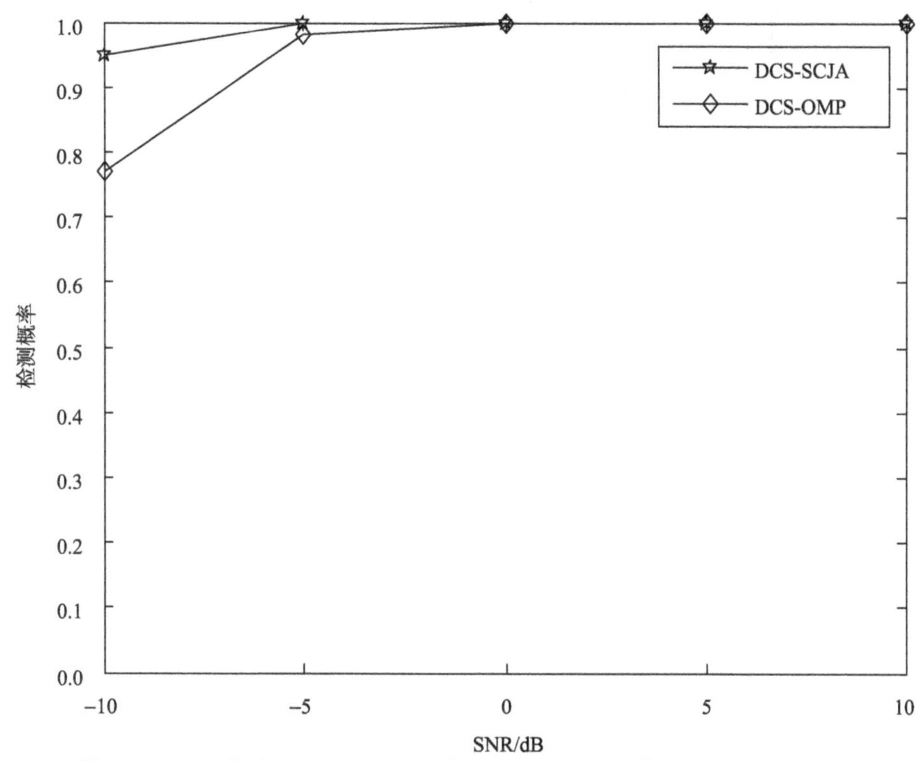

图 3.23　不同信噪比下 DCS-SCJA 算法和 DCS-OMP 算法的检测性能比较

图 3.24 给出了 DCS-SCJA 算法与 DCS-OMP 算法在数据减少量方面的比较。其中，4 个柱体从左到右依次为 DCS-SCJA 算法、DCS-OMP 算法的 M 值和 DCS-SCJA 算法、DCS-OMP 算法的稀疏度估计值 K，柱体高度差表示 DCS-SCJA 算法在样本值减少量方面的优势和有效性。需要指出的是，这里 DCS-OMP 算法是一个不进行压缩比调整的算法，且一般要求稀疏度已知。设 DCS-OMP 算法的固定压缩比为 0.2。信道被占用数为 2，则 K 为 20，共存在 5 个协作用户，它们的信噪比分别为−10dB、−5dB、0dB、5dB、10dB。结合图 3.23 和图 3.24，以−10dB 的 SU1 用户为例，为了达到给定的目标检测概率，相比于 DCS-OMP 算法，DCS-SCJA 算法在低信噪比下的重构过程需要更多的原子及较高的压缩比。为达到相近的检测性能，具有高信噪比的用户，其 M 和 K 的优化值均比低信噪比用户要低。

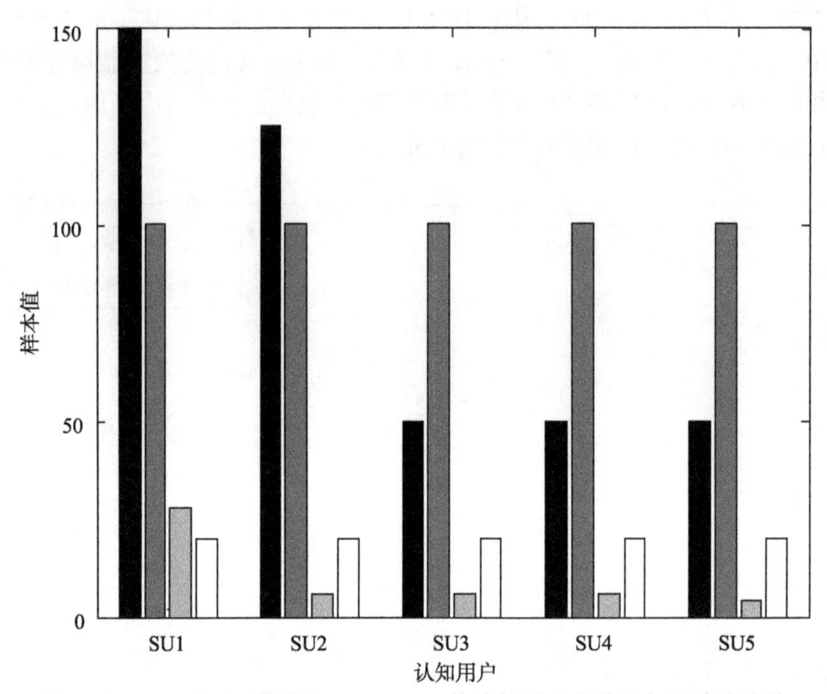

图 3.24　DCS-SCJA 算法和 DCS-OMP 算法的稀疏度估计与压缩比比较

3.3.4　基于盲稀疏度匹配的快速多用户协作压缩频谱检测

多用户协作压缩感知算法往往无法避免时间消耗过多的问题，本节介绍一种基于盲稀疏度匹配的快速多用户协作压缩频谱感知算法，可在一定程度上解决基于压缩感知的宽带频谱感知时延问题[48]。该算法首先对各用户的观测向量采用匹配测试的估计方法来获取平均估计值作为稀疏度初始值，然后通过贪婪迭代法来逼近稀疏度，利用多用户协作来重构频谱，最后通过自适应能量判决进行频谱空穴的判决。该算法在保证准确率的基础上大大降低了运算量，减少了仿真时间。

单用户 SAMP 算法[49]并未考虑初始稀疏度对重构算法的影响，而一个合适的初始稀疏度可以在相当程度上减少算法运算量，从而提高算法效率。本节先从单用户原子匹配角度给出初始稀疏度估计，通过匹配测试得到一个原子集合，该集合的元素个数略小于稀疏度 K，然后将单用户初始稀疏度估计扩展到多用户情况。

令 $\boldsymbol{\theta}=\boldsymbol{A}^{\mathrm{CS}*}\boldsymbol{y}$，$\boldsymbol{A}^{\mathrm{CS}*}$ 是 $\boldsymbol{A}^{\mathrm{CS}}$ 的共轭矩阵。设信号 $\boldsymbol{y}$ 的真实支撑集为 F，其势 $|F|=K$。设 $\boldsymbol{\theta}$ 的第 i 个元素为 $\boldsymbol{\Theta}_i$，取 $|\boldsymbol{\Theta}_i|$ 中前 K_0（$1\leqslant K_0\leqslant N$）个最大值的元素的索引得到的集合为 F^0，$|F^0|=K_0$。

命题 3.1　设 $\boldsymbol{A}^{\mathrm{CS}}$ 以参数 (K,δ) 满足 RIP 条件，如果 $K_0\geqslant K$，则有

$\| A_F^{CS*} y \|_2 \geqslant \frac{1-\delta}{1+\delta} \| y \|_2$。

证明：

取$|g_i|(1 \leqslant i \leqslant N)$中前$K$个最大值的元素的索引得到集合$\widetilde{F}$，$K_0 \geqslant K$时有$\widetilde{F} \subseteq F^0$，显然$\| A_{F^0}^{CS*} y \|_2 \geqslant \| A_{\widetilde{F}}^{CS*} y \|_2$，有

$$\| A_F^{CS*} y \|_2 = \max_{|\Lambda|=K} \sqrt{\sum_{i \in \Lambda} \left| \langle a_i, y \rangle \right|^2} \geqslant \| A_F^{CS*} y \|_2 = \| A_F^{CS*} A_F^{CS} \theta \|_2 \tag{3.39}$$

式中，a_i是A^{CS}的第i列，根据 RIP 的定义，A_F^{CS}的奇异值范围为$\sqrt{1-\delta} \sim \sqrt{1+\delta}$，用$\lambda(A^{CS*} A^{CS})$表示矩阵的特征值，则$1-\delta \leqslant \lambda(A^{CS*} A^{CS}) \leqslant 1+\delta$，可以得到

$$\| A_F^{CS*} A_F^{CS} \theta \|_2 \geqslant (1-\delta) \| \theta \|_2 \tag{3.40}$$

再由 RIP 的定义可知$\| \theta \|_2 \geqslant \frac{\| y \|_2}{1+\delta}$，综合式(3.39)、式(3.40)可以证明$\| A_F^{CS*} y \|_2 \geqslant \frac{1-\delta}{1+\delta} \| y \|_2$。

记命题 3.1 的逆否命题为命题 3.2。

命题 3.2　设A^{CS}以参数(K, δ)满足 RIP 条件，如果$\| A_F^{CS*} y \|_2 \geqslant \frac{1-\delta}{1+\delta} \| y \|_2$，则$K_0 < K$。

已经证明命题 3.1 为真命题，真命题的逆否命题也为真命题，故可用命题 3.2 来得到K的初始估计值。其方法为：K_0取初始值为 1，如果$\| A_F^{CS*} y \|_2 \geqslant \frac{1-\delta}{1+\delta} \| y \|_2$，则依次增加$K_0$，直到不等式不成立，同时也可得到初始支撑集。

将命题 3.2 运用于多用户情况，可以得到：如果$\sum_{j=1}^{J} \| A_{j,F}^{CS*} y_j \|_2 \leqslant \frac{1-\delta}{1+\delta} \sum_{j=1}^{J} \| y_j \|_2$，则$K_0 \leqslant K$。

基于盲稀疏度匹配的快速多用户协作压缩频谱感知算法包含三个阶段：多用户稀疏度联合估计、多用户协作重构和频谱能量检测[48,50]。

输入： M维测量向量y，$M \times N$感知矩阵A^{CS}，用户数J。

输出： 第一阶段输出稀疏度估计值K_0，第二阶段输出**a_rest**，第三阶段输出d、$\mathrm{Pr_d}$和$\mathrm{Pr_f}$。

1) 多用户稀疏度联合估计

(1) 初始化$K_0 = 1$，支撑集$F = \varnothing$，残差$r = y$。

(2) 获取向量的支撑索引集合，$\varLambda = \mathrm{supp}\left(\max\limits_{n=1,2,\cdots,N}\left(\sum\limits_{j=1}^{J}\left\langle \boldsymbol{r}_j, \boldsymbol{A}_j^{\mathrm{CS}}\right\rangle, K_0\right)\right)$，$\max(\boldsymbol{a}, K_0)$ 用于返回 $\boldsymbol{a}$ 中最大的 K_0 个绝对值对应的下标。

(3) 更新支撑集：$F = \mathrm{union}(F, \varLambda)$。

(4) $\boldsymbol{B}_j = \boldsymbol{A}_j^{\mathrm{CS}}(\bullet, F)$, $s_1 = \sum\limits_{j=1}^{J}\mathrm{norm}(\boldsymbol{B}_j' \boldsymbol{y}_j)$, $s_2 = \mathrm{norm}(\boldsymbol{y}_j)$。

(5) 若 $s_1 < \dfrac{1-\delta}{1+\delta}s_2$，则 $K_0 = K_0 + \mathrm{step}$，转向步骤(2)；否则，稀疏度估计操作停止。步长 step 取值越大，算法收敛速度越快，但是准确性可能得不到保障，故将 step 设为 1。

以上过程实现了稀疏度的联合估计，K_0 是获得的初始稀疏度值。

2) 多用户协作重构

(1) $\mathbf{a\_rest}_j = \mathrm{zeros}(N,1)$, $\boldsymbol{C}_j = \boldsymbol{A}_j^{\mathrm{CS}}(\bullet, F)$, $\mathbf{a\_rest}_j(F) = (\boldsymbol{C}_j)^{\dagger}\boldsymbol{y}_j, \boldsymbol{r}_j = \boldsymbol{y}_j - \boldsymbol{A}_j^{\mathrm{CS}} \bullet \mathbf{a\_rest}_j$。

(2) $\mathrm{F\_it} = \mathrm{supp}\left(\max\limits_{n=1,2,\cdots,N}\left(\sum\limits_{j=1}^{J}\left\langle \boldsymbol{r}_j, \boldsymbol{A}_j^{\mathrm{CS}}\right\rangle, \mathrm{size}\right)\right)$, $\mathbf{\Lambda t} = \mathrm{union}(F, \mathrm{F\_it})$。

(3) $\mathbf{Bb}_j = \mathrm{zeros}(M, N)$, $\mathbf{Bb}_j(\bullet, \mathbf{\Lambda t}) = \boldsymbol{A}_j^{\mathrm{CS}}(\bullet, \mathbf{\Lambda t})$, $F_{\mathrm{new}} = \mathrm{supp}\left(\max\limits_{n=1,2,\cdots,N}\left(\sum\limits_{j=1}^{J}\boldsymbol{r}_j^{\mathrm{T}}\mathbf{Bb}_j, \mathrm{size}\right)\right)$。

(4) 估计稀疏频谱及残差：

$$\mathbf{a\_rest}_j(F_{\mathrm{new}}) = \boldsymbol{A}_j^{\mathrm{CS}}(\bullet, F_{\mathrm{new}})^{\dagger}\boldsymbol{y}_j, \mathbf{r\_new}_j = \boldsymbol{y}_j - \boldsymbol{A}_j^{\mathrm{CS}}\,\mathbf{a\_rest}_j$$

(5) 如果所有 CR 用户满足 $\mathrm{norm}(\mathbf{r\_new}_j) < \mathrm{norm}(\boldsymbol{r}_j)$

　　$\mathrm{size} = \mathrm{step} + \varDelta$，$\varDelta$ 为步长的增量，更新候选集大小；

　　转到步骤(7)；

　那么

　　$F = F_{\mathrm{new}}$，更新支撑集；

　　$\boldsymbol{r} = \mathbf{r\_new}$，更新残差；

　转到步骤(7)；

这一部分多次的求逆运算，将花费大量的系统运算时间。若要节约系统耗时，需要尽可能地减少求逆运算次数。在多用户稀疏度联合估计算法中对初始稀疏度进行了估计，从而减少了大量的求逆运算。

3) 频谱能量检测

频谱能量检测算法已在 3.3.1 节给出，本节不再赘述。

下面采用 MATLAB 软件进行算法性能仿真。设置采样点数 N=500，总带宽为

100MHz，平均分为 50 个子信道，占用的子信道数 I=3，每个子信道采样点数 $W=N/C$=10，稀疏度 $K=IW$=30。信道噪声为高斯白噪声。

图 3.25 为当信噪比为 5dB、认知用户数为 5、压缩比为 0.2 时不同 δ 下的稀疏度联合估计图。由图可知，δ 越小，稀疏度估计值就越小。当 δ 为 0.02 时，稀疏度估计值非常接近于真实稀疏度。根据本节所提算法分析，稀疏度估计值与系统运行时间相关。就算法而言，稀疏度估计值越小，重构的准确率就越高，但是耗时会越长。因此，选择合适的 δ 可以减少运算量，提高算法准确率。

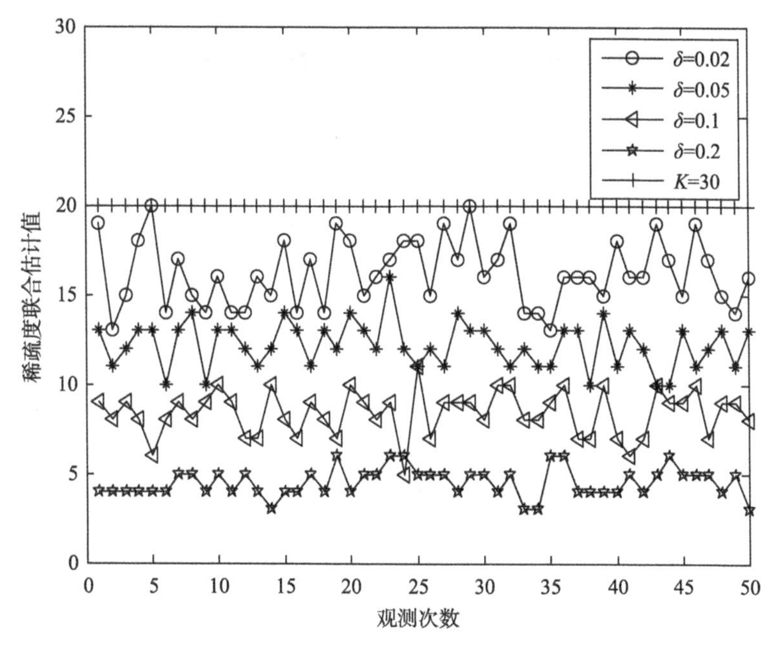

图 3.25　稀疏度联合估计(J=5, SNR=5dB, M/N=0.2)

图 3.26 为当信噪比为 5dB、认知用户数为 5、压缩比为 0.2 时 δ =0.05 下的重构频谱和频谱空穴判决图。由图可知，当压缩比较小、信噪比较低时，可能存在能量泄露情况，本节所提算法采用的自适应能量判决门限可有效地解决因此类问题导致重构精度不高的问题，弥补频谱估计阶段可能存在的性能损失。从图中可以明显看出，虽然存在能量泄露，但是本节所提算法的最终判决结果并未受到影响。

图 3.27 和图 3.28 分别给出了本节所提算法与 DCS-B 算法在不同信噪比下的检测概率和虚警概率比较。检测概率越大，虚警概率越小，则算法性能更优。本节所提算法与 DCS-B 算法的性能较为接近。但是，算法性能往往是以算法耗时(复杂度)作为代价的，频谱检测算法要求在一定准确性的前提下保证算法的高效性。表 3.1 给出了不同 δ 下本节所提算法与 DCS-B 算法的运行时间比较。从表中可以看出，与 DCS-B 算法相比，本节所提算法的运行时间大大减少。δ 越小，稀疏度估计值

就越接近真实稀疏度，运行时间大大缩短。算法运行时间还与压缩比有关，可以看出，压缩比越小，程序运行时间越短。

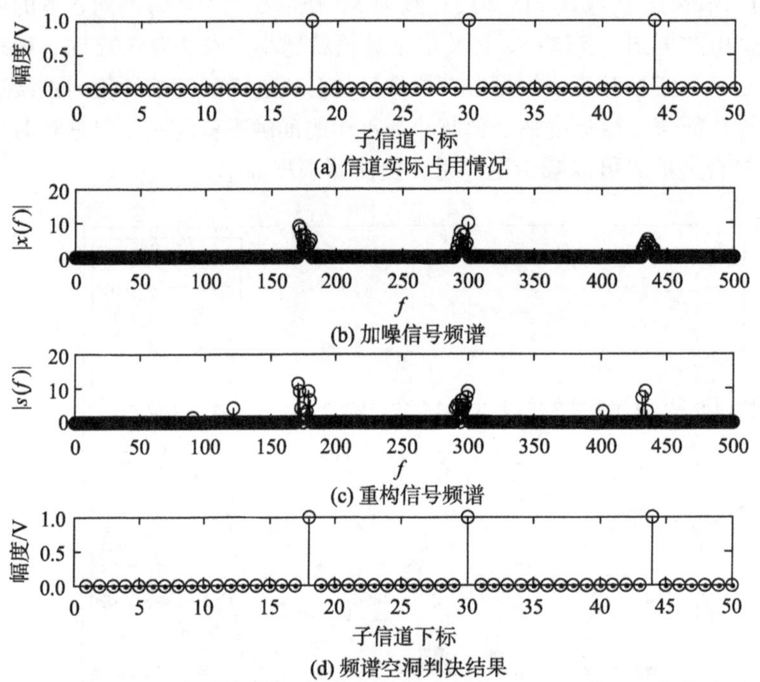

图 3.26　重构频谱和频谱空穴判决性能（J=5, SNR=5dB, M/N=0.2）

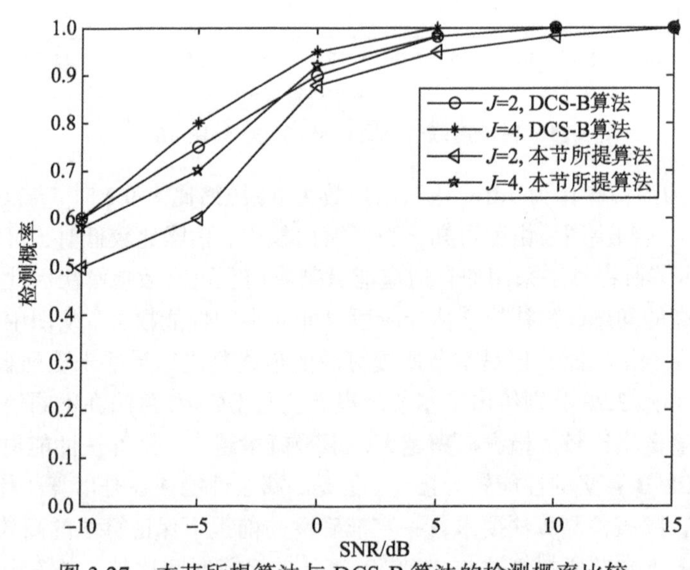

图 3.27　本节所提算法与 DCS-B 算法的检测概率比较

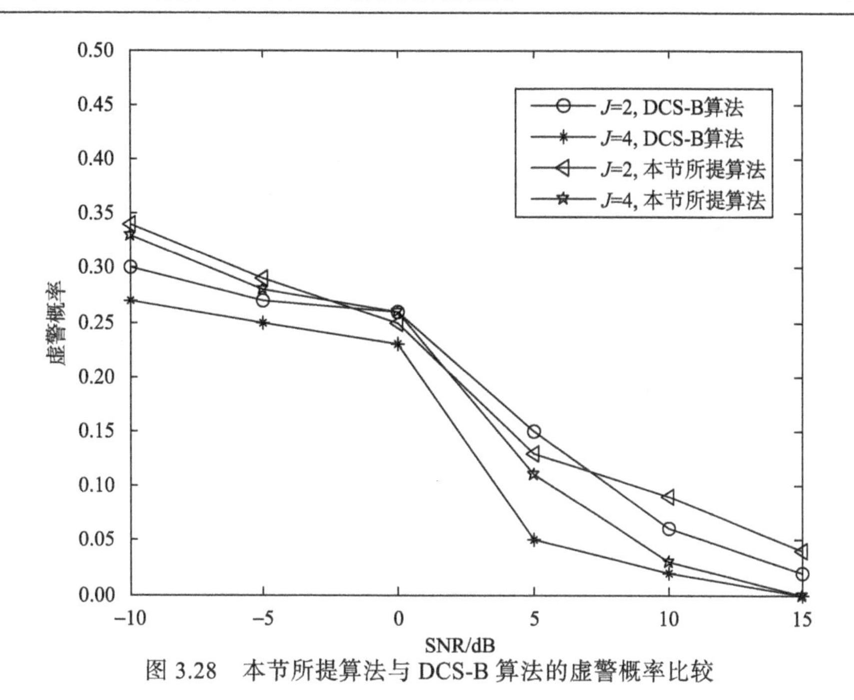

图 3.28　本节所提算法与 DCS-B 算法的虚警概率比较

表 3.1　本节所提算法与 DCS-B 算法运行时间比较(SNR=10dB，N=500)

算法	运行时间/s (M/N=0.2)		运行时间/s (M/N=0.3)		运行时间/s (M/N=0.4)		运行时间/s (M/N=0.5)	
	J=2	J=4	J=2	J=4	J=2	J=4	J=2	J=4
DCS-B	1.334	1.397	0.914	1.701	1.345	1.888	2.973	2.090
本节所提算法(δ=0.02)	0.225	0.082	0.057	0.067	0.069	0.121	0.101	0.163
本节所提算法(δ=0.05)	0.073	0.063	0.319	0.127	0.083	0.174	0.084	0.247
本节所提算法(δ=0.1)	0.032	0.075	0.069	0.175	0.086	0.238	0.139	0.253

压缩感知重构算法的时间消耗主要在于求逆运算，减少求逆运算次数是减少算法耗时的有效手段。本节所提算法进行了联合稀疏度估计，δ 较小，估计值就越接近于真实值。因此，应选取适当的 δ 值，多次试验表明，当 δ 取 0.1 时，算法的耗时与准确率能得到较好的折中。

3.3.5　基于稀疏度匹配追踪的分布式多用户协作宽带频谱检测

在 3.3.2 节已经指出，基于 DCS 的贪婪重构算法如 DCS-OMP 算法和 DCS-SP 算法是以已知稀疏度 K 作为前提条件的，但在实际应用中，一般 CR 接收端信号的稀疏度未知，而且对多认知用户协作频谱感知而言，相比于频谱的精确重构，基于压缩感知的 CR 宽带频谱检测的目标是对于频谱空穴的准确判别，因为频谱的精确重构会导致运算量的迅速增加[45]。既能保持较低的运算量，又可保证频谱空穴判别的高度准确性，是宽带频谱检测的目标。对此，本节提出一种基于稀疏度匹配追踪的分布式多用户协作宽带频谱检测算法[51-53]。首先，获得稀疏度初始估计值 K_0。然后，利用压缩采样匹配追踪(CoSaMP)算法[54]在原子库中挑选出多个相关原子，从中剔除部分相关性相对较弱的原子进而保证高重构精度，结合稀疏度自适应匹配追踪(SAMP)算法[55]的思想，在 CoSaMP 算法框架上进行稀疏度的迭代自适应估计，多用户共同完成信号频谱的重构。最后，利用频谱能量检测法来判断授权频谱空闲情况。

本节所提算法分为三个阶段：多用户协作稀疏度初始值估计、分布式多用户协作原始信号频谱重构和频谱能量检测。

输入：稀疏基矩阵 $\boldsymbol{\psi}$ ，观测矩阵 $\boldsymbol{\Phi}_j$ ，第 j 个认知用户的压缩采样矩阵 $\boldsymbol{\Theta}_j=\boldsymbol{\Phi}_j\boldsymbol{\psi}_j$ ，观测向量 $\boldsymbol{y}_j\ (j=1,2,\cdots,J)$ ，J 为 SU 个数，步长为 step。

输出：第一阶段产生稀疏度初始值 K_0 ，第二阶段产生重构频域稀疏向量 $\mathbf{a\_rest}_j$ ，第三阶段产生信道占用情况及检测概率 $\mathrm{Pr}_{\mathrm{d},j}$ 和虚警概率 $\mathrm{Pr}_{\mathrm{f},j}$ 。

1) 多用户协作初始稀疏度估计

在迭代过程中，K_0 与步长 step 的初始化设置极其重要，因为 K_0 与 K 的相近度会直接影响迭代的次数，从而影响运算量。K_0 与步长 step 取值过小，重构精度会增大，但迭代次数会大大增加，运算量也会加大；K_0 与 step 取值过大，有可能会错过 K，重构精度会减小。因此，本节所提算法首先进行多用户协作初始稀疏度估计来实现稀疏度的快速逼近。

根据命题 3.2 的逆否命题可以实现单认知用户的初始稀疏度估计，本节构造式(3.41)进行多用户协作初始稀疏度估计来实现稀疏度的快速粗接近，即

$$K_0 \leqslant K,\quad \sum_{j=1}^{J}\left\|\boldsymbol{\Theta}_{j,F}^{\mathrm{T}}\boldsymbol{y}_j\right\|_2 \leqslant \frac{1-\delta_K}{1+\delta_K}\sum_{j=1}^{J}\left\|\boldsymbol{y}_j\right\|_2 \tag{3.41}$$

具体算法如下。

(1) 初始化：K_0=1，step=1，支撑集 $F=\varnothing$ ，残差 $\boldsymbol{r}_j=\boldsymbol{y}_j$ 。

(2) 获取向量的支撑索引集合：$U=\operatorname{supp}\left(\max\limits_{n=1,2,\cdots,N}\left(\sum\limits_{j=1}^{J}\left\langle \boldsymbol{r}_j,\boldsymbol{\Theta}_j\right\rangle,K_0\right)\right)$，$\max(\boldsymbol{a},K_0)$ 用于返回 $\boldsymbol{a}$ 中前 K_0 个最大值对应的下标。

(3) 更新支撑集：$F=F\cup U$ 。

(4) $s_1=\sum\limits_{j=1}^{J}\mathrm{norm}(\boldsymbol{\Theta}_j^{\mathrm{T}}(\bullet,F)\boldsymbol{y}_j)$ ，$s_2=\sum\limits_{j=1}^{J}\mathrm{norm}(\boldsymbol{y}_j)$ 。如果 $s_1\leqslant\dfrac{0.5(1-\delta_K)}{1+\delta_K}s_2$ ，则 K_0=

K_0+step，转入步骤(2)；如果 $s_1 \leqslant \dfrac{1-\delta_K}{1+\delta_K} s_2$，则 $\text{step} = \lceil \text{step} \times 0.5 \rceil$，其中$\lceil \cdot \rceil$表示向上取整，$K_0 = K_0 + \text{step}$，转入步骤(2)，若该不等式中的等式不成立，则停止估计进入下个阶段。

2) 分布式多用户协作原始信号频谱重构

进入子函数 $f(\boldsymbol{y}_j, \boldsymbol{\Theta}_j, K_0, \text{step}, \mathbf{r\_pre}, \mathbf{a\_pre})$。

(1) $\mathbf{a\_pre}_j(F) = (\boldsymbol{\Theta}_j(\cdot, F))^{\dagger} \boldsymbol{y}_j$，其中 $()^{\dagger}$ 表示伪逆运算；$\mathbf{r\_pre}_j = \boldsymbol{y}_j - \boldsymbol{\Theta}_j \mathbf{a\_pre}_j$。

(2) $\Omega = \text{supp}\left(\max\limits_{n=1,2,\cdots,N} \left(\sum\limits_{j=1}^{J} \left\langle \mathbf{r\_pre}_j, \boldsymbol{\Theta}_j \right\rangle, 2K_0 \right) \right)$，$T = F \cup \Omega$。

(3) $\boldsymbol{B}_j = \text{zero}(M, N)$，$\boldsymbol{B}_j(\cdot, T) = \boldsymbol{\Theta}_j(\cdot, T)$，$F_{\text{new}} = \text{supp}\left(\max\limits_{n} \left(\sum\limits_{j=1}^{J} \boldsymbol{B}_j^{\dagger} \boldsymbol{y}_j, K_0 \right) \right)$。

(4) 利用最小二乘法求$\mathbf{a_new}_j$：$\mathbf{a\_new}_j(F_{\text{new}}) = (\boldsymbol{\Theta}_j(\cdot, F_{\text{new}}))^{\dagger} \boldsymbol{y}_j$。

(5) 计算新的残差：$\mathbf{r\_new}_j = \boldsymbol{y}_j - \boldsymbol{\Theta}_j \mathbf{a\_new}_j$。

重复上述步骤直到所有用户满足$\left\| \mathbf{r_new}_j \right\|_2 / \left\| \boldsymbol{r}_{y,j} \right\|_2 < \varepsilon$，停止迭代。

(6) 若所有认知用户均满足$\left\| \mathbf{r_new}_j \right\|_2 < \left\| \mathbf{r_pre}_j \right\|_2$，则

$$(\mathbf{a\_rest}_j) = f(\boldsymbol{y}_j, \boldsymbol{\Theta}_j, K_0 + \text{step}, \text{step}, \mathbf{r\_new}, \mathbf{a\_new});$$

否则

$$(\mathbf{a\_rest}_j) = f(\boldsymbol{y}_j, \boldsymbol{\Theta}_j, K_0, \text{step}, \mathbf{r\_pre}, \mathbf{a\_pre});$$

(7) 输出稀疏频谱$\mathbf{a_rest}_j$。

3) 频谱能量检测

频谱能量检测算法已在 3.3.1 节给出，本节不再赘述。

下面采用 MATLAB 软件进行算法性能仿真。仿真参数设置与 3.3.4 节类似。假设信道噪声为高斯白噪声，目标总带宽为 100MHz，将其等分为 C=50 个信道，被 PU 占用的信道数 I=2，采样点数 N=500，则每个信道的采样点数 W=N/C=10，稀疏度 K=IW=20，压缩比为 0.2。

图 3.29 给出了当信噪比为 5dB、认知用户数为 4 时 $\delta_K = 0.02, 0.05, 0.1, 0.2$ 的多用户协作估计稀疏度初始值 K_0。由图可知，真实稀疏度 K=20，δ_K 越小稀疏度初始估计值 K_0 越逼近真实稀疏度 K，当 δ_K=0.02 时与真实稀疏度 K 最为接近。δ_K 越小，原始信号的重构越精确，但是迭代次数将会大大增加，运算量也会加大；反之，δ_K 越大，重构精度会相应下降。因此，选择一个适当的 δ_K 在运算量和重构精度上进行折中显得至关重要。

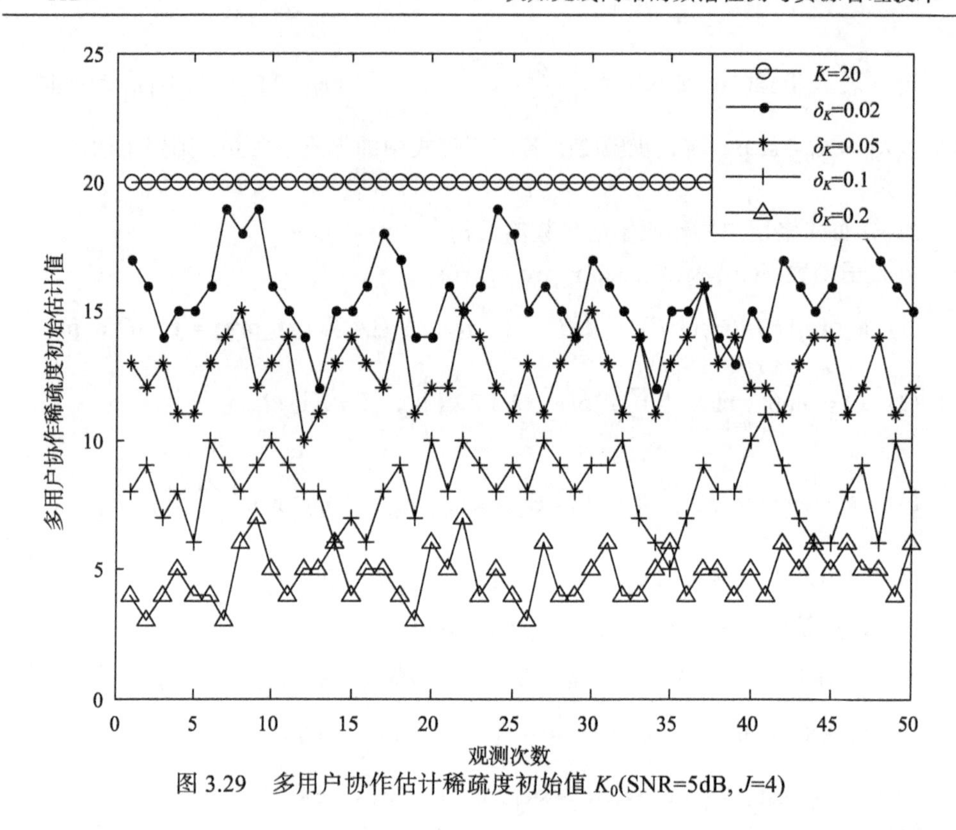

图 3.29　多用户协作估计稀疏度初始值 K_0(SNR=5dB, J=4)

图 3.30 和图 3.31 分别给出了当信噪比为 5dB、认知用户数为 4、$\delta_K = 0.05$ 时，本节所提算法与 DCS-SAMP 算法的重构性能比较。由图 3.30(d) 和图 3.31(d) 可知两种算法均能够正确判断信道占用情况，但是从图 3.30(c) 和图 3.31(c) 可知，本节所提算法重构的信号频谱比 DCS-SAMP 算法更完美，这是因为该算法结合了 CoSaMP 算法重构精度高的特点，在 SAMP 算法框架上进行了多用户协作重构。原始信号重构越完美，越有助于判决授权频段的占用情况，从而有助于认知用户在不影响主用户的前提下插入空闲频段进行正常通信。

图 3.32 给出了当 SNR=5dB、J=4、稀疏度取不同值时本节所提算法与 DCS-SAMP 算法的重构误差率比较。由图可知，随着稀疏度不断增大，本节所提算法和 DCS-SAMP 算法的重构误差均增大，但是无论 δ_K 取何值，本节所提算法的重构信号准确度均高于 DCS-SAMP 算法，而且 δ_K 越小，重构精度越高，这与图 3.29 的结果分析一致。

图 3.33 和图 3.34 分别给出了不同信噪比下本节所提算法(δ_K =0.05)与 DCS-SAMP 算法的频谱重构检测概率 $\mathrm{Pr_d}$ 和虚警概率 $\mathrm{Pr_f}$ 比较。由图 3.33 可知，本节所提算法在低信噪比情况下可以获得比 DCS-SAMP 算法更高的检测性能，这与在频谱感知阶段利用 CoSaMP 算法重构精度高的特点[54]、结合 SAMP 算法在 CoSaMP

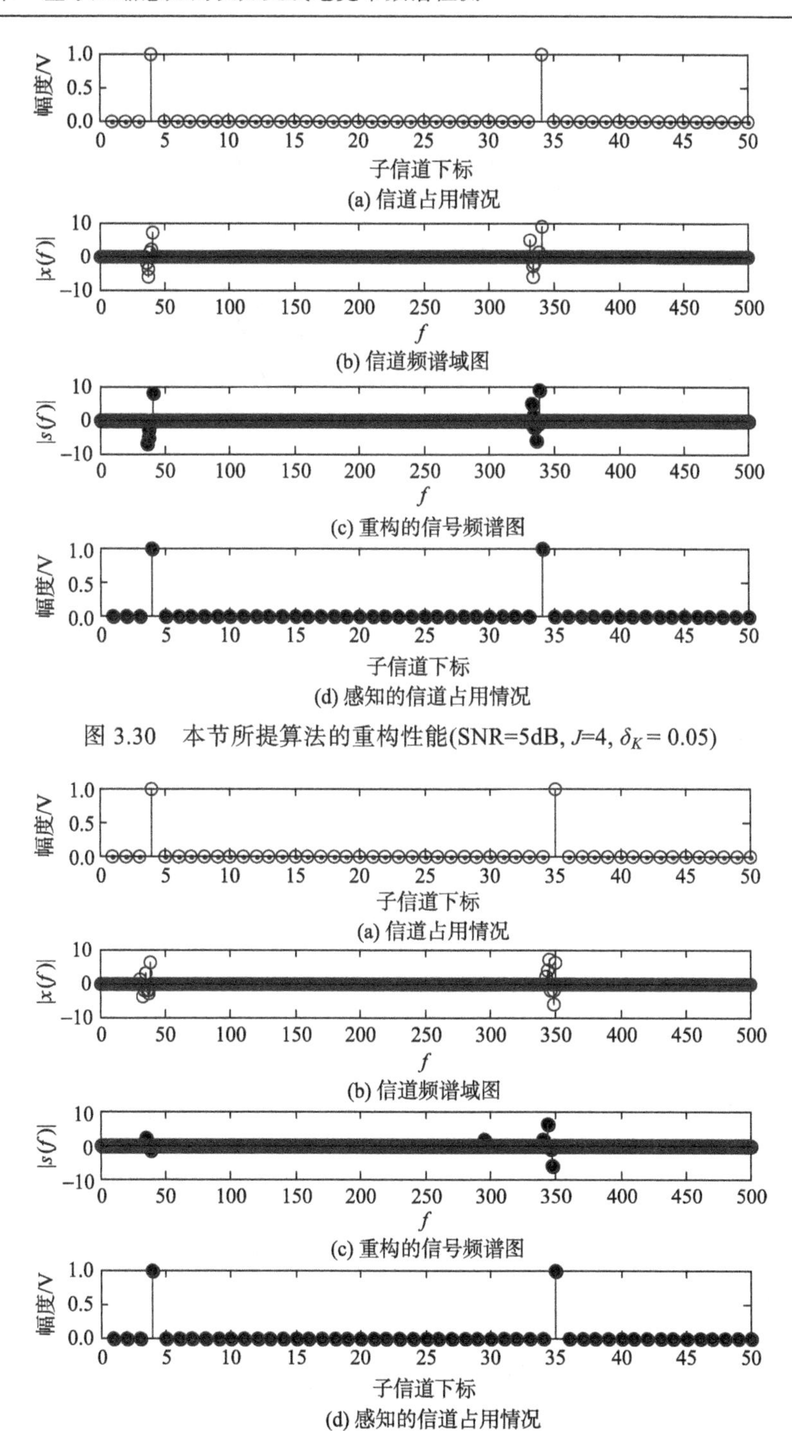

图 3.30　本节所提算法的重构性能(SNR=5dB, J=4, δ_K = 0.05)

图 3.31　DCS-SAMP 算法的重构性能(SNR=5dB, J=4, δ_K = 0.05)

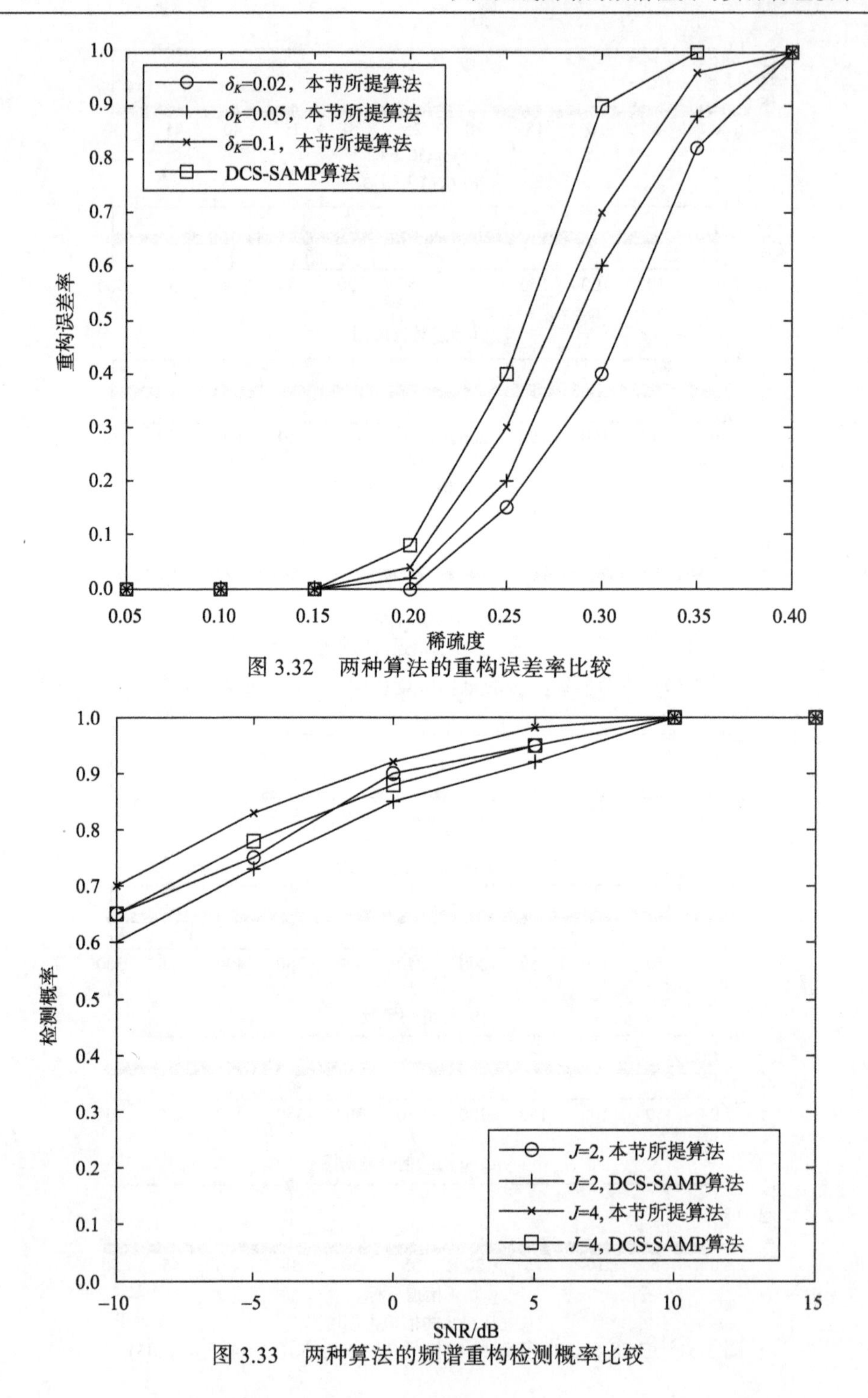

图 3.32　两种算法的重构误差率比较

图 3.33　两种算法的频谱重构检测概率比较

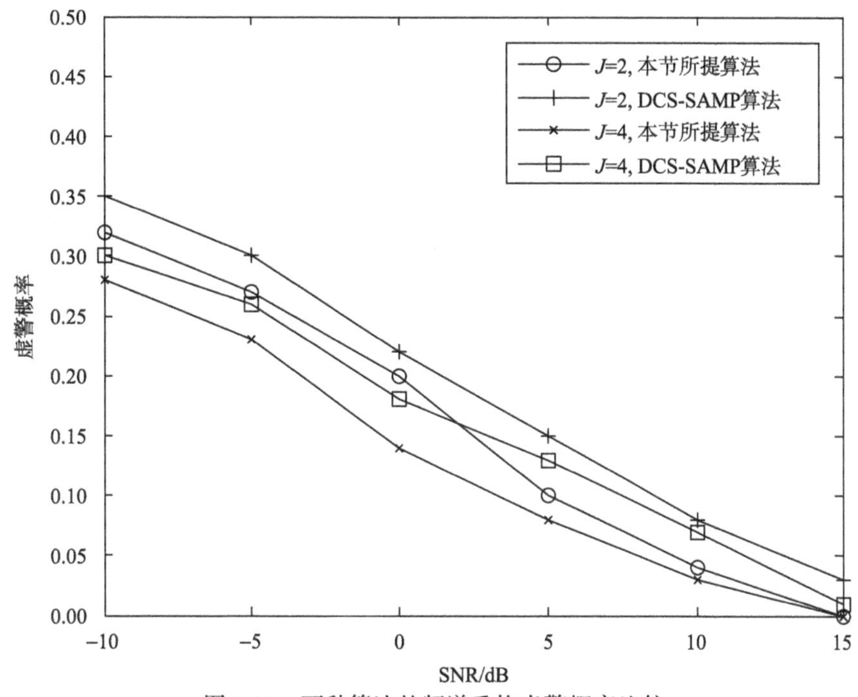

图 3.34　两种算法的频谱重构虚警概率比较

算法框架上进行 K_0 的迭代自适应估计[55]、多用户共同完成原始信号频谱重构，以及在第三阶段采用动态自适应能量判决门限对授权频段空闲情况进行判决密不可分；在高信噪比情况下，本节所提算法与传统 DCS-SAMP 算法的频谱检测概率差别不大。因此，本节所提算法在低信噪比条件下显示的优势更为明显。由图 3.34 可知，本节所提算法在信噪比较低情况下具有较高的虚警概率。究其原因是存在能量泄露情况，信噪比越小能量泄露情况越严重，但较 DCS-SAMP 算法，本节所提算法的虚警概率已有所下降。与 DCS-SAMP 算法相比，本节所提算法可以获得较高的检测概率 $\mathrm{Pr_d}$ 和较低的虚警概率 $\mathrm{Pr_f}$，因此能够更为准确地判决出频谱空穴。

表 3.2 给出了当 δ_K =0.02, 0.05, 0.10 时本节所提算法与 DCS-SAMP 算法的运算时间比较。由表可知，运算时间与稀疏度(K/N)、认知用户数(J)、算法的 δ_K 均密切相关。当稀疏度越高、认知用户数越多时，两种算法的耗时增加越显著。但在稀疏度相同、认知用户数相同的情况下，本节所提算法(无论 δ_K 取何值)的运算时间均小于 DCS-SAMP 算法。这是因为本节所提算法在第一阶段采用匹配测试的方法获得稀疏度初始估计值，实现稀疏度的快速逼近，所以减小了在第二阶段的迭代次数，从而运算时间大大减小。此外，本节所提算法在 δ_K 取不同值时所耗费的时间也不同，δ_K 取值越大，运算时间越少。但是由图 3.32 可知，δ_K 取值变大，重构精度就下降，即重构误差率上升。结合图 3.32 和表 3.2 可知，当 δ_K =0.05 时，可以使重构

精度与运算时间得到有效折中。

表 3.2　本节所提算法与 DCS-SAMP 算法的运算时间比较

算法	运算时间/s (K/N=0.15)		运算时间/s (K/N=0.2)		运算时间/s (K/N=0.25)		运算时间/s (K/N=0.3)	
	J=2	J=4	J=2	J=4	J=2	J=4	J=2	J=4
DCS-SAMP 算法	4.873	5.088	5.594	5.723	6.028	6.473	6.894	7.094
本节所提算法 (δ_K=0.02)	3.893	4.101	4.384	4.782	5.102	5.421	6.002	6.495
本节所提算法 (δ_K=0.05)	3.292	3.483	3.523	3.893	4.191	4.332	5.032	5.313
本节所提算法 (δ_K=0.10)	3.102	3.178	3.272	3.435	3.609	3.735	4.221	4.313

根据以上性能分析可知，基于稀疏度匹配追踪的分布式多用户协作宽带频谱检测算法可以较为准确地重构出原始信号，且重构误差率和运算时间均低于 DCS-SAMP 算法，同时可实现重构精度与运算时间的有效折中。

3.4　基于贝叶斯压缩感知的宽带频谱检测

3.4.1　基于贝叶斯压缩感知的数据融合

由于现有认知无线网络多用户资源分配方法大部分基于感知数据融合的多资源优化分配，数据相关性强且算法复杂度较高，本节基于压缩感知理论，将贝叶斯压缩感知(BCS)应用于大规模认知无线传感器网络中的汇聚节点数据融合，提出一种基于小波树型结构贝叶斯压缩感知(TSW BCS)的数据融合重构策略。根据大量认知节点对实际非平稳信号的空时相关性结构，汇聚节点基于层次化贝叶斯分析模型的压缩感知方法获得稀疏估计，进而构造 TSW 小波基矩阵，以重构各节点的感知数据向量。

在认知无线传感器网络中，Sink 节点汇聚多个感知节点数据，对各节点感知到的 PU 频谱信息进行估计与重构，并使重构误差满足一定要求。假设事件区域中包含 N 个节点，监控 PU 频谱占用情况，在 t 时刻获得的感知信息向量 $\boldsymbol{x}^{(t)}=\left[x_1^{(t)},x_2^{(t)},\cdots,x_N^{(t)}\right]^{\mathrm{T}}$，$t=1,2,\cdots,T$。定义感知数据矩阵 $\boldsymbol{X}=[\boldsymbol{x}^{(1)},\boldsymbol{x}^{(2)},\cdots,\boldsymbol{x}^{(T)}]\in\mathbf{R}^{N\times T}$，由于 $\boldsymbol{x}^{(t)}$ 之间存在时间相关性，且节点分布位置不同，节点感知数据之间也具有空间相关性，可以利用压缩感知方法对 t 时刻的感知数据进行稀疏表示、数据融合与重构[56,57]。基于 BCS 的认知无线传感器网络数据融合与重构场景如图 3.35 所示。

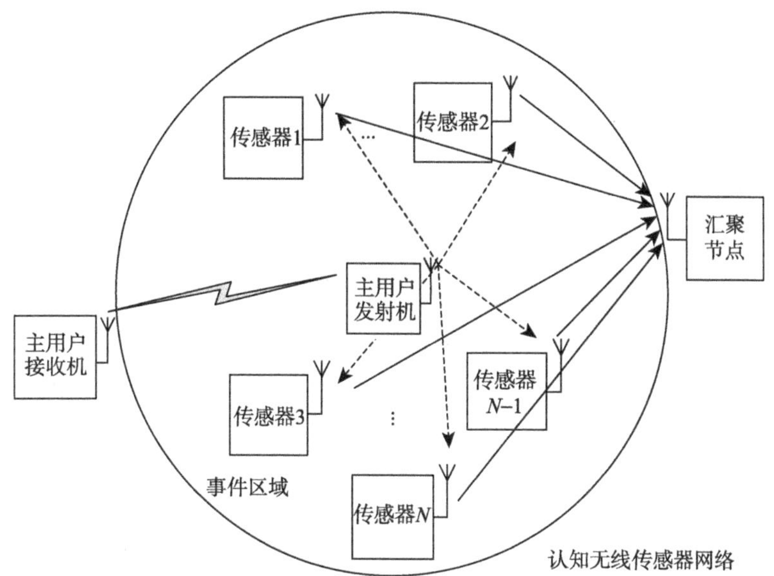

图 3.35　基于 BCS 的认知无线传感器网络数据融合与重构场景

根据压缩感知理论，考虑 $\boldsymbol{x}^{(t)}$ 在正交基矩阵 $\boldsymbol{B}\in\mathbf{R}^{N\times N}$ 上的投影系数向量 $\boldsymbol{\theta}^{(t)}$，假设 $\boldsymbol{\theta}^{(t)}$ 中 M（$M<N$）个具有较大值的非零元素构成向量 $\boldsymbol{\theta}_s^{(t)}\in\mathbf{R}^N$，其余 $(N-M)$ 个元素构成向量 $\boldsymbol{\theta}_e^{(t)}\in\mathbf{R}^N$，则 $\boldsymbol{\theta}^{(t)}=\boldsymbol{\theta}_s^{(t)}+\boldsymbol{\theta}_e^{(t)}$，因此有

$$\boldsymbol{x}^{(t)}=\boldsymbol{B}\boldsymbol{\theta}^{(t)} \tag{3.42}$$

利用观测矩阵 $\boldsymbol{\Phi}$ 对系数向量 $\boldsymbol{\theta}^{(t)}$ 进行线性变换，$\boldsymbol{\Phi}=[\varphi_i\,|\,\varphi_i\in\mathbf{R}^N,i=1,2,\cdots,M]$ 满足不相关性与约束等距性质条件，获得 t 时刻的 M 个观测值 $\boldsymbol{y}^{(t)}\in\mathbf{R}^M$，即

$$\boldsymbol{y}^{(t)}=\boldsymbol{\Phi}\boldsymbol{B}^{\mathrm{T}}\boldsymbol{x}^{(t)}=\boldsymbol{\Xi}\boldsymbol{x}^{(t)} \tag{3.43}$$

式中，$\boldsymbol{\Xi}\in\mathbf{R}^{M\times N}$ 为压缩感知信息算子。

在含噪测量情况下，当测量噪声为 $\boldsymbol{n}_m^{(t)}$ 时，t 时刻的观测向量为

$$\boldsymbol{y}^{(t)}=\boldsymbol{\Phi}\boldsymbol{\theta}_s^{(t)}+\boldsymbol{\Phi}\boldsymbol{\theta}_e^{(t)}+\boldsymbol{n}_m^{(t)}=\boldsymbol{\Phi}\boldsymbol{\theta}_s^{(t)}+\boldsymbol{n}^{(t)} \tag{3.44}$$

式中，$\boldsymbol{n}^{(t)}=\boldsymbol{\Phi}\boldsymbol{\theta}_e^{(t)}+\boldsymbol{n}_m^{(t)}\in\mathbf{R}^M$，其中元素服从均值为零、方差为 σ^2 的高斯分布，即 $n_i\sim N(0,\sigma^2),\ i=1,2,\cdots,M$。

考虑在 t 时刻的高斯似然函数：

$$p(\boldsymbol{y}^{(t)}\,|\,\boldsymbol{\theta}_s^{(t)},\sigma^2)=\prod_{i=1}^{M}\frac{1}{2\pi\sigma^2}\mathrm{e}^{-\frac{n_i^2}{2\sigma^2}}=(2\pi\sigma^2)^{-\frac{M}{2}}\exp\left(-\frac{1}{2\sigma^2}\left\|\boldsymbol{n}^{(t)}\right\|_2^2\right) \tag{3.45}$$

式中，$\left\|\boldsymbol{n}^{(t)}\right\|_2=\left(\sum_{i=1}^{M}\left|y_i^{(t)}-\varphi_i\theta_{si}^{(t)}\right|^2\right)^{\frac{1}{2}}$。由于 $M<N$，式(3.43)有无穷多解，$\boldsymbol{x}^{(t)}$ 不能直接从观测向量 $\boldsymbol{y}^{(t)}$ 中进行重构，对该欠定方程(方程个数少于未知数个数)，需要通过求解 l_0 范数的优化问题获得最佳 $\boldsymbol{\theta}_s^{(t)}$[58,59]，即

$$\hat{\boldsymbol{\theta}}_s^{(t)}=\arg\min_{\boldsymbol{\theta}_s^{(t)}}\left\{\left\|\boldsymbol{y}^{(t)}-\boldsymbol{\Phi}\boldsymbol{\theta}_s^{(t)}\right\|_2^2+\tau\left\|\boldsymbol{\theta}_s^{(t)}\right\|_0\right\} \tag{3.46}$$

式中，τ 为常数，$\tau=\lambda/\sigma^2$。

通常式(3.46)为NP难问题，可以通过求解 l_1 范数优化问题得到它的等价解[59,60]：

$$\hat{\boldsymbol{\theta}}_s^{(t)}=\arg\min_{\boldsymbol{\theta}_s^{(t)}}\left\{\left\|\boldsymbol{y}^{(t)}-\boldsymbol{\Phi}\boldsymbol{\theta}_s^{(t)}\right\|_2^2+\tau\left\|\boldsymbol{\theta}_s^{(t)}\right\|_1\right\} \tag{3.47}$$

采用层次化贝叶斯分析模型对式(3.47)的重构问题进行求解，定义 t 时刻的联合概率密度函数：

$$p(\boldsymbol{\theta}_s^{(t)},\boldsymbol{\gamma},\lambda,\sigma^2,\boldsymbol{y}^{(t)})=p(\boldsymbol{y}^{(t)}\mid\boldsymbol{\theta}_s^{(t)},\sigma^2)p(\sigma^2)p(\boldsymbol{\theta}_s^{(t)}\mid\boldsymbol{\gamma})p(\boldsymbol{\gamma}\mid\lambda)p(\lambda) \tag{3.48}$$

根据文献[58]和文献[59]，t 时刻 $\boldsymbol{\theta}_s^{(t)}$ 的后验分布服从高斯模型：

$$p(\boldsymbol{\theta}_s^{(t)}\mid\boldsymbol{\gamma})=\prod_{i=1}^{N}p(\theta_{si}^{(t)}\mid 0,\gamma_i) \tag{3.49}$$

$\boldsymbol{\gamma}$ 中第 i 个元素的条件概率密度服从指数分布 $p(\gamma_i\mid\lambda)=\frac{\lambda}{2}\exp\left(-\frac{\lambda}{2}\gamma_i\right)$，$\gamma_i\geqslant 0$，$\lambda\geqslant 0$，因此可以得到

$$\begin{aligned}p(\boldsymbol{\theta}_s^{(t)}\mid\lambda)&=\int p(\boldsymbol{\theta}_s^{(t)}\mid\boldsymbol{\gamma})p(\boldsymbol{\gamma}\mid\lambda)\mathrm{d}\boldsymbol{\gamma}=\prod_{i=1}^{N}\int p(\theta_{si}^{(t)}\mid\gamma_i)\frac{\lambda}{2}\exp\left(-\frac{\lambda}{2}\gamma_i\right)\mathrm{d}\gamma_i\\&=\frac{\lambda^{\frac{N}{2}}}{2^N}\exp\left(-\sqrt{\lambda}\left\|\boldsymbol{\theta}_s^{(t)}\right\|_1\right)\end{aligned} \tag{3.50}$$

式中，$\left\|\boldsymbol{\theta}_s^{(t)}\right\|_1=\sum_{i=1}^{N}\left|\theta_{si}^{(t)}\right|$；参数 λ 和 σ^2 分别服从条件伽马分布[59,61]，即

$$p(\lambda\mid\upsilon)=\Gamma\left(\lambda\mid\frac{\upsilon}{2},\frac{\upsilon}{2}\right) \tag{3.51}$$

$$p(\sigma^2\mid a,b)=\Gamma(\sigma^2\mid a,b) \tag{3.52}$$

这里，条件伽马分布定义为 $\Gamma(x\mid a,b)=\frac{b^a}{\Gamma(a)}x^{a-1}\mathrm{e}^{-bx}$，伽马函数 $\Gamma(a)=\int_0^{\infty}t^{a-1}\mathrm{e}^{-t}\mathrm{d}t$，

$a>0$。因此，根据最大后验概率(maximum a posteriori probability, MAP)准则，将式(3.45)、式(3.50)～式(3.52)代入式(3.48)，通过迭代更新式(3.48)中的参数，可得到$\boldsymbol{\theta}_s^{(t)}$的最佳估计$\hat{\boldsymbol{\theta}}_s^{(t)}$。

考虑在 t 时刻之前的 T 个时刻汇聚节点感知信息向量为 $\boldsymbol{\chi}^{(t)}=[\boldsymbol{x}^{(t-1)},\boldsymbol{x}^{(t-2)},\cdots,\boldsymbol{x}^{(t-T)}]\in\mathbf{R}^{N\times T}$，它与感知数据矩阵 $\boldsymbol{X}$ 具有时间相关性，时间参数 T 可根据它与 $\boldsymbol{X}$ 的相关性强弱确定[62]。定义 t 时刻感知数据矩阵 $\boldsymbol{X}$ 的时间平均和协方差矩阵分别为

$$E(\boldsymbol{X})=\overline{\boldsymbol{x}}^{(t)}=\frac{1}{T}\sum_{t=1}^{T}\boldsymbol{x}^{(t)} \tag{3.53}$$

$$\operatorname{cov}(\boldsymbol{X})=\boldsymbol{C}^{(t)}=\frac{1}{T}\sum_{t=1}^{T}(\boldsymbol{x}^{(t)}-\overline{\boldsymbol{x}}^{(t)})(\boldsymbol{x}^{(t)}-\overline{\boldsymbol{x}}^{(t)})^{\mathrm{T}} \tag{3.54}$$

由于时间相关性，$E(\boldsymbol{\chi}^{(t)})\overset{\text{def}}{=}\overline{\boldsymbol{x}}^{(t)}$，$\operatorname{cov}(\boldsymbol{\chi}^{(t)})\overset{\text{def}}{=}\boldsymbol{C}^{(t)}$。令$\boldsymbol{\theta}_s^{(t)}=\boldsymbol{U}\boldsymbol{s}^{\mathrm{T}}(\boldsymbol{x}^{(t)}-\overline{\boldsymbol{x}}^{(t)})$，其中 $\boldsymbol{U}$ 为正交基矩阵($\boldsymbol{U}^{\mathrm{T}}=\boldsymbol{U}^{-1}$)，对比式(3.42)，通过构造特殊的正交基矩阵 $\boldsymbol{U}$ 获得稀疏系数向量$\boldsymbol{\theta}_s^{(t)}$。在本节，采用树型结构小波基(TSW)构造正交基矩阵$\boldsymbol{U}$，即利用小波的 Mallat 分解构造树型结构小波基。在 TSW 下，$\boldsymbol{\theta}_s^{(t)}$具有统计稀疏性，各节点感知数据可以进行压缩，进而通过层次化贝叶斯分析模型获得最佳估计$\hat{\boldsymbol{\theta}}_s^{(t)}$[63]。因此，通过 TSW 变换可以得到汇聚节点数据融合后的最佳估计，即

$$\hat{\boldsymbol{x}}^{(t)}=\overline{\boldsymbol{x}}^{(t)}+\boldsymbol{U}\dot{\boldsymbol{\theta}}_s^{(t)} \tag{3.55}$$

定义重构均方误差为

$$\mathrm{MSE}_{\mathrm{BCS}}=E\left(\frac{\left\|\boldsymbol{\theta}_s^{(t)}-\hat{\boldsymbol{\theta}}_s^{(t)}\right\|_2^2}{\left\|\boldsymbol{\theta}_s^{(t)}\right\|_2^2}\right) \tag{3.56}$$

考虑到大规模认知无线传感网络中的节点随机均匀分布于某一事件区域内，假设该事件区域内分别分布有 120、180 个节点[64,65]。在指定时刻，各节点分别对 PU 频谱占用情况进行本地感知，产生 1bit 本地频谱感知数据，分布式感知数据在向汇聚节点传输的过程中叠加了均值为零、方差为 0.01 的高斯白噪声。汇聚节点运行基于 TSW BCS 的数据融合算法，以重构事件区域中的各节点感知数据，并计算重构均方误差。

根据文献[63]和文献[65]的仿真参数设置，选择基于贪婪算法的 OMP 重构算法作为对比，OMP 算法采用高斯观测获得线性测量，所需最小观测次数为 $M=O(K\ln N)$（N 为节点数，K 为稀疏度）[37]。基于 TSW BCS 的数据融合算法采用 $N=4$ 的 Daubechies 系列紧支集正交小波(db4)构造基矩阵$\boldsymbol{U}$，具有 4 阶消失矩，

Mallat 分解层数为 6。最大相关时间 $T=10\text{s}$，参数 $\lambda=1$。仿真比较两种算法的重构均方误差与观测次数 M 、压缩比(M/N)之间的关系[63,65]。

图 3.36 给出了 OMP 和 TSW BCS 算法的观测次数与重构均方误差的关系。由图可知，在相同节点数下，TSW BCS 算法的重构均方误差明显小于 OMP 算法。当事件区域内的节点数为 120 时，OMP 算法的重构均方误差为−22dB，TSW BCS 算法的重构均方误差仅为−30dB。OMP 算法的重构均方误差收敛速度快于 TSW BCS 算法，但其重构性能较 BCS 算法差。由于 OMP 算法采用高斯观测，当节点数为 120 和 180 时，经稀疏变换后的感知数据量 N 仍为 120 和 180，其最小观测次数均为 15，即观测数 $M>15$ 时可以达到收敛。而 TSW BCS 算法采用 db4 小波基，节点数为 120 和 180 时，小波变换后的感知数据量 N 分别为 159 和 218，其最小观测数分别为 35 和 40，且随着节点数的增大，最小观测次数增加，重构均方误差减小，达到收敛时重构均方误差均趋于零。

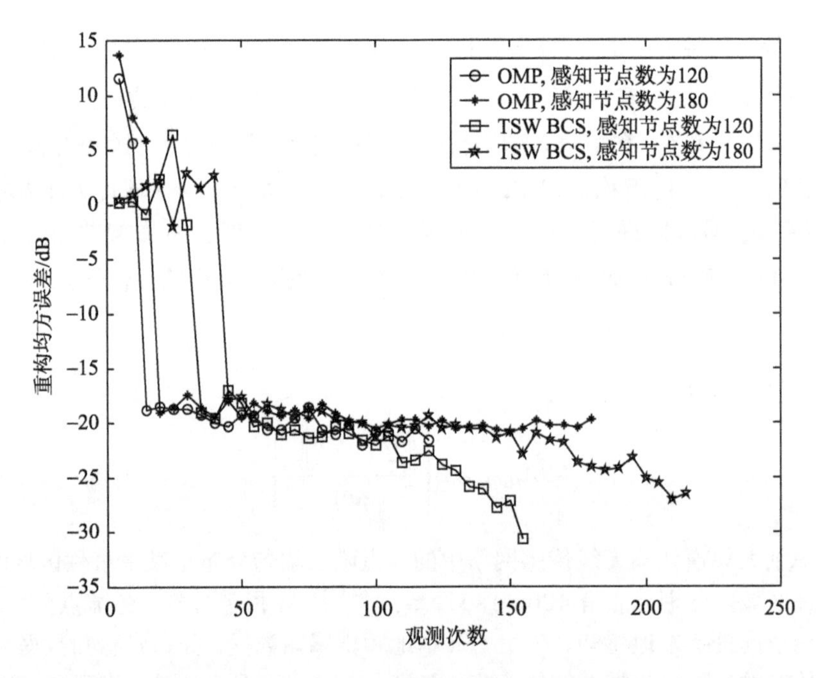

图 3.36　OMP 和 TSW BCS 算法观测次数与重构均方误差的关系

图 3.37 给出了 OMP 算法和 TSW BCS 算法的压缩比与重构均方误差的关系。压缩比定义为观测次数 M 与变换域内的感知数据量 N 之比。由图可知，OMP 算法的重构均方误差仍远大于 TSW BCS 算法，但 OMP 算法收敛速度快，例如，节点数为 120，OMP 算法在压缩比为 0.12 时即收敛，TSW BCS 算法在压缩比为 0.22 时收敛。此外，对于 TSW BCS 算法，节点数的增加使得感知数据之间的时空相关性

增大，在稀疏度和压缩比一定时，重构均方误差随着节点数的增大而增大，例如，当压缩比为 0.4 时，节点数 120 对应的重构均方误差小于−22dB，节点数 180 对应的重构均方误差小于−20dB。随着节点数的增大，重构均方误差需要在较大的压缩比下实现收敛。因此，基于时空相关性的 TSW BCS 算法在保证一定重构均方误差的要求下，可较好地实现感知数据的变换域压缩与重构。但是，需要考虑感知节点数与重构均方误差性能之间的有效折中。

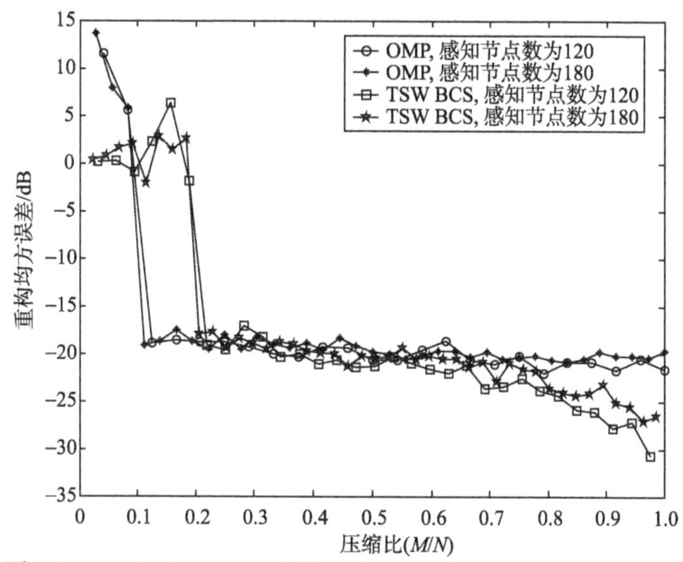

图 3.37　OMP 和 TSW BCS 算法的压缩比与重构均方误差的关系

3.4.2　基于自适应测量的贝叶斯压缩宽带频谱检测

利用贝叶斯压缩感知理论结合自适应测量(AMS)可对认知无线网络中的本地感知数据进行稀疏表示，本节在基于自适应测量矩阵设计的基础上，提出一种基于 AMS 的贝叶斯宽带压缩频谱检测方法[66]。根据大量认知节点对实际感知到的非平稳信号的空时相关性结构，将感知数据映射到小波基进行稀疏变换，通过计算小波域信号的能量子集，选取最大能量子集作为测量矩阵行向量，并对该行向量进行正交化以构造测量矩阵，形成自适应测量，并使其满足约束等距性质。认知基站通过稀疏贝叶斯回归模型中的相关向量机模型对认知用户感知的宽带频谱进行重构恢复。

结合 2.3 节的基于最大能量子集的自适应观测方法，感知向量通过设置在各认知节点侧的模拟信息转换器获取 t 时刻的初始观测向量 $\boldsymbol{y}^{(t)}$，即通过初始测量矩阵 $\boldsymbol{\Phi}$ 进行变换后产生 t 时刻的观测信号 $\boldsymbol{y}^{(t)}$，并计算其能量 $\left\|\boldsymbol{y}_{\mathrm{E}}^{(t)}\right\|_2^2$，寻找最大能量子

集 $E_{\max}^{M}$，得到最佳观测值 M，从而构造自适应测量矩阵 $\boldsymbol{\Phi}_M$，以此得到基于最大能量子集的自适应观测向量 $\boldsymbol{y}_{E_{\max}}^{(t)}$，压缩采样后发送至认知基站。

在认知基站含噪观测模型中，引入的观测噪声是相互独立的，且服从均值为零、方差为 σ^2 的高斯分布，故在 t 时刻的高斯似然函数为

$$p(\boldsymbol{y}_{E_{\max}}^{(t)} \mid \boldsymbol{\theta}_s^{(t)}, \sigma^2) = \prod_{i=1}^{M} \frac{1}{2\pi\sigma^2} \exp\left(-\frac{n_i^2}{2\sigma^2}\right) = (2\pi\sigma^2)^{-\frac{M}{2}} \exp\left(-\frac{1}{2\sigma^2}\left\|\boldsymbol{n}^{(t)}\right\|_2^2\right) \tag{3.57}$$

式中，$\left\|\boldsymbol{n}^{(t)}\right\|_2 = \left\|\boldsymbol{y}_{E_{\max}}^{(t)} - \boldsymbol{\Xi}\boldsymbol{\theta}_s^{(t)}\right\|_2 = \left(\sum_{i=1}^{M}\left|y_i^{(t)} - \varphi_i\theta_{si}^{(t)}\right|^2\right)^{\frac{1}{2}}$。

此时，式(3.47)的 l_1 范数优化问题变为

$$\hat{\boldsymbol{\theta}}_s^{(t)} = \arg\min_{\boldsymbol{\theta}_s^{(t)}}\left\{\left\|\boldsymbol{y}_{E_{\max}}^{(t)} - \boldsymbol{\Phi}\boldsymbol{\theta}_s^{(t)}\right\|_2^2 + \tau\left\|\boldsymbol{\theta}_s^{(t)}\right\|_1\right\} \tag{3.58}$$

由于高斯分布方差倒数的共轭概率分布为伽马分布，记 $\beta = \sigma^{-2}$ 为噪声方差的倒数，则 β 的超先验概率为 $\Pr\left\{\beta \mid a^{\beta}, b^{\beta}\right\} = \Gamma\left\{\beta \mid a^{\beta}, b^{\beta}\right\}$，其中，条件伽马分布定义为 $\Gamma(x \mid a,b) = \dfrac{b^a}{\Gamma(a)} x^{a-1}\mathrm{e}^{-bx}$，伽马函数 $\Gamma(a) = \int_0^{\infty} t^{a-1}\mathrm{e}^{-t}\mathrm{d}t, a > 0$。超参数 $\beta > 0$、$a^{\beta} > 0$ 为尺度参数，$b^{\beta} > 0$ 为形状参数。

式(3.58)的 l_1 范数问题可以等价为对 K 稀疏向量 $\boldsymbol{\theta}_s^{(t)}$ 进行拉普拉斯先验计算。为使 $\boldsymbol{\theta}_s^{(t)}$ 最稀疏，引入先验参数 λ，相应的拉普拉斯密度函数为

$$p\left(\boldsymbol{\theta}_s^{(t)} \mid \lambda\right) = \frac{\lambda}{2}\exp\left(-\frac{\lambda}{2}\left\|\boldsymbol{\theta}_s^{(t)}\right\|_1\right) \tag{3.59}$$

利用最大后验概率准则对式(3.57)和式(3.59)进行求解。由于拉普拉斯先验法不能直接与式(3.57)的条件结合，需要进行层次化贝叶斯分析。

假设 t 时刻 $\boldsymbol{\theta}_s^{(t)}$ 的后验分布服从均值为 0、方差为 γ^{-1} 的高斯条件概率分布，则

$$p(\boldsymbol{\theta}_s^{(t)} \mid \boldsymbol{\gamma}) = \prod_{i=1}^{N} p(\theta_{si}^{(t)} \mid 0, \gamma_i^{-1}) \tag{3.60}$$

为了将拉普拉斯先验运用到层次化贝叶斯分析模型，需要在 γ_i 引入超参数 λ，即 $\boldsymbol{\gamma}$ 中第 i 个元素的条件概率密度服从指数分布：

$$\Pr(\gamma_i \mid \lambda) = \Gamma\left(\gamma_i \mid 1, \frac{\lambda}{2}\right) = \frac{\lambda}{2}\exp\left(-\frac{\lambda}{2}\gamma_i\right), \quad \gamma_i \geqslant 0, \lambda \geqslant 0 \tag{3.61}$$

利用式(3.60)的高斯模型，并结合式(3.61)，可以得到

$$p(\boldsymbol{\theta}_s^{(t)} \mid \lambda) = \int p(\boldsymbol{\theta}_s^{(t)} \mid \boldsymbol{\gamma}) p(\boldsymbol{\gamma} \mid \lambda) \mathrm{d}\boldsymbol{\gamma} = \prod_{i=1}^{N} \int p(\theta_{si}^{(t)} \mid \gamma_i) \frac{\lambda}{2} \exp\left(-\frac{\lambda}{2}\gamma_i\right) \mathrm{d}\gamma_i$$

$$= \frac{\lambda^{\frac{N}{2}}}{2^N} \exp\left(-\sqrt{\lambda} \left\|\boldsymbol{\theta}_s^{(t)}\right\|_1\right) \tag{3.62}$$

式中，$\left\|\boldsymbol{\theta}_s^{(t)}\right\|_1 = \sum_{i=1}^{N} \left|\theta_{si}^{(t)}\right|$。

对超参数λ采用伽马超先验计算，得到

$$p(\lambda \mid \upsilon) = \Gamma\left(\lambda \mid \frac{\upsilon}{2}, \frac{\upsilon}{2}\right) \tag{3.63}$$

当参数$\upsilon \to 0$，$p(\lambda) \propto \dfrac{1}{\lambda}$时，参数$\lambda$得到的信息非常模糊；当参数$\upsilon \to \infty$，$p(\lambda) = \begin{cases} 1, & \lambda = 1 \\ 0, & \text{其他} \end{cases}$时，参数$\lambda$得到的信息非常准确。

上述层次化贝叶斯分析模型是一个三层分级先验模型[65,66]。第一级是采样$\Gamma(\upsilon/2, \upsilon/2)$分布得到参数$\lambda$，如式(3.63)所示。第二级是采样$\Gamma(1, \lambda/2)$分布得到参数$\gamma_i$，如式(3.61)所示。第三级是采样$p(0, \gamma_i^{-1})$得到参数$\theta_{si}^{(t)}$，如式(3.60)所示。通过层次化贝叶斯压缩感知中的相关向量机模型进行参数的学习和估计后，最终得到拉普拉斯分布$p(\boldsymbol{\theta}_s^{(t)} \mid \lambda)$，获得对稀疏系数向量的优化估计$\hat{\boldsymbol{\theta}}_s^{(t)}$，如式(3.62)所示，从而得到$t$时刻的重构感知向量$\hat{\boldsymbol{x}}^{(t)} = \bar{\boldsymbol{x}}^{(t)} + \boldsymbol{B}\hat{\boldsymbol{\theta}}_s^{(t)}$。层次化贝叶斯分析模型参数关系如图3.38所示。

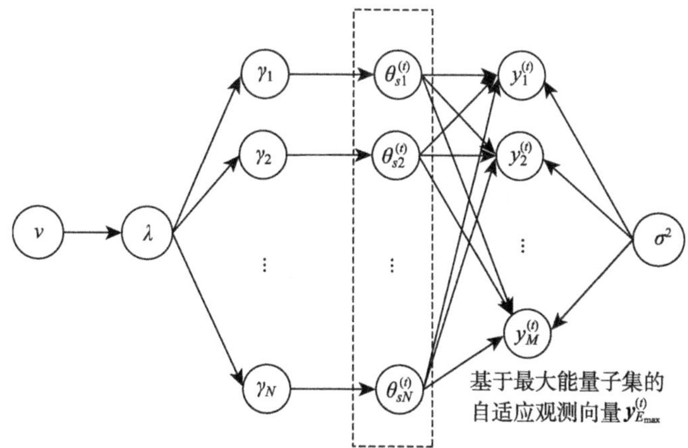

图3.38　层次化贝叶斯分析模型参数关系

认知基站进行基于频域能量检测的多节点“或”准则数据融合，得到全局感知信息，具体过程[65-67]如下。

(1) 假设宽带频谱均匀划分为 P 个子信道，需要计算第 n 个认知用户重构感知信息的频域能量 $E_n=\sum_{t=1}^{T}\left\|x_n^{(t)}\right\|_2^2$，判决门限为 $\lambda_n=\frac{E_n}{P}$。

(2) 利用基于频域能量置信度的检测方法求出第 n 个认知用户在第 p 个子信道上检测的统计量 $S_{p,n}=\sum_{i=(p-1)W+1}^{pW}\left|\hat{x}_{n,i}^{(t)}\right|^2$，$n=1,2,\cdots,N$，$p=1,2,\cdots,P$，$W$ 为每个子信道的采样点数。

(3) 通过二元假设检验判断第 p 个子信道是否被主用户占用，即

$$d_p=\begin{cases}1, & H_1: S_p \geqslant \lambda \\ 0, & H_0: S_p<\lambda\end{cases}$$

认知基站根据“或”准则对 N 个认知用户的感知信息进行数据融合，得到全局检测概率 $Q_{\mathrm{d}}=\sum_{n=1}^{N}\Pr\left\{S_{p,n}\geqslant\lambda_n \mid H_1\right\}$。若 N 个认知用户的检测概率 $\Pr_{\mathrm{d}}$ 相同，则 $Q_{\mathrm{d}}=\sum_{n=1}^{N}\binom{N}{n}\Pr_{\mathrm{d}}^n\left(1-\Pr_{\mathrm{d}}\right)^{N-n}=1-\left(1-\Pr_{\mathrm{d}}\right)^N$。

图 3.39 给出了自适应测量方法在不同重构算法下的重构信号与原感知信号对比。由图可知，事件区域内分布有 120 个认知节点。各节点分别对 PU 频谱占用情况进行本地感知，产生 1bit 本地频谱感知数据，分布式感知数据在进行模拟信息转换和基于最大能量子集的自适应测量过程中叠加了均值为零、方差为 0.01 的高斯白噪声。认知基站采用 BC 和 OMP 两种算法重构事件区域中的感知数据。各节点感知信号的时间平均值均为 1，感知数据差值向量在小波基下的稀疏度 K=8，自适应测量 OMP 重构算法的观测次数 M=58，自适应测量 BCS 重构算法的观测次数 M=46。对比发现，两种重构算法的重构信号均可跟踪原感知信号，但均有幅度损失，由于重构得到的信号其稀疏度无法精确达到无噪信号的稀疏度，重构信号的系数幅度无法达到原信号系数幅度，在低信噪比情况下的含噪信号重构效果欠佳，但重构信号仍可以跟踪原信号的变化趋势。相比于自适应测量 OMP 重构算法，自适应测量 BCS 重构信号的幅度波动较明显。

图 3.40 给出了自适应测量在不同重构算法下的重构均方误差。由图可知，在相同感知节点数下，自适应测量 BCS 重构算法的归一化重构均方误差小于自适应测量 OMP 重构算法，但误差波动明显，即 OMP 重构算法的重构均方误差收敛速度快于 BCS 重构算法。例如，在感知节点数为 120 时的事件区域，自适应测量 OMP 算法的归一化重构均方误差在−21dB 附近波动，自适应测量 BCS 重构算法的归一

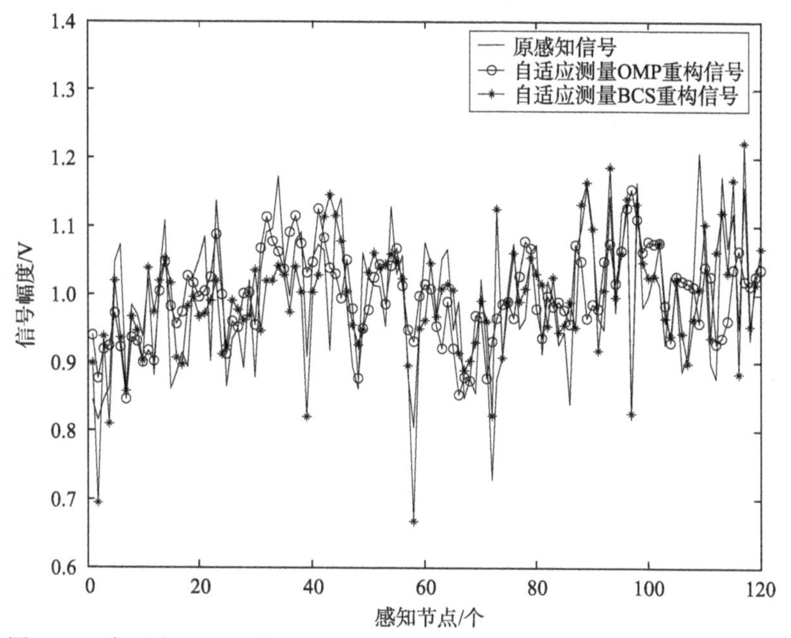

图 3.39　自适应测量方法在不同重构算法下的重构信号与原感知信号对比

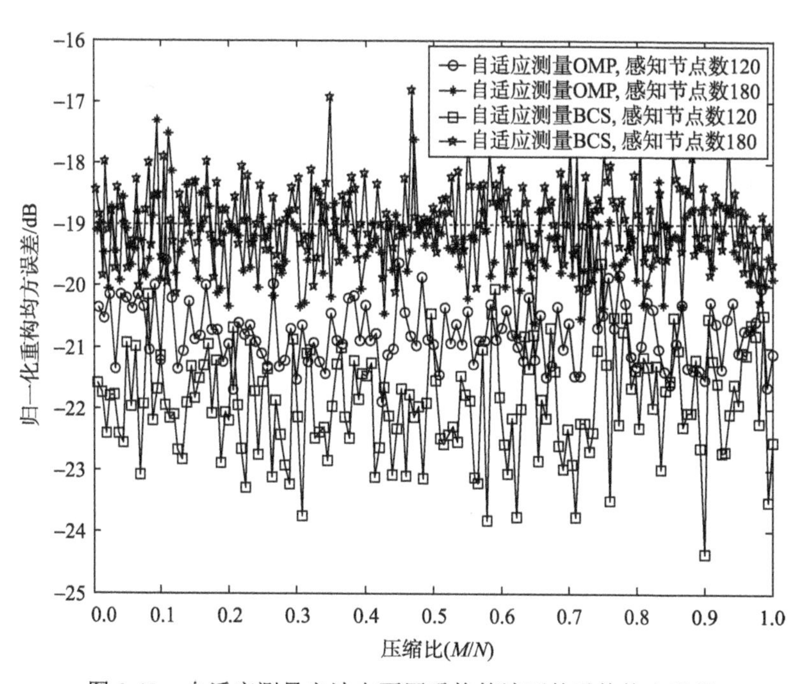

图 3.40　自适应测量方法在不同重构算法下的重构均方误差

化重构均方误差可达–23dB，且误差值波动变化明显。此外，对于同一种重构算法，归一化重构均方误差随着事件区域内感知节点数的增加而增大。例如，对于自适应测量BCS重构算法，事件区域感知节点数为180时的归一化重构均方误差为–19dB，较感知节点数为120时的重构均方误差增加约4dB，其原因是感知节点数的增加使得感知数据之间的时空相关性增大，在稀疏度一定的情况下，最佳观测次数也相应增加。因此，在相同压缩比下，重构均方误差将随着感知节点数的增加而增大，需要在一定重构算法要求下，实现事件区域内感知节点数与重构均方误差之间的有效折中。

图3.41给出了自适应测量在不同重构方法下的宽带频谱检测性能。由图可知，两种自适应观测重构算法在宽带频谱检测时均可在较低的压缩比下达到高检测概率。在相同感知节点数的情况下，自适应测量BCS重构算法的检测性能略优于自适应测量OMP重构算法。例如，当事件区域内感知节点数为180且压缩比为0.1时，自适应测量OMP重构算法的全局检测概率为0.96，自适应测量BCS重构算法的全局检测概率接近于1。此外，在相同重构算法下的宽带频谱检测，事件区域内感知节点数的增加可以有效提高全局检测性能，例如，对于自适应测量BCS重构算法，事件区域内感知节点数为120时的全局检测概率为0.95，感知节点数为180时的全局检测概率接近于1。随着事件区域内认知节点数的增加，认知用户对主用

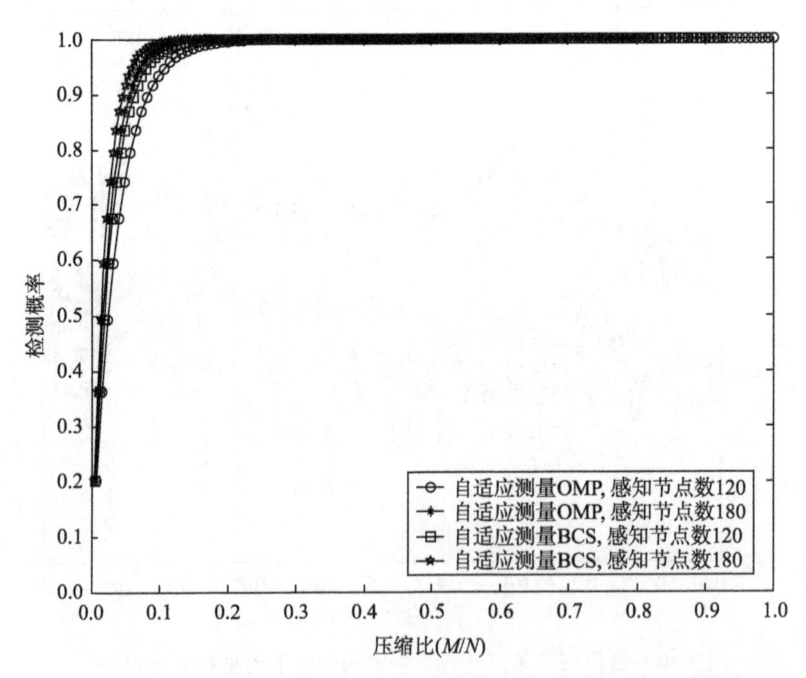

图3.41　自适应测量方法在不同重构算法下的宽带频谱检测性能

户频谱感知数据的时空相关性增大，使其在低压缩比区域内具备较好的频谱检测性能。

3.4.3 基于多任务贝叶斯压缩感知的宽带频谱检测

针对认知无线网络中主用户信号在空频域的稀疏性，本节基于贝叶斯压缩感知的信号重构方法，通过层次化贝叶斯分析分级先验模型来获得稀疏信号估计[65-67]。将 BCS 应用于认知无线网络宽带压缩频谱检测，利用多认知用户感知信号的时空相关性实现在多用户多任务传输条件下的稀疏信号重构与宽带压缩频谱检测。本节分别介绍基于期望最大化算法和相关向量机模型的多任务 BCS 参数估计[68]。

认知无线网络宽带频谱检测系统模型已在 3.1 节给出，宽带频谱检测系统场景如图 3.5 所示。

当对多个具有相关性的信号进行重构时，多任务压缩感知能够实现信号的统一观测和重构[69]。在基于压缩感知的宽带频谱感知中，由于 PU 在授权频谱上的接入行为不同， SU 感知参数将随着 PU 接入的变化而变化。利用多任务层次化贝叶斯分析模型估计参数，分析重构均方误差，并进行宽带压缩频谱检测，可以在提高全局检测概率的同时降低重构均方误差，获得自适应频谱检测性能[66-68]。

记 L 组长度为 N 的原始信号 $\{x_i\}_{i=1,2,\cdots,L}$，映射到 L 组 $M_i\times 1$ 维的观测向量 $\{y_i\}_{i=1,2,\cdots,L}$，映射的观测矩阵 $\boldsymbol{\Phi}_i\in\mathbf{R}^{M_i\times N}$。这些信号 $\{x_i\}_{i=1,2,\cdots,L}$ 可以在变换基 $\boldsymbol{\Psi}$ 上稀疏表示为 $\{s_i\}_{i=1,2,\cdots,L}$，从而有

$$\boldsymbol{y}_i=\boldsymbol{\Phi}_i\boldsymbol{x}_i+\boldsymbol{E}_i=\boldsymbol{\Phi}_i\boldsymbol{\Psi}_i\boldsymbol{s}_i+\boldsymbol{E}_i=\boldsymbol{\Phi}_i\boldsymbol{s}_i+\boldsymbol{E}_i,\quad i=1,2,\cdots,L \tag{3.64}$$

式中，由 $\boldsymbol{y}_i$ 重构得到信号 $\boldsymbol{x}_i$ 的过程称为第 i 个重构任务；$\boldsymbol{E}_i$ 表示均值为 0、方差为 $1/\alpha_0$ 的高斯噪声。

因此，根据 $\boldsymbol{y}_i$ 可以求出 $\boldsymbol{s}_i$ 和 α_0 的似然函数为

$$p(\boldsymbol{y}_i\mid\boldsymbol{s}_i,\alpha_0)=(2\pi/\alpha_0)^{-M_i/2}\exp\left(-\frac{\alpha_0}{2}\|\boldsymbol{y}_i-\boldsymbol{\Theta}_i\boldsymbol{s}_i\|_2^2\right) \tag{3.65}$$

式中，参数 $\boldsymbol{s}_i$ 是通过一个共同的高斯先验分布得到的。用 $s_{i,j}$ 表示第 i 个任务的稀疏向量 $\boldsymbol{s}_i$ 中的第 j 个元素，其高斯先验分布为

$$p(\boldsymbol{s}_i\mid\alpha)=\prod_{j=1}^{N}N(s_{i,j}\mid 0,\alpha_j^{-1}) \tag{3.66}$$

需要注意的是，超参数 $\alpha=\{\alpha_j\}_{j=1,2,\cdots,L}$ 是全部 L 个任务所共有的，每个任务中的观测值 $\{y_i\}_{i=1,2,\cdots,L}$ 都会为超参数的估计做出贡献，实现信息的共享。

可以为超参数 α_0 和 α 赋予一个伽马分布的先验，以促进信号 $\{s_i\}_{i=1,2,\cdots,L}$ 的稀疏先验性：

$$
\begin{aligned}
&\alpha_0 \sim \Gamma(\alpha_0 \mid a,b) \\
&\alpha \sim \Gamma(\alpha \mid c,d)
\end{aligned} \tag{3.67}
$$

为使计算更加简便，默认选取伽马分布中的参数 $a=b=c=d=0$。

假设已得到 L 组观测值 $\{y_i\}_{i=1,2,\cdots,L}$，利用贝叶斯定理，可以推导出超参数 α 和噪声变量 α_0 的后验分布密度为

$$
\begin{aligned}
&p(\alpha,\alpha_0 \mid \{y_i\}_{i=1,2,\cdots,L},a,b,c,d) \\
&=\frac{p(\alpha_0 \mid a,b)p(\alpha \mid c,d)\prod_{i=1}^{L}\int p(y_i \mid \boldsymbol{s}_i,\alpha_0)p(\boldsymbol{s}_i \mid \alpha)\mathrm{d}\boldsymbol{s}_i}{\int d\alpha\int d\alpha_0 p(\alpha_0 \mid a,b)p(\alpha \mid c,d)\prod_{i=1}^{L}\int p(y_i \mid \boldsymbol{s}_i,\alpha_0)p(\boldsymbol{s}_i \mid \alpha)\mathrm{d}\boldsymbol{s}_i}
\end{aligned} \tag{3.68}
$$

为了减少式(3.68)的计算量，寻找一个关于参数 α_0 和 α 的点估计，在 $a,b,c,d\to 0$ 时最大似然估计可以表示为

$$
\{\alpha^{\mathrm{ML}},\alpha_0^{\mathrm{ML}}\}=\arg\max_{\alpha,\alpha_0}\sum_{i=1}^{L}\log_2\int p(\boldsymbol{y}_i \mid \boldsymbol{s}_i,\alpha_0)p(\boldsymbol{s}_i \mid \alpha)\mathrm{d}\boldsymbol{s}_i \tag{3.69}
$$

向量 $\boldsymbol{s}_i$ 的后验密度函数可以根据 α_0 和 α 的点估计得到，根据贝叶斯定理，可以推导出

$$
\begin{aligned}
p(\boldsymbol{s}_i \mid \boldsymbol{y}_i,\alpha,\alpha_0)&=\frac{p(\boldsymbol{y}_i \mid \boldsymbol{s}_i,\alpha_0)p(\boldsymbol{s}_i \mid \alpha)}{\int p(\boldsymbol{y}_i \mid \boldsymbol{s}_i,\alpha_0)p(\boldsymbol{s}_i \mid \alpha)\mathrm{d}\boldsymbol{s}_i} \\
&=N(\boldsymbol{s}_i \mid \boldsymbol{\mu}_i,\boldsymbol{\sigma}_i)
\end{aligned} \tag{3.70}
$$

式中，均值 $\boldsymbol{\mu}_i$ 和方差 $\boldsymbol{\sigma}_i$ 分别为

$$
\begin{aligned}
&\boldsymbol{\mu}_i=\alpha_0\boldsymbol{\sigma}_i\boldsymbol{\Theta}_i^{\mathrm{T}}\boldsymbol{y}_i \\
&\boldsymbol{\sigma}_i=(\alpha_0\boldsymbol{\Theta}_i^{\mathrm{T}}\boldsymbol{\Theta}_i+\boldsymbol{A})^{-1}
\end{aligned} \tag{3.71}
$$

这里，$\boldsymbol{A}=\mathrm{diag}(\alpha_1,\alpha_2,\cdots,\alpha_N)$，对角线是由 α 中的每一项构成的。

参数 α_0 和 α 的点估计可以用期望最大化(expectation-maximization, EM)[70]算法实现。对式(3.70)进行边缘化积分，求得超参数 α_0 和 α 的边缘对数似然函数为

$$
\begin{aligned}
I(\alpha,\alpha_0)&=\sum_{i=1}^{L}\log_2 p(\boldsymbol{y}_i \mid \alpha,\alpha_0) \\
&=\sum_{i=1}^{L}\log_2\int p(\boldsymbol{y}_i \mid \boldsymbol{s}_i,\alpha_0)p(\boldsymbol{s}_i \mid \alpha)\mathrm{d}\boldsymbol{s}_i \\
&=-\frac{1}{2}\sum_{i=1}^{L}(M_i\log_2(2\pi)+\log_2|\boldsymbol{C}_i|+\boldsymbol{s}_i^{\mathrm{T}}\boldsymbol{C}_i^{-1}\boldsymbol{s}_i)
\end{aligned} \tag{3.72}
$$

式中，$\boldsymbol{C}_i=\alpha_0^{-1}\boldsymbol{I}+\boldsymbol{\Theta}_i\boldsymbol{A}^{-1}\boldsymbol{\Theta}_i^{\mathrm{T}}$，$\boldsymbol{I}$为单位矩阵。

将式(3.72)对参数α_0和α求偏导，并令其导数为 0，得到超参数α_0和α的估计为

$$\alpha_j^{\text{new}}=\frac{L-\alpha_j\sum_{i=1}^{L}\sigma_{i,(j,j)}}{\sum_{i=1}^{L}\mu_{i,j}^2} \tag{3.73}$$

$$\alpha_0^{\text{new}}=\frac{\sum_{i=1}^{L}\left(M_i-N+\sum_{j=1}^{N}\alpha_i\sigma_{i,(j,j)}\right)}{\sum_{i=1}^{L}\left\|\boldsymbol{y}_i-\boldsymbol{\Theta}_i\boldsymbol{\mu}_i\right\|_2^2} \tag{3.74}$$

式中，$\mu_{i,j}$是均值$\boldsymbol{\mu}_i$中的第j个元素，$j=1,2,\cdots,N$；$\sigma_{i,(j,j)}$是方差$\boldsymbol{\sigma}_i$中的第j个对角线元素。

可见，超参数α_0^{new}和α_j^{new}是均值$\{\mu_i\}_{i=1,2,\cdots,L}$和方差$\{\sigma_i\}_{i=1,2,\cdots,L}$的函数，而均值$\{\mu_i\}_{i=1,2,\cdots,L}$和方差$\{\sigma_i\}_{i=1,2,\cdots,L}$是初值$\alpha_0$和$\alpha$的函数。因此，通过多次迭代，收敛时所得的均值就是向量$\{s_i\}_{i=1,2,\cdots,L}$的估计值，从而得到原始信号$\{x_i\}_{i=1,2,\cdots,L}$。

将快速 RVM[71,72]模型应用到多任务 BCS 中进行信号重构，以降低计算复杂度。这里给$\boldsymbol{s}$中的每一个元素赋予一个零均值的高斯先验：

$$p(\boldsymbol{s}\,|\,\alpha)=\prod_{i=1}^{N}N(\boldsymbol{s}_i\,|\,0,\alpha_i^{-1}) \tag{3.75}$$

式中，α_i是高斯密度函数方差的倒数；$N(\bullet|0,\alpha_i^{-1})$表示均值为 0、方差为$\alpha_i^{-1}$的高斯分布，并赋予$\alpha$一个伽马先验：

$$p(\alpha\,|\,a,b)=\prod_{i=1}^{N}\Gamma(\alpha_i\,|\,a,b),\alpha_i\geqslant 0 \tag{3.76}$$

对超参数α进行边缘积分，得到

$$p(\boldsymbol{s}\,|\,a,b)=\prod_{i=1}^{N}\int_0^{\infty}N(\boldsymbol{s}_i\,|\,0,\alpha_i^{-1})\Gamma(\alpha_i\,|\,a,b)\mathrm{d}\alpha_i \tag{3.77}$$

为了能求解出最终解，先假定超参数α和α_0是已知的，当给定观测值向量$\boldsymbol{y}$、$M\times N$随机观测矩阵$\boldsymbol{\Phi}$、稀疏变换基$\boldsymbol{\Psi}$后，可以根据贝叶斯定理得到向量$\boldsymbol{s}$的后验

概率分布为[73]

$$
\begin{aligned}
p(\boldsymbol{s} \mid \boldsymbol{y}, \alpha, \alpha_0) &= \frac{p(\boldsymbol{y} \mid \boldsymbol{s}, \alpha, \alpha_0) p(\boldsymbol{s}, \alpha, \alpha_0)}{p(\boldsymbol{y}, \alpha, \alpha_0)} \\
&= \frac{p(\boldsymbol{y} \mid \boldsymbol{s}, \alpha, \alpha_0) p(\boldsymbol{s} \mid \alpha, \alpha_0)}{p(\boldsymbol{y} \mid \alpha, \alpha_0)}
\end{aligned} \tag{3.78}
$$

进一步简化为

$$
\begin{aligned}
p(\boldsymbol{s} \mid \boldsymbol{y}, \alpha, \alpha_0) &= \frac{p(\boldsymbol{y} \mid \boldsymbol{s}, \alpha_0) p(\boldsymbol{s} \mid \alpha)}{p(\boldsymbol{y} \mid \alpha, \alpha_0)} \\
&= \frac{p(\boldsymbol{y} \mid \boldsymbol{s}, \alpha_0) p(\boldsymbol{s} \mid \alpha)}{\int p(\boldsymbol{y} \mid \boldsymbol{s}, \alpha_0) p(\boldsymbol{s} \mid \alpha) \mathrm{d}\boldsymbol{s}} \\
&= (2\pi)^{-(N-1)/2} \left| \boldsymbol{\sigma} \right|^{-1/2} \exp\left[-\frac{1}{2} (\boldsymbol{s} - \boldsymbol{\mu})^{\mathrm{T}} (\boldsymbol{\sigma})^{-1} (\boldsymbol{s} - \boldsymbol{\mu}) \right]
\end{aligned} \tag{3.79}
$$

由此可见，$\boldsymbol{s}$ 也服从高斯分布，其均值 $\boldsymbol{\mu}$ 和方差 $\boldsymbol{\sigma}$ 分别为

$$
\begin{aligned}
\boldsymbol{\mu} &= \alpha_0 \boldsymbol{\sigma} \boldsymbol{\Theta}^{\mathrm{T}} \boldsymbol{y} \\
\boldsymbol{\sigma} &= (\alpha_0 \boldsymbol{\Theta}^{\mathrm{T}} \boldsymbol{\Theta} + \boldsymbol{\Lambda})^{-1}
\end{aligned} \tag{3.80}
$$

式中，$\boldsymbol{\Lambda} = \mathrm{diag}(\alpha_1, \alpha_2, \cdots, \alpha_N)$。

因此，均值和方差的求解转化为对超参数 α 和 α_0 的求解。在 RVM 框架下，可采用第二类最大似然估计方法或者 EM 算法进行求解[70]。通过对稀疏权值向量 $\boldsymbol{s}$ 进行边缘化积分，得到超参数 α 和 α_0 的边缘对数似然函数为

$$
\begin{aligned}
L(\alpha, \alpha_0) &= \log_2 p(\boldsymbol{y} \mid \alpha, \alpha_0) \\
&= \log_2 \int p(\boldsymbol{y} \mid \boldsymbol{s}, \alpha_0) p(\boldsymbol{s} \mid \alpha) \mathrm{d}\boldsymbol{s} \\
&= -\frac{1}{2} [M \log_2 (2\pi) + \log_2 \left| \boldsymbol{C} \right| + \boldsymbol{y}^{\mathrm{T}} \boldsymbol{C}^{-1} \boldsymbol{y}]
\end{aligned} \tag{3.81}
$$

式中，$\boldsymbol{C} = \alpha_0^{-1} \boldsymbol{I} + \boldsymbol{\Theta} \boldsymbol{\Lambda}^{-1} \boldsymbol{\Theta}^{\mathrm{T}}$。

由式(3.81)，得到对 α 和 α_0 的点估计：

$$
\alpha_i^{\mathrm{new}} = \frac{\gamma_i}{\mu_i^2} \tag{3.82}
$$

$$
1 / \alpha_0^{\mathrm{new}} = \frac{\| \boldsymbol{y} - \boldsymbol{\Theta} \boldsymbol{\mu} \|_2^2}{M - \sum_{i=1}^{N} \gamma_i} \tag{3.83}
$$

式中，$\gamma_i = 1-\alpha_i\sigma_{ii}, i=1,2,\cdots,N$。

可根据 $\boldsymbol{s}$ 的估计值进一步得到原始信号 $\boldsymbol{x}$，其均值和方差为

$$\begin{aligned} E(\boldsymbol{x}) &= \boldsymbol{\Psi}\boldsymbol{\mu} \\ V(\boldsymbol{x}) &= \boldsymbol{\Psi}\boldsymbol{\sigma}\boldsymbol{\Psi}^{\mathrm{T}} \end{aligned} \tag{3.84}$$

与已有参数估计方法相比，基于期望最大化算法和相关向量机模型的多任务 BCS 参数估计方法可以在稀疏采样信息量不足的情况下对参数进行合理估计。期望最大化算法的优点是可以从非完整数据集合中对参数进行极大似然估计，它是解决非完整数据的统计估计和混合估计等问题的有效工具，但存在收敛速度慢、对初值依赖性大的问题。相关向量机模型的优点在于其输出结果是一种概率模型，相关向量的个数远远小于支持向量的个数，且测试时间短。考虑到 PU 信号稀疏度未知时的多任务 BCS 重构，这两种参数估计方法均可以有效进行 BCS 参数估计[68]。

在获得稀疏重构估计向量 $\boldsymbol{s}=\{s_i\}_{i=1,2,\cdots,L}$ 后，得到原始多任务信号 $\boldsymbol{x}$ 的估计值 $\boldsymbol{x}^*=\boldsymbol{\psi}\boldsymbol{s}$，则归一化重构均方误差为

$$\sigma_{\mathrm{MSE}} = 10\lg\left[E\left(\frac{\|\boldsymbol{x}^*-\boldsymbol{x}\|_2^2}{\|\boldsymbol{x}\|_2^2}\right)\right] \tag{3.85}$$

考虑 CR 节点采用能量检测进行频谱感知，即节点根据一段时频域观测周期 K 内的多任务 BCS 稀疏重构向量 $\boldsymbol{s}$ 的总能量(由帕塞瓦尔定理可知，稀疏重构向量 $\boldsymbol{s}$ 的总能量与重构信号 $\boldsymbol{x}^*$ 的能量相同)，判断是否有主用户信号出现[74,75]。对于重构信号向量 $\boldsymbol{s}$，经过 FFT 后，对其元素进行平方求和构建能量检测的判决统计量：

$$Y = \sum_{k=0}^{K-1}\left(S(k)\right)^2 \tag{3.86}$$

式中，$S(k)$ 即向量 $\boldsymbol{S}$，为时域重构向量 $\boldsymbol{s}$ 的频域表示，$k=0,1,\cdots,K-1$。

在不同的频谱感知假设检验情况下，Y 分别服从自由度为 $2u$ 的非中心与中心卡方分布[25,75]，即

$$Y = \begin{cases} \chi_{2u}^2(2\gamma), & H_1 \\ \chi_{2u}^2, & H_0 \end{cases} \tag{3.87}$$

式中，H_1 为主用户出现的假设；H_0 为主用户未出现的假设；u 是时域观测周期与带宽之积；γ 是重构信号接收信噪比；$\chi_{2u}^2(2\gamma)$ 是以 2γ 为参数、自由度为 $2u$ 的非中心卡方分布；χ_{2u}^2 是自由度为 $2u$ 的中心卡方分布[25,75]。

当节点感知信道为瑞利衰落信道时，若能量检测的判决门限为 $\lambda=(\|\boldsymbol{x}^*\|_2^2)/K$，则平均检测概率 $\mathrm{Pr_d}$、平均虚警概率 $\mathrm{Pr_f}$ 和平均漏检概率 $\mathrm{Pr_m}$ 分别为

$$
\begin{aligned}
\Pr_{\mathrm{d}} &= \Pr(Y > \lambda \mid H_1) \\
&= \mathrm{e}^{-\frac{\lambda}{2}} \sum_{p=0}^{u-2} \frac{1}{p!}\left(\frac{\lambda}{2}\right)^p + \left(\frac{1+\gamma}{\gamma}\right)^{u-1} \left[\mathrm{e}^{-\frac{\lambda}{2(1+\lambda)}} - \mathrm{e}^{-\frac{\lambda}{2}} \sum_{p=0}^{u-2} \frac{1}{p!}\left(\frac{\lambda\gamma}{2(1+\gamma)}\right)^p \right] \\
\Pr_{\mathrm{f}} &= \Pr(Y > \lambda \mid H_0) = \frac{\Gamma(u, \lambda/2)}{\Gamma(u)} \\
\Pr_{\mathrm{m}} &= 1 - \Pr_{\mathrm{d}}
\end{aligned}
\tag{3.88}
$$

式中，$\Gamma(\cdot)$ 和 $\Gamma(\cdot,\cdot)$ 为完全和不完全伽马函数。

考虑采用多任务 BCS 对 CR 中主用户占用的稀疏频谱进行检测。由于多用户感知信号的时空相关性，在此利用多任务 BCS 进行参数估计与感知信号重构，再进行宽带频谱检测。假设感知数据具有 75% 的时间相关性，本节将对单任务 BCS、不同任务数时的多任务 BCS 重构信号、重构均方误差与宽带频谱检测性能，以及相同任务数、不同感知数据相关性时的重构均方误差与宽带频谱检测性能进行仿真比较。

在 MATLAB 仿真实验中，选择两路原始信号进行单/多任务 BCS 重构，同时计算重构均方误差，进而对重构信号进行能量检测以获取 SU 可利用频谱信息[68]。仿真参数设置如下。

(1) 原始信号。利用两个长度均为 512 的原始信号，每路信号随机选取 20 个时间点随机生成 ±1，这两个原始信号在相同地方有 75%的相似性，且振幅均为 ±1。原始信号 1 中观测值 M=90，原始信号 2 中观测值 M=70。

(2) 观测矩阵和高斯噪声。观测矩阵的元素服从零均值、方差 $\sigma = 0.005^2$ 的标准正态分布，且矩阵元素为独立同分布，将矩阵的各行元素进行归一化，得到 $\boldsymbol{\Phi}_i$。

图 3.42 和图 3.43 分别为当观测次数为 90、70 时，原始信号 1 和原始信号 2 在单任务、多任务(L=3 和 L=5)情况下的 BCS 时域信号重构图。由图可知，在单任务 BCS 中，由于缺少足够的测量值(重构需要较高的观测次数)，重构信号受噪声影响较大，信号重构效果不佳。此外，两个原始信号具有一定的相关性，多任务 BCS 正是利用信号间的相关性，较好实现了信号重构。重构效果随着任务数的增加而显著改善。

为了在统计意义上比较单任务/多任务 BCS 重构的性能，图 3.44 给出了当 $\gamma = 10\mathrm{dB}$ 时，在不同任务数 BCS 下进行信号重构的观测次数与重构均方误差之间的关系。由图可知，在相同感知节点数的情况下，多任务 BCS 在较低观测数(即较小压缩比区域)下可实现均方误差的快速收敛。例如，当观测次数 $M > 5$ 时，多任务(L=3)的 BCS 重构均方误差迅速迭代达到收敛，多任务(L=5)的 BCS 重构均方误差收敛于−15dB；单任务 BCS 需要在观测次数 $M > 85$ 时趋于收敛，且重构均方误差值有波动。因此，采用多任务 BCS 的重构均方误差收敛速度明显快于单任务 BCS，且两者在数值上接近，因此多任务 BCS 适用于实际低压缩比情况下的多节点感知信号重构。

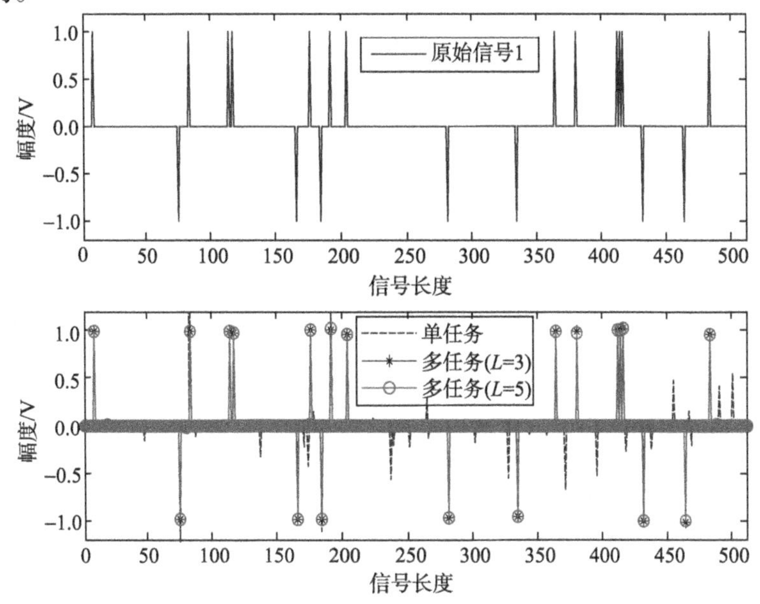

图 3.42　观测次数为 90 时原始信号 1 的单任务/多任务 BCS 重构

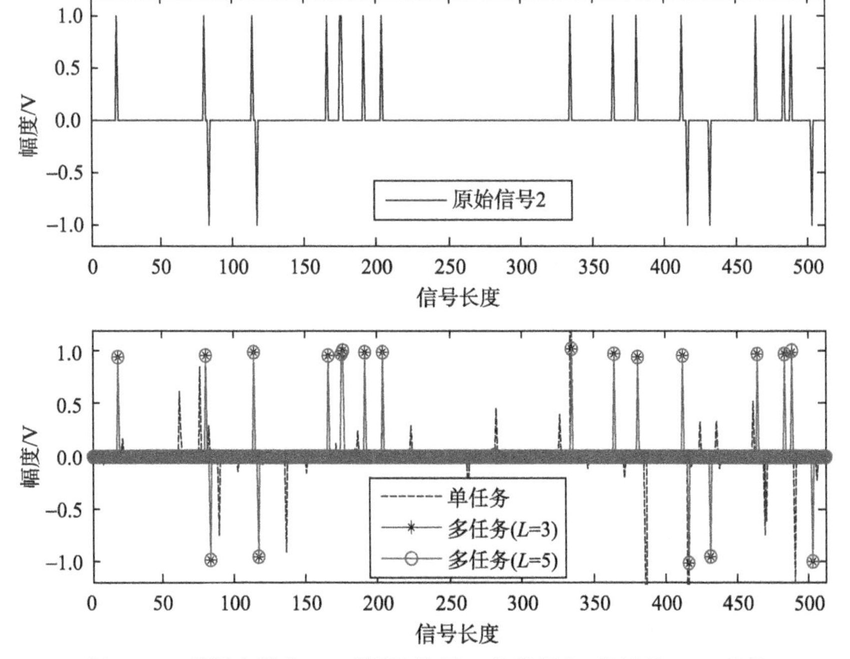

图 3.43　观测次数为 70 时原始信号 2 的单任务/多任务 BCS 重构

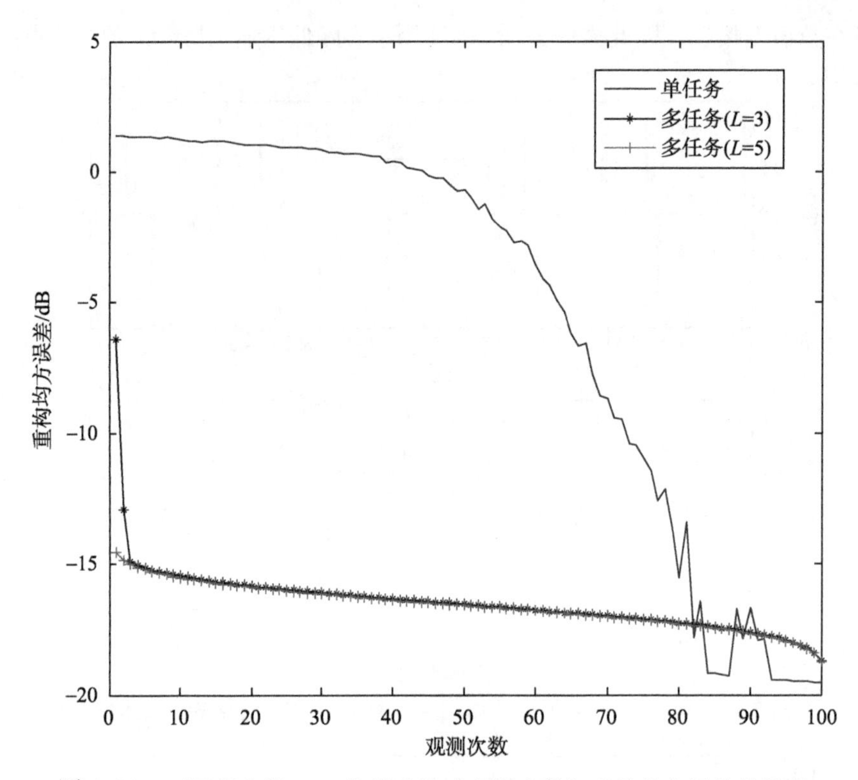

图 3.44　不同任务数 BCS 信号重构时观测次数与重构均方误差的关系

在基于单任务/多任务 BCS 重构的宽带压缩频谱检测中，可根据重构的感知信号能量，采用能量检测方法对主用户占用频谱情况进行判决。基于单任务/多任务 BCS 重构的宽带频谱检测 ROC 曲线如图 3.45 所示。由图可知，基于多任务 BCS 重构的宽带频谱检测性能明显优于单任务 BCS 重构。当平均虚警概率一定时，多任务 BCS 重构的平均漏检概率低于单任务 BCS 重构，即检测概率高于单任务 BCS 重构，且随着任务数 L 的增加，平均漏检概率进一步减小，即检测概率随着任务数的增加而提高。此外，在相同的漏检概率下，单任务/多任务 BCS 的虚警概率差异并不明显。因此，多任务 BCS 在节点能耗和网络带宽受限的条件下，在重构均方误差快速收敛的同时，有效提高了宽带频谱检测性能。

图 3.46 给出了当任务数为 2 且感知数据相关性分别为 25%、50%和 75%时的观测次数与重构均方误差构的关系。由图可知，当观测次数一定时，感知数据相关性越高，多任务 BCS 的重构均方误差越小，即重构性能越好。当重构均方误差接近 –17dB 时，感知数据相关性为 75%的信号重构所需观测次数为 100，相关性为 25%的信号重构所需观测次数为 130。可见在相同重构均方误差下，用户间感知数据相关性的增加可以降低重构观测次数。

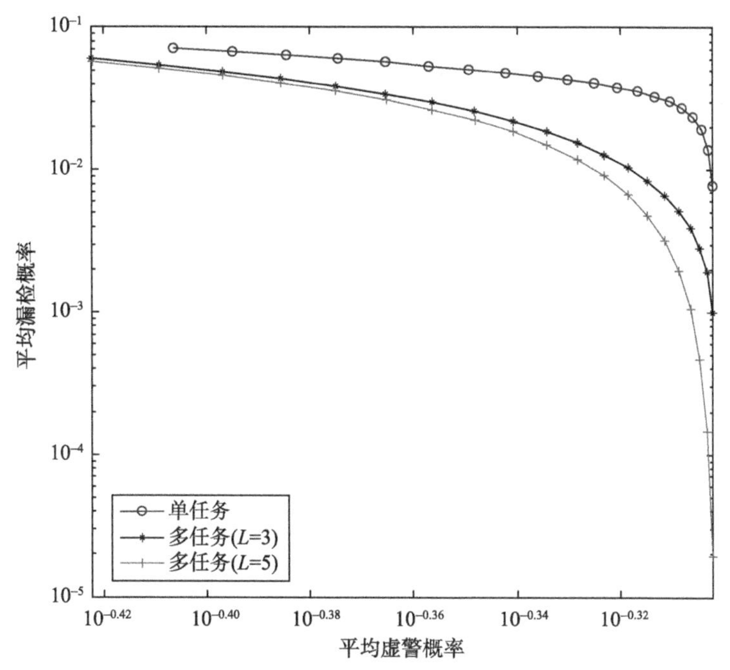

图 3.45　基于单任务/多任务 BCS 重构的宽带频谱检测 ROC 曲线

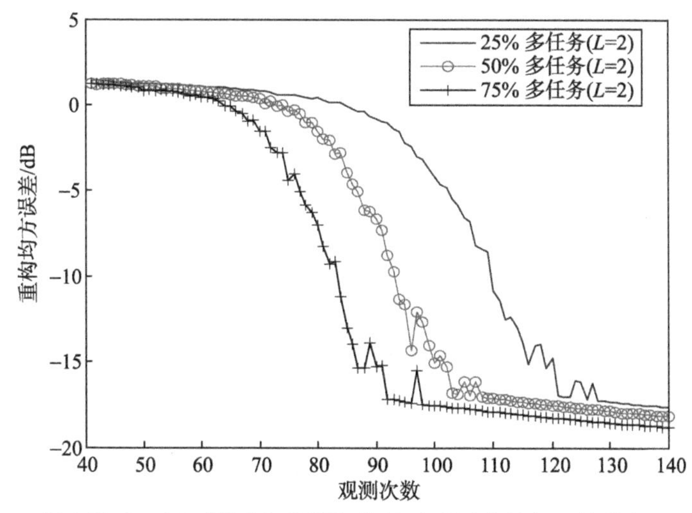

图 3.46　任务数为 2 且不同感知数据相关性时观测次数与重构均方误差的关系

图 3.47 给出了当任务数为 2 且感知数据相关性分别为 25%、50%和 75%时的宽带频谱检测 ROC 曲线。由图可知，在相同的平均虚警概率下，随着感知数据相关性的增加，重构均方误差减小，宽带频谱检测时的平均漏检概率明显降低，即有效提高了检测概率。这与图 3.46 的性能分析结果相同。

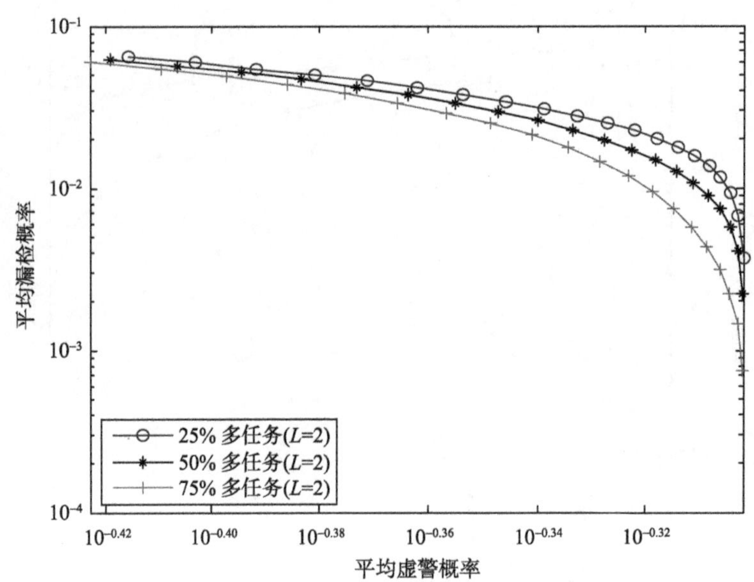

图 3.47　任务数为 2 且不同感知数据相关性时的宽带频谱检测 ROC 曲线

3.5　本章小结

本章详细阐述了基于压缩感知的认知无线网络宽带频谱检测方法。首先介绍了认知无线网络宽带频谱检测模型，以及基于最大似然比的协作宽带频谱检测方法。然后，重点介绍了基于分布式压缩感知的宽带频谱检测方法，包括分布式压缩感知-子空间追踪频谱检测、分布式压缩感知-盲协作压缩频谱检测、分布式压缩感知-稀疏度与压缩比联合调整频谱检测、基于盲稀疏度匹配的快速多用户协作压缩频谱检测、基于稀疏度匹配追踪的分布式多用户协作宽带频谱检测等方法。最后，介绍了基于 BCS 的宽带频谱检测方法，包括基于 BCS 的数据融合方法、基于自适应测量的 BCS 宽带频谱检测方法、基于多任务 BCS 的宽带频谱检测方法。仿真结果表明，基于自适应测量的 BCS 宽带频谱检测方法较 OMP 算法具有更好的检测性能，对存在多个认知节点的宽带频谱感知与感知信号稀疏重构具有实际应用价值；多任务 BCS 在节点能耗与网络带宽受限的条件下，通过对估计参数的合理优化，在较低压缩比区域可实现重构均方误差的快速收敛，且检测性能随着任务数的增加而提高。

参考文献

[1] Liang Y C, Chen K C, Li G Y, et al. Cognitive radio networking and communications: An overview[J]. IEEE Transactions on Vehicular Technology, 2011, 60(7): 3386-3407.

[2] Sun H, Chiu W Y, Nallanathan A. Adaptive compressive spectrum sensing for wideband

cognitive radios[J]. IEEE Communications Letters, 2012, 16(11): 1812-1815.

[3] Zeng F, Li C, Tian Z. Distributed compressive spectrum sensing in cooperative multi-hop cognitive networks[J]. IEEE Journal of Selected Topics in Signal Processing, 2011, 5(1): 37-48.

[4] Zeng F, Tian Z, Li C. Distributed compressive wideband spectrum sensing in cooperative multi-hop cognitive networks[C]. Proceedings of IEEE International Conference on Communications, Cape Town, 2010: 1-5.

[5] 池景秀. 基于压缩感知的认知无线电宽带频谱感知与子载波比特分配关键技术研究[D]. 杭州：杭州电子科技大学, 2013.

[6] 王赞. 基于分布式压缩感知的高能效宽带压缩频谱检测方法研究[D]. 杭州：杭州电子科技大学, 2016.

[7] 陆阳. 宽带频谱压缩感知关键技术研究[D]. 北京：北京邮电大学, 2012.

[8] 孙璇. 基于压缩感知的认知无线电频谱感知算法研究[D]. 北京：北京邮电大学, 2012.

[9] Laska J N, Bradley W F, Rondeay T W, et al. Compressive sensing for dynamic spectrum access networks: Techniques and tradeoffs[C]. Proceedings of IEEE International Symposium on Dynamic Spectrum Access Networks, Aachen, 2011: 156-163.

[10] 陶小峰, 崔琪楣, 许晓东, 等. 4G/B4G 关键技术及系统[M]. 北京: 人民邮电出版社, 2011.

[11] 杨海蓉, 张成, 丁大为, 等. 压缩传感理论与重构算法[J]. 电子学报, 2011, 39(1): 142-148.

[12] 邓军. 基于凸优化的压缩感知信号恢复算法研究[D]. 哈尔滨: 哈尔滨工业大学, 2011.

[13] Mishali M, Eldar Y C. From theory to practice: Sub-Nyquist sampling of sparse wideband analog signals[J]. IEEE Journal of Selected Topics in Signal Processing, 2010, 4(2): 375-391.

[14] Tropp J A, Wakin M B. Random filter for compressive sampling and reconstruction[C]. Proceedings of IEEE International Conference on Acoustics, Speech and Signal Processing, Toulouse, 2006: 872-875.

[15] Fudge G L, Bland R E. A Nyquist folding analog-to-information receiver[C]. Proceedings of the 42nd Asilomar Conference on Signals, Systems and Computers, Pacific Grove, 2008: 541-545.

[16] Akyildiz I F, Lee W Y, Vuran M C, et al. Next generation/dynamic spectrum access/cognitive radio wireless networks: A survey[J]. Computer Networks, 2006, 50: 2127-2159.

[17] Akyildiz I F, Lo B F, Balakrishnan R. Cooperative spectrum sensing in cognitive radio networks: A survey[J]. Physical Communications, 2011, 4: 40-62.

[18] 石磊, 周正, 唐亮. 认知无线电网络中的压缩协作频谱感知[J]. 北京邮电大学学报, 2011, 34(5): 76-79.

[19] 顾彬, 杨震, 胡海峰. 基于压缩感知信道能量观测的协作频谱感知算法[J]. 电子信息学报, 2012, 34(1): 14-19.

[20] 张正浩, 裴昌幸, 陈南, 等. 宽带认知无线电网络分布式协作压缩频谱感知算法[J]. 西安交通大学学报, 2011, 45(4): 67-71, 114.

[21] 章坚武, 池景秀, 许晓荣. 一种基于子空间追踪的宽带压缩频谱感知方法[J]. 电信科学, 2013, 29(1): 63-67, 75.

[22] 许晓荣, 王赞, 姚英彪, 等. 基于多任务贝叶斯压缩感知的宽带频谱检测[J].华中科技大学学报(自然科学版), 2015, 43(5): 33-38,43.

[23] 王赞，许晓荣，姚英彪. 基于能量有效性的贝叶斯压缩感知宽带频谱检测[J]. 计算机工程，2016, 42(3): 125-129.

[24] Zou Y, Yao Y D, Zheng B. Cooperative relay techniques for cognitive radio systems: Spectrum

sensing and secondary user transmissions[J]. IEEE Communications Magazine, 2012, 50(4): 98-103.

[25] Letaief K B, Zhang W. Cooperative communications for cognitive radio networks[J]. Proceedings of the IEEE, 2009, 97(5): 878-893.

[26] 许晓荣, 郑宝玉, 崔景伍. 基于极大似然比频谱检测的认知无线电子载波分配算法[J]. 中国科学技术大学学报, 2009, 39(10): 1027-1033.

[27] Luo T, Xiang W D, Jiang T, et al. Maximum likelihood ratio spectrum detection model for multi-carrier modulation based cognitive radio systems[C]. Proceedings of IEEE 66th Vehicular Technology Conference, Baltimore, 2007: 1698-1701.

[28] Oppenheim A V, Schafer R W, Buck J R. Discrete Time Signal Processing[M]. 2nd ed. Beijing: Tsinghua University Press, 2005.

[29] Proakis J G. Digital Communications[M]. 4th ed. Beijing: Publishing House of Electronics Industry, 2004.

[30] Digham F F, Alouini M S, Simon M K. On the energy detection of unknown signals over fading channels[J]. IEEE Transactions on Communications, 2007, 55(1): 21-24.

[31] Farhang-Boroujeny B, Kempter R. Multi-carrier communication techniques for spectrum sensing and communication in cognitive radios[J]. IEEE Communications Magazine, 2008, 46(4): 80-85.

[32] Rabiner L R. A tutorial on hidden Markov models and selected applications in speech recognition[J]. Proceedings of the IEEE, 1989, 77(2): 257-286.

[33] Quan Z, Cui S G, Sayed A H. Optimal linear cooperation for spectrum sensing in cognitive radio networks[J]. IEEE Journal of Selected Topics in Signal Processing, 2008, 2(1): 28-40.

[34] Kattepur A K, Hoang A T, Liang Y, et al. Data and decision fusion for distributed spectrum sensing in cognitive radio networks[C]. Proceedings of IEEE 6th International Conference on Information Communications & Signal Processing, Singapore, 2007: 1-5.

[35] Peng Q H, Zeng K, Wang J, et al. A distributed spectrum sensing scheme based on credibility and evidence theory in cognitive radio context[C]. Proceedings of 17th Annual IEEE International Symposium on Personal, Indoor and Mobile Radio Communications, Helsinki, 2006: 1-5.

[36] Dai W, Milenkovic O. Subspace pursuit for compressive sensing signal reconstruction[J]. IEEE Transactions on Information Theory, 2009, 55(5): 2230-2249.

[37] Tropp J A, Gilbert A C. Signal recovery from random measurements via orthogonal matching pursuit[J]. IEEE Transactions on Information Theory, 2007, 53(12): 4655-4666.

[38] 焦李成, 杨淑媛, 刘芳, 等. 压缩感知回顾与展望[J]. 电子学报, 2011, 39(7): 1651-1662.

[39] 石光明, 刘丹华, 高大化, 等. 压缩感知理论及其研究进展[J]. 电子学报, 2009, 37(5): 1070-1081.

[40] 杨海蓉, 张成, 丁大为, 等. 压缩传感理论与重构算法[J]. 电子学报, 2011, 39(1): 142-148.

[41] Lu Y, Guo W, Wang X, et al. Distributed streaming compressive spectrum sensing for wide-band cognitive radio networks[C]. Proceedings of IEEE 73rd Vehicular Technology Conference, Budapest, 2011: 1-5.

[42] Wang Y, Pandharipande A, Polo Y L, et al. Distributed compressive wide-band spectrum sensing[C]. Proceedings of Information Theory and Application Workshop, San Diego, 2009:

178-183.

[43] Davenport M A, Wakin M B, Baraniuk R G. Detection and estimation with compressive measurements[R]. Texas: Rice University, 2007.

[44] Hong S. Direct spectrum sensing from compressed measurements[C]. Proceedings of Military Communications Conference, San Jose, 2010: 1187-1192.

[45] Zhang J, Chi J, Xu X. Blind cooperative compressive spectrum sensing for cognitive radio networks[C]. Proceedings of the China-Ireland International Conference on Information and Communication Technologies, Dublin, 2012: 1-5.

[46] Chi J, Zhang J, Xu X. A sparsity and compression ratio joint adjustment method for collaborative spectrum sensing[J]. Journal of Electronics (China), 2012, 29(6): 604-610.

[47] Quan Z, Cui S, Poor H V, et al. Collaborative wideband sensing for cognitive radios[J]. IEEE Signal Processing Magazine, 2008, 25(6): 60-73.

[48] Zhang J, Jin L, Xu X. An improved multi-user collaborative compressive spectrum sensing algorithm based on blind sparsity level matching[C]. Proceedings of IEEE 15th International Conference on Communication Technology, Singapore, 2013: 145-152.

[49] Thong T D, Gan L, Nguyen N, et al. Sparsity adaptive matching pursuit algorithm for practical compressed sensing[C]. Proceedings of 42nd Asilomar Conference on Signals, Systems and Computers, Pacific Grove, 2008: 581-587.

[50] 金露. 认知无线网络中基于压缩感知的宽带频谱感知及其资源分配技术研究[D]. 杭州：杭州电子科技大学, 2014.

[51] Candès E. The restricted isometry property and its implications for compressed sensing[J]. Acadèmie des Sciences, 2006, 346(I): 589-592.

[52] 陈晓燕. 认知 OFDM 频谱感知与子载波功率分配技术研究[D]. 杭州：杭州电子科技大学, 2015.

[53] 章坚武, 陈晓燕, 许晓荣. 一种改进的基于DCS的分布式多用户协作频谱感知方法[J]. 电信科学, 2013, 29(11): 45-51.

[54] Needell D, Tropp J A. CoSaMP: Iterative signal recovery from incomplete and inaccurate samples[J]. Applied and Computational Harmonic Analysis, 2009, 26(3): 301-321.

[55] Wu H L, Wang S. Adaptive sparsity matching pursuit algorithm for sparse reconstruction[J]. IEEE Signal Processing Letters, 2012, 19(8): 471-474.

[56] 杨成,冯巍,冯辉, 等. 一种压缩采样中的稀疏度自适应子空间追踪算法[J]. 电子学报,2010, 38(8): 1914-1917.

[57] Yang A Y, Gastpar M, Bajcsy R, et al. Distributed sensor perception via sparse representation[J]. Proceedings of the IEEE, 2010, 98(6): 1077-1088.

[58] Ji S, Xue Y, Carin L. Bayesian compressive sensing[J]. IEEE Transactions on Signal Processing, 2008, 56(6): 2346-2356.

[59] Babacan S D, Molina R, Katsaggelos A K. Bayesian compressive sensing using Laplace priors[J]. IEEE Transactions on Image Processing, 2010, 19(1): 53-63.

[60] Candès E, Tao T. Near optimal signal recovery from random projections: Universal encoding strategies[J]. IEEE Transactions on Information Theory, 2006, 52(12): 5406-5425.

[61] 汪振兴, 杨涛, 胡波. 基于互信息的分布式贝叶斯压缩感知[J]. 中国科学技术大学学报, 2009, 39(10): 1045-1051.

[62] Masiero R, Ouer G, Rossi M, et al. A Bayesian analysis of compressive sensing data recovery in wireless sensor networks[C]. Proceedings of International Conference on Ultra Modern Telecommunications and Workshops, Staint Petersburg, 2009: 1-6.

[63] He L, Carin L. Exploiting structure in wavelet-based Bayesian compressive sensing[J]. IEEE Transactions on Signal Processing, 2009, 57(9): 3488-3497.

[64] 胡海峰, 杨震. 无线传感器网络中基于空间相关性的分布式压缩感知[J]. 南京邮电大学学报, 2009, 29(6): 12-16.

[65] 许晓荣, 黄爱苹, 章坚武. 基于贝叶斯压缩感知的认知 WSN 数据融合策略[J]. 通信学报, 2011, 32(9A): 220-225.

[66] 许晓荣, 包建荣, 姜斌, 等. 认知无线网络中基于自适应测量的贝叶斯压缩宽带频谱检测方法: 中国, ZL201210331987.6[P]. 2015.

[67] Xu X, Zhang J, Zheng B, et al. A sparse reconstruction algorithm with hierarchical Bayesian analysis for wideband spectrum detection[C]. Proceedings of International Conference on Wireless Communications and Signal Processing, Nanjing, 2011: 1-5.

[68] 许晓荣, 王赞, 姚英彪, 等. 基于多任务贝叶斯压缩感知的宽带频谱检测[J]. 华中科技大学学报(自然科学版), 2015, 43(5): 33-38, 43.

[69] Ji S, Dunson D, Carin L. Multitask compressive sensing[J]. IEEE Transactions on Signal Processing, 2009, 57(1): 92-106.

[70] Liu Y, Brunel L, Boutros J J. EM-based channel estimation for coded multi-carrier transmissions[J]. IEEE Transactions on Wireless Communications, 2011, 10(10): 3185-3195.

[71] Tipping M E. Sparse Bayesian learning and the relevance vector machine[J]. Journal of Machine Learning Research, 2001, 1(1): 211-244.

[72] 章坚武, 颜欢, 包建荣. 改进的基于拉普拉斯先验的先验贝叶斯压缩感知算法[J]. 电路与系统学报, 2012, 17(1): 34-40.

[73] Peyre G. Best basis compressed sensing[J]. IEEE Transactions on Signal Processing, 2010, 58(5): 2613-2622.

[74] Ling X, Wu B, Wen H, et al. Adaptive threshold control for energy detection based spectrum sensing in cognitive radios[J]. IEEE Wireless Communications Letters, 2012, 1(5): 448-451.

[75] Saad W K, Ismail M, Nordin R, et al. On the performance of cooperative spectrum sensing of cognitive radio networks in AWGN and Rayleigh fading environments[J]. KSII Transactions on Internet and Information Systems, 2013, 7(8): 1754-1769.

第 4 章　认知无线网络频谱分配技术

4.1　认知无线电频谱分配模型

4.1.1　干扰温度模型

在第 1 章已经提到，认知无线电频谱分配是根据接入到频段内的认知用户数和认知用户的接入需求将频谱分配给某一个或者多个认知用户[1,2]。认知无线网络的自适应动态频谱分配不仅可以提高系统的灵活性、降低信道的能耗，还可以使主用户与认知用户之间合理、公平地共享频谱资源，避免产生资源争抢冲突。

认知无线电频谱分配模型包括干扰温度模型、基于图着色理论的频谱分配模型、博弈论模型、拍卖竞价模型和网间频谱共享模型等。

2003 年，FCC 引入了干扰温度的概念来量化和管理干扰，其基本思想是管理接收功率而不是发射功率。采用干扰温度模型，工作在授权频段的认知无线电设备可以测量当前的干扰环境，相应调整发射机的属性(如发射功率、频谱等)，从而避免对主用户的干扰超过干扰温度限[3,4]。干扰温度的概念与噪声温度的概念等价，它是干扰的功率及其相应带宽的一个量度[4-6]。干扰温度 T_{I} 的单位为 K，定义为

$$T_{\mathrm{I}}(f_{\mathrm{c}},B)=\frac{P_{\mathrm{I}}(f_{\mathrm{c}},B)}{k_{\mathrm{B}}B} \tag{4.1}$$

式中，$P_{\mathrm{I}}(f_{\mathrm{c}},B)$ 表示中心频率为 f_{c}、带宽为 B (单位为 Hz)频带内的平均干扰功率；k_{B} 为玻尔兹曼常量。对于某固定区域，FCC 确定干扰温度限 T_{L}，作为给定区域、给定频段上的授权无线电可容忍干扰的上限。任何使用该频段的认知无线电用户必须保证其信号的发射不会使得该频段的干扰温度超过 T_{L}。

设置干扰温度限的目的是对获得的干扰温度估计值进行判定，当认知无线电对主用户的干扰低于温度限时，该频段空穴被认为是空白，即可以被认知用户利用。因此，设置干扰温度限时需要考虑主用户的业务要求特性，认知用户使用该频段时不能对主用户的业务造成影响。针对通信业务而言，为了获得良好的通信质量，一般要求保证通信频段内的信噪比。在认知无线电中，对主用户的噪声首先源于认知用户形成的干扰，也就是进行谱估计时的干扰温度估计值。因此，可以根据主用户的信噪比要求设置干扰温度限[4-6]。

干扰温度限的计算过程为：从主用户处获得最低信噪比 SNR_{min}、发射功率 P_T、发射频率 f 和传输距离 d，通过估计无线信道的传输增益 $h(f,d)$，得到主用户接收端的接收功率 P_R，即

$$P_R = P_T h(f,d)^2 \tag{4.2}$$

进而求得主用户所要求的最大背景噪声功率 N_{max} 为

$$N_{max} = P_R / SNR_{min} = P_T h(f,d)^2 / SNR_{min} \tag{4.3}$$

可获得针对该带宽的基本干扰温度限 T_L 为

$$T_L = N_{max} / (k_B B) \tag{4.4}$$

由于认知正交频分复用(cognitive OFDM, C-OFDM)系统采用多载波调制技术，需要利用多个传感器或多个接收天线接收信号，干扰温度是对多个接收信号分别进行估计得到的，可以对其进行加权求和得到总干扰温度估计值，因此干扰温度限 $T_{L,COFDM}$ 通常可以设定为基本干扰温度限 T_L 的若干倍，即

$$T_{L,COFDM} = NT_L = NP_T h(f,d)^2 / (SNR_{min} k_B B) \tag{4.5}$$

式中，N 为 C-OFDM 系统的子载波个数。

在实际环境中，信号与干扰的区分、中心频率 f_c 和带宽 B 等均存在不确定性，这里主要研究以下两种干扰模型。

1. 理想干扰模型

理想干扰模型是指系统能够区分噪声和信号，干扰温度包括背景干扰、认知用户信号传输对主用户的干扰，在此框架下的干扰温度考虑的是主用户带宽[7]。

定义理想干扰模型在于限制认知用户对主用户的干扰。假设认知用户的平均功率为 P，中心频率为 f_c，带宽为 B，在频段 $[f_c - B/2, f_c + B/2]$ 上有 n 个中心频率为 f_i、带宽为 B_i 的主用户信号。理想干扰模型的目的是保证

$$T_I(f_i, B_i) + \frac{h_i^2 P}{k_B B_i} \leqslant T_L(f_i), \quad i = 1, 2, \cdots, n \tag{4.6}$$

式中，h_i 为认知用户与主用户之间的信道增益；$T_I(f_i, B_i)$ 为第 i 个用户的噪声干扰温度；$T_L(f_i)$ 为第 i 个用户的干扰温度限。

在理想干扰模型中，主要有两方面的问题需要解决：①确定主用户信号；②在主用户信号存在情况下如何衡量 T_I。如果已知信号的带宽 B 及其中心频率 f_c，则 T_I 可近似表示为

$$T_I(f_c, B) \approx \frac{N(f_c - B/2 - \tau) + N(f_c + B/2 + \tau)}{2k_B B} \tag{4.7}$$

式中，τ 为安全冗余频谱。

若已知带宽 B，则计算平均功率 $\overline{P}$：

$$\overline{P} \leqslant \frac{B_i k_{\mathrm{B}}}{h_i^2}(T_{\mathrm{L}}(f_i) - T_1(f_i, B_i)), \quad i = 1, 2 \cdots, n \tag{4.8}$$

在理想模型中，最大可用带宽是由频段内多个不同主用户信号所决定的。在中心频率为 f_{c}、带宽为 $B_{\max}$ 的频段上，假设有 n^* 个主用户信号存在，对于每个主用户信号频段都可以计算出相应的最大发射功率 P_i。为了不干扰主用户，认知用户功率 P 必须小于 P_i 中的最小值，即

$$P \leqslant \min_{i=1,2,\cdots,n^*} \frac{B_i k_{\mathrm{B}}}{h_i^2}(T_{\mathrm{L}}(f_i) - T_1(f_i, B_i)) \tag{4.9}$$

此时，无论带宽 B 取多少，都不会对主用户信号造成干扰。因此，在此情况下的认知带宽限制为

$$B \leqslant B_{\max} \tag{4.10}$$

严密起见，可以选择距离中心频率 f_{c} 最近的造成干扰的用户序号 i^*，可得

$$B \leqslant 2(| f_{\mathrm{c}} - f_{i^*} | - B_{i^*} / 2) \tag{4.11}$$

2. 通用模型

该模型不包括授权信号的先验信息，干扰温度包括背景干扰、其他主用户信号和认知用户信号传输对主用户的干扰，在此框架下的干扰温度限考虑的是认知无线电用户带宽[7]。基于此的干扰温度分布在整个频段内而不仅仅是主用户带宽内，因此可得

$$T_1(f_{\mathrm{c}}, B) + \frac{h^2 P}{k_{\mathrm{B}} B} \leqslant T_{\mathrm{L}}(f_{\mathrm{c}}) \tag{4.12}$$

式中，h 是信道中的平均信道增益。

由此可以得到认知用户功率上限为

$$P^{\mathrm{L}} \leqslant \frac{B k_{\mathrm{B}}}{h^2}(T_{\mathrm{L}}(f_{\mathrm{c}}) - T_1(f_{\mathrm{c}})) \tag{4.13}$$

根据文献[4]、文献[6]和文献[8]，噪声底限用于衡量 PU 被 SU 干扰的程度。当 PU 接收机收到来自多个 SU 的干扰时，噪声底限升高，引起 PU 信号覆盖范围减小。FCC 频谱管理工作组推荐采用干扰温度度量 PU 受 SU 干扰的程度，即频谱感知中基于干扰温度的 PUR 检测[4]。此外，Haykin 首先提出认知循环模型，并提出了“干扰温度”概念及其度量指标[6]。干扰温度从单纯 PUR 对干扰的测量转向 SUT 与 PUR 之间的自适应实时交互测量。不同载波用户间的信道频谱泄露，会引起背景噪声的升高，等同于干扰温度的升高。干扰温度限制了频谱中的功率分配和信道容量上限。认知无线网络根据检测到的 PU 频谱使用情况和相应频谱上的干扰温度，在多用户

中动态地分配资源，以充分利用频谱。SU 利用的不同子信道必须正交或具有子载波间的干扰阈值，以降低干扰温度。若不考虑信道间和用户间的干扰，干扰温度功率表示为

$$\sigma_n^2 = k_{\mathrm{B}} T \Delta f_i \tag{4.14}$$

式中，k_{B} 为玻尔兹曼常量；$\Delta f_i = f_{i+} - f_{i-}$ 为信道带宽，f_{i+}、f_{i-} 分别为频带上下限；T 为干扰温度。

若考虑用户间干扰与频谱泄露，干扰温度功率可表示为

$$\sigma_{\mathrm{inter}}^2 = \sum_{j=1}^{N} \int_{f_{i-}}^{f_{i+}} P_j \,|\, H_i(f) G_j(f) |^2 \,\mathrm{d}f \tag{4.15}$$

式中，P_j 为第 j 个 SU 的功率；$G_j(f)$ 为第 j 个 SU 与 PU 间的信道频率响应；$H_i(f)$ 为 PUR 的频率响应；N 为 SU 的数量。

对于 PU 接收机，总干扰功率为

$$\sigma_{\mathrm{total}}^2 = \sigma_n^2 + \sigma_{\mathrm{inter}}^2 \tag{4.16}$$

因此，等效干扰温度为 $T_{\mathrm{total}} = \dfrac{\sigma_{\mathrm{total}}^2}{k_{\mathrm{B}} \Delta f_i}$ [9]。干扰温度限提供了特定频段和特定地理位置射频环境的最恶劣情形描述。在特定频段下，SU 可在干扰温度范围内使用该频段，干扰温度功率限 $\sigma_{\mathrm{total}}^2$ 为该频段干扰功率上限，采用干扰温度模型可控制 SU 对 PU 的干扰。干扰温度模型[4,6,8]如图 4.1 所示。由式(4.15)可知，要使 $\sigma_{\mathrm{total}}^2$ 最小，由于 σ_n^2 为系统固有的干扰功率，故要求 $|H_i(f) G_j(f)|$ $(i \neq j)$ 最小化，从而降低 T_{total}。采用滤波器组设计 SU 前端频谱估计器，可在低复杂度和不增加额外带宽的前提下使 $|H_i(f) G_j(f)|$ $(i \neq j)$ 达到最小[9]。

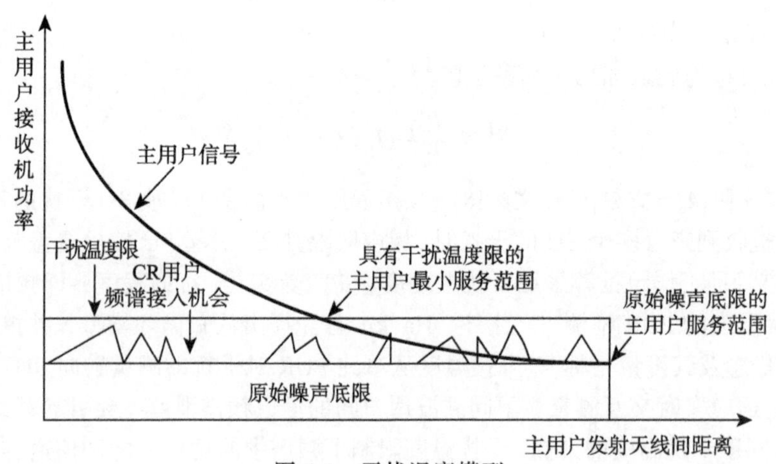

图 4.1　干扰温度模型

4.1.2　基于图着色理论的频谱分配模型

频谱分配可以映射成对无向图 G 进行顶点着色。认知无线电中的图论着色模型考虑了对主用户的干扰和具有空时差异性的可用频谱。图着色理论的频谱分配数学模型建立在相应的干扰和约束条件之上[10,11]，进行频谱分配时，将认知用户组成的网络拓扑抽象成图的概念。图内每个顶点代表一个用户，每一条边代表一对顶点间存在的冲突或干扰。若图中的任意两个顶点仅有一条边连接，则表示这两个节点不能同时使用同一频段。另外，将每个顶点与一个集合关联起来，该集合代表在所在区域位置内该顶点可以使用的频谱资源。每个顶点的地理位置不同，因此不同顶点所关联的资源集合是不同的。蜂窝系统小区间的频谱规划一般就采用基于图着色理论的频谱分配模型。

图论中的“图”，与人们通常指的图，如圆、函数图形等是不同的，它是指某类具体事物及这些事物间的相互联系，也就是由一个表示具体事物的点集合和表示这些事物间联系的线段集合所构成。这些点称为图的顶点，线段称为边，一条边连接的两个点称为这条边的端点[12]。图的本质内容是顶点与边之间的相互关系，用数学语言可以将图 G 表述为一个偶对($\boldsymbol{V}$, $\boldsymbol{E}$)，记作 $G=(\boldsymbol{V},\boldsymbol{E})$，其中 $\boldsymbol{V}$ 是一个 $1\times n$ 的向量，它的元素称为顶点，$\boldsymbol{E}$ 是无序乘积 $n\times n$ 的一个矩阵，其元素称为边[12]。

图的着色问题是图论的一个重要内容，也是比较活跃的研究方向之一。若用 n 种颜色为图 G 的顶点进行上色，且任一条边的两个端点不着同一种颜色，则该过程可看作 G 的一个 n 着色问题。若图 G 按以上方法需要上 n 种颜色，则称 G 为 n 色的，n 为 G 的色数(chromatic number)[12]。

基于图着色理论的频谱分配采用“0/1”频谱分配模型，具有 n 个子信道的频谱分配问题可以看作图 G 的 n 着色问题。在传统无线通信系统中，图着色模型也曾用于进行蜂窝系统小区间的频率划分，应用到认知无线网络中，则需要考虑无线环境的时变性和信道质量的不稳定性，以及对主用户的干扰避免问题。因此，认知无线电的图着色频谱分配以对认知节点的条件约束为理论前提[11,12]。

在基于图着色理论的认知无线电频谱分配机制中，由认知节点组成的网络可建模为一个无向图 G，网络中的每个认知节点用图 G 中的顶点表示，任意两个认知节点之间的干扰关系用连接两个顶点的边表示。若两个认知节点之间不能同时使用某一子信道进行传输，则进行该信道的分配时，这两个顶点之间就存在一条边。每个认知节点有一个可用频谱资源集合，该集合随节点地理位置的不同而改变。顶点与一个集合相关联，该集合代表此顶点所在区域可以使用的频谱资源。图 4.2 给出了基于图着色理论的认知无线网络模型[12,13]。

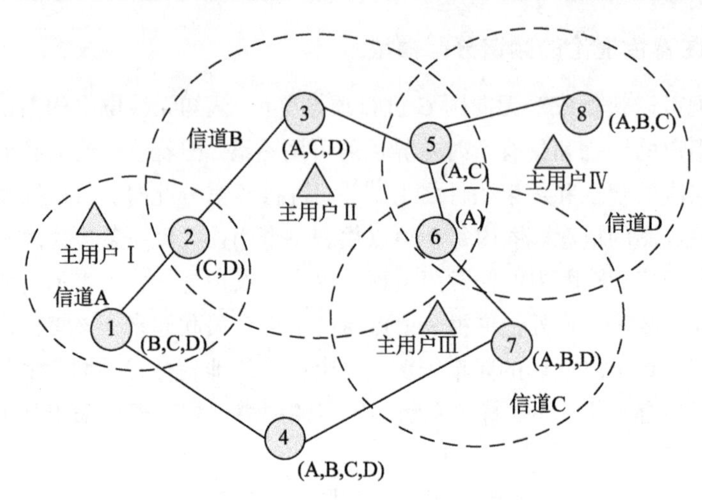

图 4.2　认知无线网络的图论模型

图 4.2 中，有 A、B、C、D 四个可用子信道供认知节点选择，8 个节点分布成图中的拓扑结构。在认知网络范围内共存在 4 个主用户，分别用Ⅰ、Ⅱ、Ⅲ、Ⅳ表示，它们使用的信道分别为信道 A~信道 D，虚线表示该主用户的传输范围。主用户使用不同的子信道工作，信号覆盖范围由其传输功率决定，为避免干扰，在对应的主用户使用它的授权频段进行传输时，处于其虚线圈内的认知节点就不能使用同一信道进行通信，从图中可以看出，处于各个主用户信号覆盖范围内的认知节点，其可用频率中都没有包含相应的授权信道。由于认知节点 4 未处于任意一个主用户的覆盖范围内，它可以使用所有授权频段进行传输，而不会对主用户产生干扰[13]。

假设图 4.2 中的 8 个认知节点可用 $V_i(i=1,2,\cdots,8)$ 表示，认知节点的可用频率集合 $\boldsymbol{B}$ 是一个 8×4 的矩阵，$B_{i,j}=1$ 表示子信道 j 当前对认知节点 V_i 是可用的，则图论表达式 $G=(\boldsymbol{V},\boldsymbol{E})$ 以及矩阵 $\boldsymbol{B}$ 可通过如下向量和矩阵来描述：

$$\boldsymbol{V}=\left[V_1,V_2,\cdots,V_8\right] \tag{4.17}$$

$$\boldsymbol{E}=\begin{bmatrix}0&1&0&1&0&0&0&0\\1&0&1&0&0&0&0&0\\0&1&0&0&1&0&0&0\\1&0&0&0&0&0&1&0\\0&0&1&0&0&1&0&1\\0&0&0&0&1&0&1&0\\0&0&0&1&0&1&0&0\\0&0&0&0&1&0&0&0\end{bmatrix},\quad \boldsymbol{B}=\begin{bmatrix}0&1&1&1\\0&0&1&1\\1&0&1&1\\1&1&1&1\\1&0&1&0\\1&0&0&0\\1&1&0&1\\1&1&1&0\end{bmatrix} \tag{4.18}$$

实际上，各个节点的可用频率集合呈现无规律的时变性，主要取决于主用户的传输情况和认知节点的位置变化。认知系统在各个子信道分配之前都会对网络拓扑改变情况进行检测，认知节点根据系统检测报告对网络的拓扑信息进行实时更新[13]。

图 G 的 n 着色问题的最优解是 NP 难问题，其复杂的求解过程给分配算法的设计带来困难。因此，认知无线网络的信道分配优化算法一般采用简化模型来求解。假设获得每个信道带来的效用都采用归一化的计算方式，首先计算各节点存在的干扰边条数，并选择其中干扰最少的顶点 i^*，满足如下要求：

$$i^* = \arg \min_{i=0,1,\cdots,N-1} \sum_{j=0}^{N-1} e_{ij} \tag{4.19}$$

节点 i^* 竞争到当前分配的信道，即为该顶点涂上当前信道代表的颜色，更新图 $G=(\boldsymbol{V},\boldsymbol{E})$ 及可用信道矩阵 $\boldsymbol{B}$，从 $\boldsymbol{V}(G)$ 中删除顶点 N_{i^*}，从 $\boldsymbol{E}(G)$ 中删除 N_{i^*} 对应的干扰边，可用信道矩阵 $\boldsymbol{B}$ 中与 N_{i^*} 存在干扰的顶点对应的当前子信道将不再可用。之后根据新的图 G 继续下一轮分配，直到 $\boldsymbol{E}$ 为全零矩阵，或 $\boldsymbol{B}$ 为全零矩阵。上述基于图着色理论的信道分配流程[10]如图 4.3 所示。

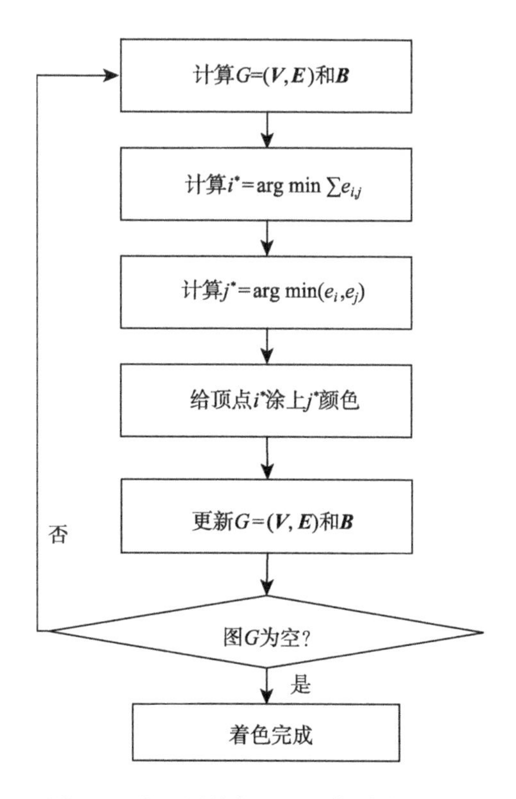

图 4.3　基于图着色理论的信道分配流程

4.1.3 博弈论模型

博弈论衍生于象棋、围棋、扑克等传统的游戏，将游戏中的具体问题抽象化，建立起完备的逻辑框架和体系，即博弈论的基础。它指一些个人、团队或组织在一定的条件约束下，依靠所掌握的信息，同时或先后，一次或多次从各自可能的行为或策略集合中进行选择并决策，各自取得相应结果或收益的过程[5,10,13,14]。在认知无线网络中，博弈论模型主要用于分析和解决分布式网络架构下的频谱竞争问题。文献[14]代表性地给出了基于博弈论的认知无线网络频谱分配模型，并在此基础上讨论了认知无线电的传输功率控制、呼叫准入控制和用户干扰避免机制。

博弈论是研究决策主体的行为发生直接相互作用时的决策以及这种决策的均衡问题的理论[11,13,14]，是一种使用严谨的数学模型来解决现实中冲突利害的理论。将博弈论模型引入认知无线网络中，可以分析并解决用户之间竞争频谱的分布式行为问题。文献[15]中给出了适用于认知无线网络中的博弈论模型，以此分析了认知无线网络的功率控制、呼叫准入控制和干扰避免。

4.1.4 拍卖竞价模型

拍卖竞价模型是利用微观经济学中的定价拍卖原理而制定的[5,14,16]。在拍卖竞价模型中，网络一般采用集中式结构，中心接入点或基站在一次拍卖活动中充当拍卖人，而 CR 用户是投标人。在拍卖活动中，各投标人为满足自身需要而给频谱资源投标，拍卖人根据不同的效用需求确定自身的目标函数，即确定投标人的胜出规则，例如，将最大化系统吞吐量作为目标函数，胜出者就是吞吐量投标值最大的用户，同时利用效用公平和时间公平等原则保证投标者在拍卖过程中的公平性。这一频谱分配机制在近年来得到广泛的研究，且已经被证明是认知无线网络频谱分配问题的有效解决方法之一。

4.1.5 网间频谱共享模型

认知无线电技术可应用到不同的无线网络中，使其具备伺机接入空闲授权频段的功能，不同的动态频谱接入系统可在频域、时域、空域等多个维度上实现共存。因此，不同认知网络之间的频谱共享机制需通过特定的网间频谱共享模型来分析。目前关于网间频谱共享机制的研究主要针对工业科学医学(ISM)频段上无线局域网与蓝牙系统之间的共存问题，而对动态频谱分配网络迄今为止尚没有很成熟的研究成果，这里简单介绍网间频谱共享模型的最新研究进展[14,17]。

文献[17]针对集中式架构的网间频谱共享模型，提出了共用频谱合作信道(CSCC)协议。为实现 IEEE 802.1b 和 IEEE 802.16a 的网间频谱共享，需对原有的节点配置进行修改，增加动态频谱接入功能。节点间的协作信息通过控制信道进行广播，用于节点传输信道的选择，而功率控制功能用于避免网间干扰的产生。与传统的静态频谱共享机制相比，CSCC 协议可使系统吞吐量增加 35%~160%。

4.2　CR 多跳网络频谱分配

4.2.1　保障 QoS 的多跳网络动态频谱分配

动态频谱接入(DSA)技术是对频谱管理方面存在的问题而提出的一种提高频谱资源利用率的新技术[18,19]。它可以在时域和空域上提高频谱复用度，使不同架构的网络在同一频段中实现共存，动态使用已授权的频谱资源。目前，DSA 技术在无线多跳网络中已经得到了应用[10,18,19]。无线多跳网络是一种自组织的无线网络，节点兼具主机和路由器的功能，通过一定的路由协议实现数据的中继传输。将 DSA 技术与无线多跳网络相结合，处于主用户传输范围内的节点可以在自身与接收端之间建立一条新的中继路由，通过多跳中继方式实现数据传输。然而，DSA 机制使节点的工作参数不断变化，需要自适应 MAC 协议支持频谱共享系统的实现。另外，认知用户服务质量(QoS)需求的变化也需要多跳 DSA 网络对信道分配方案进行优化。

认知无线电通过认知用户动态利用主用户的频谱空穴进行数据传输，以有效提高频谱利用率。目前，已经提出许多针对多跳 DSA 网络的资源分配和路由选择算法。Takeo 等提出了 Ad hoc 认知无线电的概念，使用空时分组编码和自动请求重传方法来提高传输可靠性，并进一步提出了自适应路由选择算法，节点在中继处可以自适应避免对主用户的干扰[20]。Pal 在信道分配时考虑了不同应用要求下的可达数据速率，并将其作为衡量 QoS 的标准[21]。本节介绍一种适用于多跳 DSA 网络的信道分配算法，根据收发节点的距离以及它们与主用户的距离确定可使用的传输功率区间，通过多跳路由将传输功率降低到主用户可以接受的程度，从而顺利实现认知用户的数据传输。同时，考虑不同传输需求的 QoS 参数，通过一定的分配策略保障认知无线网络的传输质量。

在信道参数频繁变化的无线环境中，如果将占用时间较少、信干比低的信道分配给数据量大、信干比要求高的认知用户，或者超过认知用户可容忍的等待时间后进行数据传输，则难以确保网络的 QoS。因此，有必要设计一种合适的信道分配算法来保证网络 QoS 且不对主用户产生干扰 [10,13,14]。

考虑由 N 个具有动态频谱接入能力的认知用户(SU)组成的认知无线网络，同时存在 K 个使用授权频段的主用户(PU)，认知节点使用授权频段的频谱空穴进行数据传输，假设可使用的频段被分为 M 个相互正交的子信道。图 4.4 为多跳认知无线网络拓扑示意图，SU 之间存在着随机的传输需求，PU 有不同的辐射范围，当 SU 位于 PU 的传输范围内时，其数据传输将会对 PU 的传输产生干扰。

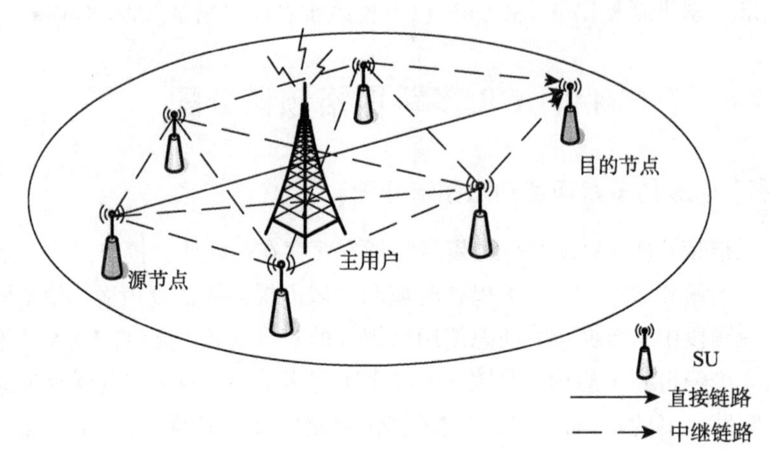

图 4.4　多跳认知无线网络拓扑示意图

假设 SU_i(源节点)需要对 SU_j(目的节点)传输数据，则它们使用信道 C 时 SU_j 的接收信干比 γ 可表示为

$$\gamma_j^{C} = \frac{G_{ij}^{C} P_j^{C}}{N_0 + \sum\limits_{k=1,k\neq j}^{N} G_{ik}^{C} P_k^{C}}, \quad i = 1,2,\cdots,N \tag{4.20}$$

式中，P_j^{C} 表示 SU_j 使用信道 C 时的传输功率；N_0 表示 SU 的高斯噪声功率谱密度；G_{ij}^{C} 表示 SU_i 和 SU_j 之间使用信道 C 传输时的信道增益，其他节点使用此信道进行的数据传输都视为干扰。

由于多跳无线网络大多采用全向天线接收发信号，根据无线传输特性，G_{ij}^{C} 可近似为

$$G_{ij}^{C} = [\lambda / (4\pi d_{ij})]^2 \tag{4.21}$$

式中，λ 表示无线电波的波长；d_{ij} 表示节点 i 与 j 的距离。

结合式(4.20)和式(4.21)可以看出，SU_i 对 SU_j 的接收信干比近似与两节点间距离的平方成反比，即相距越远，接收性能越差。任意的 γ_i^{C} 必须满足 $\gamma_i^{C} \geqslant \gamma_{\min}$，其中 $\gamma_{\min}$ 为 SU 成功收发信号所需的信干比门限。

为了限制 SU 对 PU 的干扰，将 SU 发射总功率控制如下：

$$\sum_{i=1}^{N} P_i^{C} G_p^{i} \leqslant P_{\text{safe}}, \quad p = 1,2,\cdots,K \tag{4.22}$$

式中，G_p^{i} 表示 SU_j 使用信道 C 传输时对 PU 的增益；P_{safe} 表示 PU 所能忍受 SU 干扰功率的最大值。同时，SU 传输功率 P_i^{C} 须满足

$$0 < P_i^{\mathrm{C}} < P_{\max} \tag{4.23}$$

式中，$P_{\max}$ 表示 SU 最大传输功率。

定义以上约束条件后，可以得出同时使用同一信道进行传输的节点集合 $I=\{i_1,i_2,\cdots,i_m\}$，它们的传输功率向量 $\boldsymbol{P}^{\mathrm{C}}=\left(P_{i_1}^{\mathrm{C}},P_{i_2}^{\mathrm{C}},\cdots,P_{i_m}^{\mathrm{C}}\right)^{\mathrm{T}}$，满足式(4.20)、式(4.22)和式(4.23)的限制。为了得到这个节点集合，定义一个 m 维列向量 $\boldsymbol{U}^{\mathrm{C}}=\left(\dfrac{\gamma_{\min}N_o}{G_{i_1i_1}^{\mathrm{C}}},\dfrac{\gamma_{\min}N_o}{G_{i_2i_2}^{\mathrm{C}}},\cdots,\dfrac{\gamma_{\min}N_o}{G_{i_mi_m}^{\mathrm{C}}}\right)^{\mathrm{T}}$，以及 m 维矩阵 $\boldsymbol{F}^{\mathrm{C}}$，其元素为

$$\boldsymbol{F}_{rs}^{\mathrm{C}}=\begin{cases}0, & r=s \\ \dfrac{\gamma_{\min}G_{i_ri_s}^{\mathrm{C}}}{G_{i_ri_s}^{\mathrm{C}}}, & r\neq s\end{cases},\quad r,s=1,2,\cdots,m \tag{4.24}$$

根据 Perron-Frobenious 理论[22]，当且仅当 $\boldsymbol{F}^{\mathrm{C}}$ 所有的特征值都不大于 1 时，可以得到元素为正的功率向量 $\boldsymbol{P}^{\mathrm{C}}$，因此最优化的功率向量满足

$$\boldsymbol{P}^{\mathrm{C}}=(\boldsymbol{I}-\boldsymbol{F}^{\mathrm{C}})^{-1}\boldsymbol{U}^{\mathrm{C}} \tag{4.25}$$

本节通过两个标准来衡量认知用户的 QoS。首先假设每个传输需求都有一个等待时间 delay_i，用 $\mathrm{delay}_{i\_\mathrm{asgn}}$ 表示从开始到 SU_i 分配到信道的时间间隔，如果 delay_i 在规定的时间内分配到合适的信道进行传输，即 $\mathrm{delay}_i<\mathrm{delay}_{i\_\mathrm{asgn}}$，则表明该传输需求能够得到满足[10]。

其次，在认知无线网络中，可用信道的占用时间往往是不固定的，PU 可能随时需要使用 SU 正在使用的信道。在这种情况下，SU 就需要进行频谱切换，但是频繁的频谱切换将导致很高的传输中断率，使得 SU 的 QoS 无法满足。设 $T_{\mathrm{req}}^{\mathrm{C}}$ 表示某个 SU 在信道 C 上完成数据传输所需要的时间，它是有待传输的数据量与传输信道的数据速率之间的比值。由于当前的研究技术对香农公式所表示的网络容量的逼近程度约为 70%，这里将信道 C 上的传输容量近似估计为 $0.7B^{\mathrm{C}}\log_2(1+\mathrm{SINR}^{\mathrm{C}})$，其中 B^{C} 表示信道带宽，$\mathrm{SINR}^{\mathrm{C}}$ 为节点在该信道上的接收信干比，它可以由式(4.20)计算得到。因此，在某一信道上的服务需求时间可表示为

$$T_{\mathrm{req}}^{\mathrm{C}}\approx\frac{Q}{0.7B^{\mathrm{C}}\log_2(1+\mathrm{SINR}^{\mathrm{C}})} \tag{4.26}$$

式中，Q 是待传输的数据量。假设分配到的信道占用时间为 $T_{\mathrm{hold}}^{\mathrm{C}}$，为保证较低的频谱切换率，必须使得 $T_{\mathrm{req}}^{\mathrm{C}}<T_{\mathrm{hold}}^{\mathrm{C}}$ 的概率尽可能大。

保障 QoS 的多跳认知无线网络动态频谱分配算法结合以上两个标准来实现信道(频谱)分配[10]。首先通过问题模型描述的方法找到最优功率向量 $\boldsymbol{P}^{\mathrm{C}}$，在它所包

含的节点中，考察每个传输需求的参数 delay_i 和 $T_{\mathrm{req}}^{\mathrm{C}}$，将信道分配给 $\mathrm{delay}_i\, T_{\mathrm{req}}^{\mathrm{C}}$ 值最小的用户，完成分配以后更新网络的传输需求列表以及节点之间的干扰关系，直到所有信道分配完毕，算法流程如图 4.5 所示。假设认知无线网络使用 OFDMA 调制方式，可用子信道的带宽和占用时间均相同，通过综合考虑用户的 QoS 要求，可以显著提高用户在等待时间内接受服务的概率，降低频谱切换发生的概率。

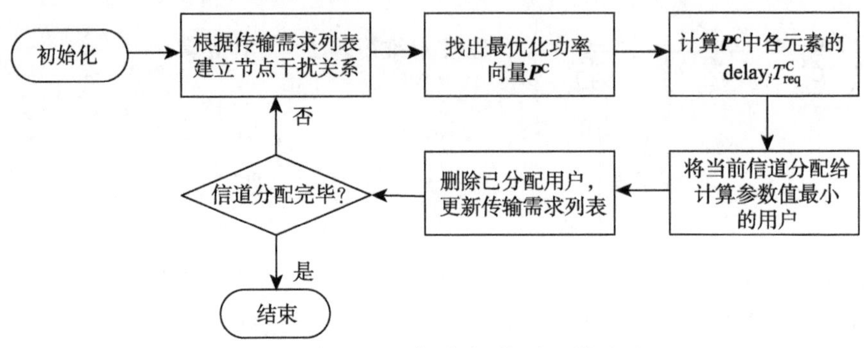

图 4.5　保障 QoS 的信道(频谱)分配算法流程

将本节所提算法在保障认知用户 QoS 的性能方面与已有两种算法及随机信道(频谱)分配算法进行比较。仿真参数设置如表 4.1 所示[10]。

表 4.1　仿真参数设置

参数名称	参数值
仿真区域大小	1000m×1000m
信道数 M	[4,12]
信道带宽 B^{C}	32kHz
信道占用时间 $T_{\mathrm{hold}}^{\mathrm{C}}$	400s
SU 信干比门限 $\gamma_{\min}$	15dB
SU 最大发射功率 $P_{\max}$	50 mW
噪声功率谱密度 N_0	−100dBm
主用户最大干扰功率 P_{safe}	90dBm

在随机信道分配算法中，系统随机选出有传输需求的 SU，并将任意的信道分配给它，直到所有信道分配完毕。设 $T_{\mathrm{req}}^{\mathrm{C}} < T_{\mathrm{hold}}^{\mathrm{C}}$ 和 $\mathrm{delay}_i < \mathrm{delay}_{i\_\mathrm{asgn}}$ 的概率分别为 Pr_1 和 Pr_2，将本节所提算法的 Pr_1 和 Pr_2 随子信道数 M 变化的情况进行仿真，仿真结果分别如图 4.6 和图 4.7 所示，图中 stable、dynamic、rand 分别表示文献[22]、文献[23]所提算法和随机分配算法。由图 4.6 和图 4.7 可以看出，本节所提算法的 Pr_1 和 Pr_2 均高于其他算法。在图 4.6 中，各种算法的 Pr_1 随 M 的增加变化都不明显，仅因为 M

的增加会导致信道分配时间的增加，使得 Pr_1 略有下降。因为 stable 算法一次可以分配若干个信道，故缩短了信道分配的时间，而 dynamic 算法和 rand 算法都是每次分配一个信道，因此 stable 算法的 Pr_1 和 Pr_2 比 dynamic 和 rand 两种算法有一定的提高。

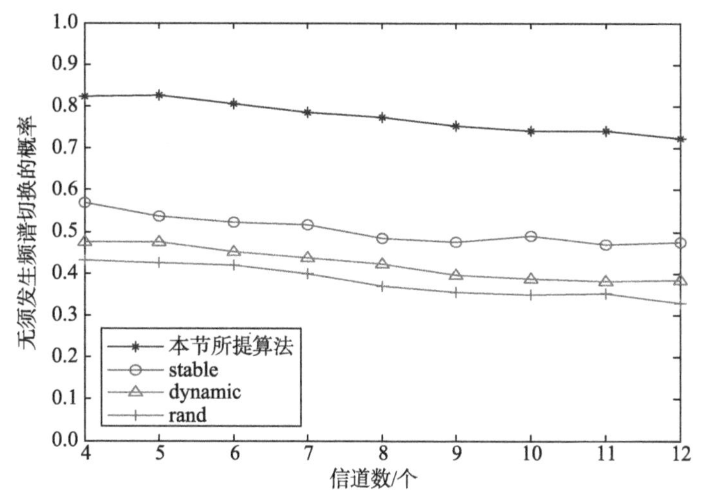

图 4.6　各算法不发生频谱切换的概率随信道数的变化

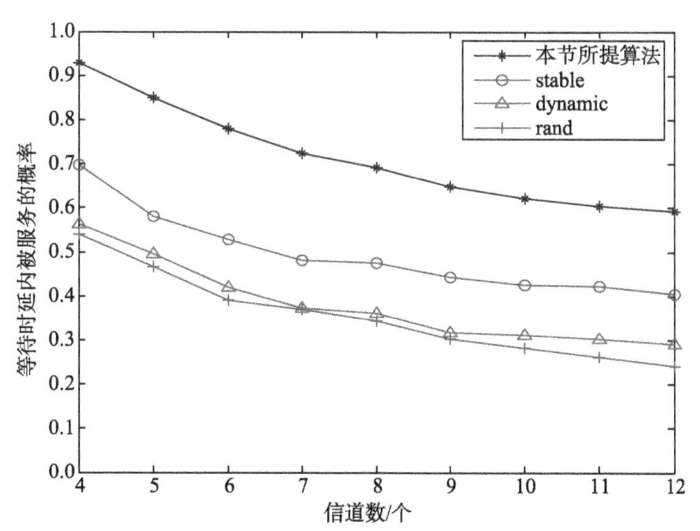

图 4.7　各算法等待时延内被服务的概率随信道数的变化

将子信道数固定为 8，各算法的 Pr_1 和 Pr_2 随主用户数增加的变化情况分别如图 4.8 和图 4.9 所示。主用户数据传输使得认知用户使用的信道质量下降，为了避免对主用户的干扰，认知用户必须降低传输功率以满足功率控制要求，这将直接影响服务所需时间。因此，各种算法无须发生频谱切换的概率都随主用户数增加而减少。当主用户数与认知用户数相同时，本节所提算法的 Pr_1 下降到 0.4 以下，其余三种算法的 Pr_1 则接近于零，由图 4.8 可知，本节所提算法在主用户数接近于认知用户数时，可以保证 Pr_1 在 0.5 以上，有利于在网络环境较差的情况下保证认知用户的 QoS。另外，Pr_2 的变化与信道(频谱)分配时间长度有关，而与其信道质量无关。因此，Pr_2 几乎不受主用户数的影响，各算法的 Pr_2 值都稳定在图 4.9 中主用户数为 8 的附近。

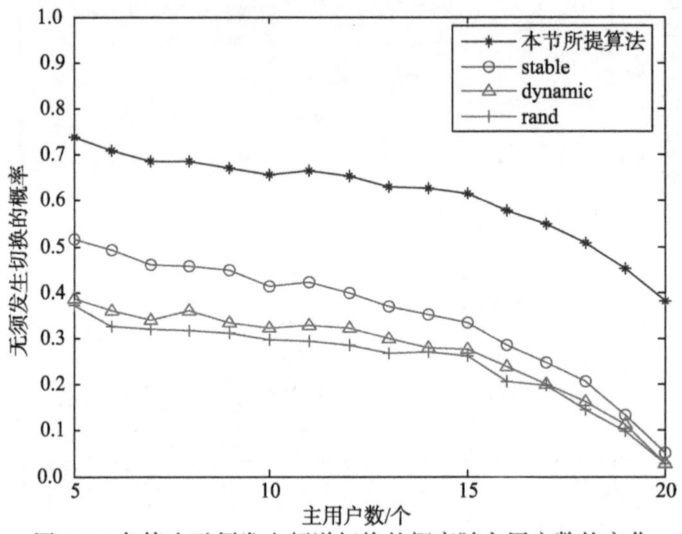

图 4.8　各算法无须发生频谱切换的概率随主用户数的变化

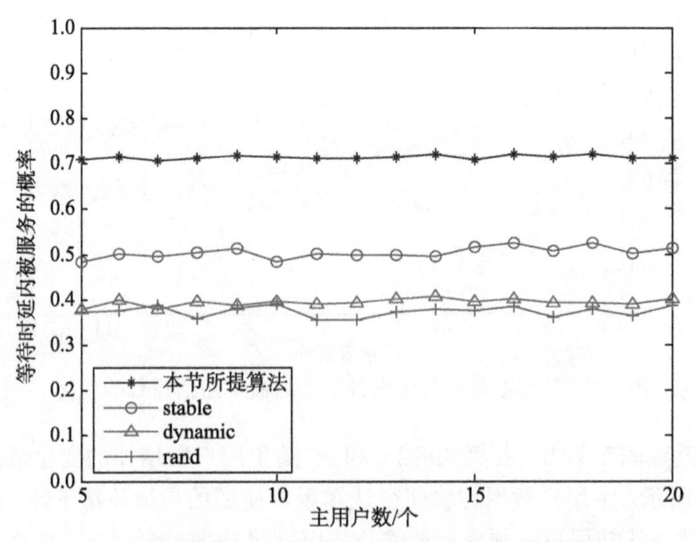

图 4.9　各算法等待时延内被服务的概率随主用户数的变化

4.2.2　基于图着色理论的频谱分配

根据 4.1.2 节，假设一个认知无线网络存在 N 个 CR 用户和 M 个互不干扰的正交子信道，定义如下矩阵来描述信道的分配过程。

(1)空闲矩阵 $\boldsymbol{L}=\{l_{n,m} \mid l_{n,m} \in (0,1)\}_{N\times M}$，表示认知用户 n 对信道 m 的可用状况。$l_{n,m}=1$ 表示信道 m 对于认知用户 n 可用。

(2)分配矩阵 $\boldsymbol{A}=\{a_{n,m} \mid a_{n,m} \in \{0,1\}\}_{N\times M}$，表示各个信道的分配情况。$a_{n,m}=1$ 表示将信道 m 分配给认知用户 n。分配矩阵必须满足一些限制条件，当前信道对欲分配的用户必须是可用的，信道不能同时分配给相互干扰的认知用户。

(3)干扰矩阵 $\boldsymbol{C}=\{c_{n,k,m} \mid c_{n,k,m} \in \{0,1\}\}_{N\times N\times M}$，表示认知用户之间的相互干扰。$c_{n,k,m}=1$ 表示认知用户 n 和 k 不能同时使用信道 m。

(4)效用矩阵 $\boldsymbol{B}=\{b_{n,m} \big| b_{n,m} \in (0,1)\}_{N\times M}$，表示认知用户获得某段频谱的效用。$b_{n,m}$ 表示认知用户 n 分配到信道 m 获得的效用，若信道 m 对信道 n 不可用，则 $b_{n,m}=0$。

由于每个顶点各自的地理位置不同，不同顶点相关联的资源集合也互不相同。因此，可以根据图着色理论对节点进行频谱分配。考虑两个 QoS 参数，分别为频谱资源占用时间 T_{h} 和业务传输时延 D_{t}，根据一定的规则将合适的频谱资源分配给认知节点，使系统效用函数达到最大化。

本节将节点使用某一信道的效用定义如下：

$$b_{n,m}=-T_{\mathrm{h}}D_{\mathrm{t}} \tag{4.27}$$

则簇内总效用函数定义为

$$U=\sum_{n=0}^{N-1}\sum_{m=0}^{M-1}a_{n,m}b_{n,m} \tag{4.28}$$

式(4.28)表示系统频谱利用率的总和。在 CR 节点获得频谱资源以后，将该节点从图 $G(\boldsymbol{V},\boldsymbol{E})$ 中删除，并删除与其相应的干扰，同时将分配给该节点的频谱标记为已占用，直至该节点告知簇头节点其信息已传输完毕，此时该节点资源被重新释放[10,12]。

4.2.3　基于博弈论的频谱分配

根据 4.1.3 节，博弈论算法及其效用函数分析如下。

1. 博弈论算法

博弈论模型主要针对分布式的网络架构，假设认知无线网络由 N 个位置固定的源节点和目的节点对组成，它们各自对无线信道进行感知并确定传输信道。有 K 个子信道可供选择，且满足 $K<N$，为保证谱效，系统采用非独占式的频谱共享方式，各认知节点可同时使用同一个子信道进行传输。各信道干扰可用信干比进行度量，

源节点 i 与目的节点 j 之间的信干比可表示为[24]

$$\mathrm{SIR}=\frac{p_i G_{ij}}{\sum_{k=1,k\neq i}^{N} P_k G_{kj} I(k,j)} \tag{4.29}$$

式中，p_i 表示节点 i 的发射功率；G_{ij} 表示源节点 i 与目的节点 j 之间的信道增益。

除源节点外的任意节点 k 对目的节点 j 产生的干扰可定义为

$$I(k,j)=\begin{cases}1, & \text{节点 } k \text{ 与 } j \text{ 使用相同的信道}\\ 0, & \text{其他}\end{cases} \tag{4.30}$$

在基于博弈论的频谱分配问题中，认知网络的节点可看作博弈玩家，它们基于个体利益和系统的整体利益对频谱进行选择，而频谱分配结果可看成整个博弈过程的结果[13,14,25,26]。

博弈过程的数学描述如下：

$$E\{N,\{S_i\}_{i=1,2,\cdots,N},\{U_i\}_{i=1,2,\cdots,N}\} \tag{4.31}$$

式中，N 表示博弈玩家的数目；S_i 表示任一博弈玩家 i 的策略集；U_i 是玩家 i 的效用函数集合，它与玩家 i 的策略集 S_i 及其对手(用 $-i$ 表示)的策略集 S_{-i} 有关。

2. 博弈论效用函数

在认知无线网络频谱分配中，可选的策略为频率(信道)分配策略，而效用函数的设计是算法研究的重点。根据实现目标的不同，效用函数的形式也各不相同，效用函数设计的原则包括基于最小化系统干扰水平、基于保证用户公平性、基于最大化系统频谱利用率等。

效用函数将每个用户对不同行为策略的偏好关系进行量化处理，从而得到定量的效用表示。假定博弈玩家都是理性的，具有明确的偏好，以获得个人效用的最大化为目标来进行决策。效用函数的选择不是唯一的，必须选择针对某个特定的应用具有实际意义的函数，且具备某些数学特征，即效用函数的选择要保证频谱分配算法能够达到均衡收敛。如果博弈玩家的策略中只存在一组策略使效用函数 $U_i(s)$ 取得最大值，那么这时系统就达到平衡稳定状态。

一般来说，有两类可供选择的效用函数[25]。第一类是基于用户“自私”的选择，用户根据在某个特定传输信道上感知到的其他用户的干扰级别来评估该信道，具体描述如下：

$$U_{1i}\left(S_i,S_{-i}\right)=-\sum_{i\neq j,j=1}^{N} p_j G_{ij} f\left(S_i,S_j\right),\quad i=1,2,\cdots,N \tag{4.32}$$

式中，$p_j(j=1,2,\cdots,N)$表示 N 个 CR 用户的发射功率；G_{ij} 为用户 i 在第 j 个信道上感知的干扰级别；$\{S_1,S_2,\cdots,S_N\}$表示策略集合；$f\left(S_i,S_j\right)$表示干扰情况，定义为

$$f\left(S_i,S_j\right)=\begin{cases}1, & S_i \text{与} S_j \text{使用相同信道传输} \\ 0, & \text{其他}\end{cases} \tag{4.33}$$

效用函数 U_1 需要对某个特定用户在不同信道上的干扰进行测量，但是只考虑了其他用户对该用户的干扰，并选择其中受干扰最小的信道进行通信，忽略了自身的选择对其他用户的干扰。处于相同信道内的各用户之间的干扰是相互的，这种“自私”的选择并不能保证其对网络中其他用户的干扰最小，整个系统的总干扰水平也达不到最小[10,25,26]。

第二类是将自身节点对其他用户的干扰考虑到函数中。效用函数 U_2 的表达式为

$$U_{2i}\left(S_i,S_{-i}\right)=-\sum_{i\neq j,j=1}^{N} p_j G_{ij} f\left(S_i,S_j\right)-\sum_{i\neq j,j=1}^{N} p_i G_{ij} f\left(S_i,S_j\right),\quad i=1,2,\cdots,N \tag{4.34}$$

可简写为

$$U_{2i}\left(S_i,S_{-i}\right)=-I_{D_i}-I_{C_i},\quad i=1,2,\cdots,N \tag{4.35}$$

式中，I_{D_i} 表示认知无线网络其他用户对自身产生的干扰；I_{C_i} 表示自身对其他用户产生的干扰。

因为要多计算 I_{C_i} 的部分，所以效用函数 U_2 的计算量比效用函数 U_1 大，其复杂度稍有增加，但是可以更真实地反映 CR 最小化干扰的情况。

根据是否可以达成具有约束力的协议，博弈分为合作博弈和非合作博弈[14,25,26]。

合作博弈是研究人们达成合作时如何分配合作得到的收益，即收益分配问题。合作博弈采取的是一种合作的方式，或者说是一种妥协。合作博弈强调的团体理性，是效率、公平、公正[14,25,26]。

参考如图 4.4 所示的多跳认知无线网络拓扑示意图，T_i 表示第 i 个 CR 用户的吞吐量要求，$T_{\min}^i$ 表示每个 CR 用户的最小吞吐量要求，该网络的效用函数可以定义为

$$U=\prod_{i=1}^{K}(T_i-T_{\min}^i) \tag{4.36}$$

文献[13]和文献[27]提出了一个基于合作博弈的非对称纳什协商效用函数，定义向量 $\boldsymbol{\theta}=(\theta_1,\theta_2,\cdots,\theta_k)$，$\theta_1+\theta_2+\cdots+\theta_k=1$，$\theta_i>0$，$i=1,2,\cdots,k$，表示 CR 用户感知频谱所消耗的能量，则式(4.36)变为

$$U=\prod_{i=1}^{K}(T_i - T_{\min}^{i})^{\theta_i} \tag{4.37}$$

上述效用函数考虑了 CR 用户感知耗费能量的影响，实现了基于感知加权的比例公平性频谱分配，最终达到有效的频谱分配目标。这种公平性机制也激励 CR 用户更多地投入到频谱感知中。在实际网络环境下，CR 设备之间存在差异，不同 CR 用户的最小吞吐量不尽相同，因此增加了算法的计算复杂度[13,27]。

非合作博弈主要研究人们在利益关系相互影响的形势中如何选择决策，而使自己的收益最大，即策略选择问题[25]。在非合作博弈中，参与者不可能达成具有约束力的协议，这是一种具有互不相容的情形。非合作博弈过程包括如下内容。

1) 纳什均衡

在认知节点组成的非合作博弈过程中，判断频谱分配算法有效性的标准之一是算法的策略组合是否具有稳定性，即每个博弈方的策略都是针对其他博弈方策略或策略组合的最佳对策。具有这种性质的策略组合即博弈中的“纳什均衡”，也称为非合作博弈均衡[13,14,25]。

纳什均衡的定义为：在一个标准博弈过程中，若策略集合 $U_i(S_1^*,\cdots,S_{i-1}^*, S_i^*,S_{i+1}^*,\cdots,S_n^*)\geqslant U_i\ (S_1^*,\cdots,S_{i-1}^*,S_{ij},S_{i+1}^*,\cdots,S_n^*)$，对任意 $S_{ij}\in S_i$ 都成立，则称策略集 $(S_1^*,\cdots,S_n^*)$ 是该博弈过程的一个纳什均衡[13,14,25]。针对效用函数的博弈论中，频谱分配的关键任务是论证效用函数纳什均衡的存在，讨论得到的纳什均衡是否满足需要，确定收敛的条件，这样就可以针对相应的算法预计效用函数的收敛性、论证均衡状态的最优性等。

2) 效用函数设计

在传统的集中式网络中，若中心节点出现故障则会导致覆盖区域内的所有通信中断，而分布式网络能提供很高的网络容错能力，即使部分节点不可用，网络仍然能够进行通信。分布式网络易于架设，且带宽很宽，故非合作式博弈更适合应用于分布式网络，网络内的所有 CR 终端都具有路由功能，可作为网络中继节点使用，更适用于高移动性的多跳环境[13,14,25]。

使用帕累托(Pareto)最优方法对效用函数 U_2 进行改进[25,26]。帕累托改进是指一种变化，在没有使任何人的境况变坏的条件下，使得至少一个人的境况变得更好[25-28]。帕累托改进后的效用函数为

$$\text{Pareto}\left(S_i,S_{-i}\right)=\sum_{i=1}^{N}\left[-0.5\sum_{i\neq j,j=1}^{N}p_jG_{ij}f\left(S_i,S_j\right)-0.5\sum_{i\neq j,j=1}^{N}p_iG_{ij}f\left(S_i,S_j\right)\right],\quad i=1,2,\cdots,N \tag{4.38}$$

若只考虑一个节点的效用，大多不能达到纳什均衡，因此引入位势博弈进行改进，使得效用函数能够保证网络的整体效率最大化，可以使整体最优化并快速达到

收敛平衡，代价是会使某些节点的效率有所下降。

非合作式博弈的频谱分配算法的主要优势是提高了收敛速度，简化了计算复杂度，并可以保证系统的吞吐量，使得通信可靠性大大提高[25-28]。

4.3 CR 动态频谱接入与多跳网络容量分析

4.3.1 动态资源管理与功率控制

认知无线网络的环境是不断发生变化的，必须对认知用户的资源进行动态管理与分配，才能不断地适应网络环境的变化，为认知无线网络系统提供可靠的传输[29-32]。

认知无线电动态资源管理技术主要包含基于正交频分复用(OFDM)的子载波分配、功率控制和自适应传输技术等[32,33]。

OFDM 技术可以灵活地进行频率选择，方便实现频谱资源的管理，是目前公认的比较容易实现频谱资源控制的方法[32,33]。通过子载波/频率的组合或裁剪，可以实现频谱资源的充分利用，灵活控制和分配频谱、时间、功率、空间等资源[32-34]。这也促进了 OFDM 技术在认知无线电中的应用，成为“衬于底层”的技术，它是实现认知无线电系统中自适应频谱资源分配和频谱检测的关键技术[32-34]。在基于 OFDM 的认知无线电频谱分配方案中，子信道组基于环境状况进行分配，尽可能多地使用“频谱空穴”，避免使用信道状况很差的子信道，使得整个系统受到的干扰最小，提高系统性能[32-34]。

OFDM 技术的抗多径、频率利用率高等特性使其自身具有优越的性能。它支持灵活的选频方案，可以很好地实现认知无线电中的自适应频谱资源分配。OFDM 技术将宽带频谱划分成多个窄带子信道，为认知无线电的频谱检测提供了很好的基础[35]。因此，将 OFDM 技术与认知无线电相结合具有广泛的应用前景。

文献[36]和文献[37]中研究了性能最优化的 OFDMA 系统子载波和功率分配方案。作为一种对于不同频段和地理环境频谱可用性的量化描述，给子载波和功率分配问题增加了新的限制条件。固定主用户接收机处的干扰温度值，根据不同认知用户到主用户接收机的路损，可以计算出不同认知用户在不同频带上的发送功率。因此，对于认知无线电系统的子载波和功率分配问题，必须考虑不同认知用户在不同子载波上的发送功率的干扰温度限制。文献[1]、文献[5]、文献[10]和文献[32]对于认知无线电系统中的子载波和功率分配方案进行了初步研究。

认知用户通过频谱感知检测出频谱空穴，根据自己的需求选择最优的频谱空穴进行动态频谱接入。若主用户需要使用该频段，则认知用户切换到其他空闲频段以交互式或者仍然在该频段通过功率控制以重叠式进行频谱共享，以避免对主用户接收机的干扰[1,4,5]。

在重叠式频谱共享方式下，当授权频段被主用户占用时，认知用户通过功率控制方式进行动态频谱接入，即认知用户传输功率需要满足一定的功率限制，从而使认知用户对主用户的干扰限制在主用户可容忍的范围之内，实现认知用户与主用户的共享。此时，认知用户不对主用户通信产生干扰，并可获得最大的频谱利用率[6]。

在认知用户进行高速数据传输时，认知 OFDM 将实际具有频率选择性衰落的宽带信道划分为若干个平坦的窄带子信道，能够根据各子信道的实际数据传输情况，灵活地分配发送功率和信道传输比特，从而更加有效地利用无线频谱资源。

基于认知 OFDM 的 CR 频谱分配算法主要基于如下两个条件[1,32,34]。

(1)在单用户条件下，不需要考虑不同用户之间的子载波分配问题，所有子载波都提供给单个 SU 使用，该用户只需要根据子载波的信道状况，为每个子载波分配不同数量的比特，即采用不同的调制方式实现功率的最优分配。

(2)在多用户 OFDM 系统中，资源分配问题变得非常复杂。因为多个用户不能共享同一个子载波，所以为某个用户在一个子载波上分配比特就意味着禁止其他用户再次使用该子载波。当一个用户所期望使用的子载波已被其他用户使用，且该用户又不存在更好的选择时，就不能为该用户分配到最佳的子载波，因此，必须联合考虑子载波分配、功率控制、自适应传输等 CR 动态资源管理技术才能使无线资源得到最有效的利用[1,32,34]。

目前，认知 OFDM 系统自适应频谱分配技术的研究内容主要基于两个优化准则——基于速率自适应准则的认知 OFDM 子载波功率联合分配和基于裕量自适应准则的认知 OFDM 子载波比特联合分配。在 1.4.2 节和 1.4.3 节分别对两个优化准则进行了概述，第 5 章将重点介绍基于上述两个准则的多用户多资源联合分配与优化方法。

4.3.2　CR 多跳网络容量分析

在多跳认知无线网络中，发送端、接收端和中继端采用多天线可以大幅提高系统的频谱有效性和链路可靠性。将 MIMO 技术引入认知无线网络中，能够同时提供空间分集和复用增益。文献[38]提出了针对多中继节点网络的中继方案，在高信噪比环境下，网络容量随中继数的对数呈线性增加。

文献[38]研究了相干与非相干两种 MIMO 中继网络的近似容量。假定 M 表示源端与目的接收端的天线数，N 表示中继节点数，K 表示中继节点的天线数，且满足 $K \geqslant 1$。因此，相干型 MIMO 中继网络的容量可以近似表示为 $C=(M/2)\log_2 N+O(1)$ (M、K 值为任一整数且固定，$N\to\infty$)；在高信噪比条件下，非相干型 MIMO 中继网络的容量近似表示为 $C=(M/2)\log_2 \mathrm{SNR}+O(1)$ (M、K 值为任一整数且固定，$K \geqslant 1$)。

在具有 QoS 要求的多中继认知无线网络中，每个中继子信道都存在成功传输信号所需的期望信噪比(或称为目标信噪比)。根据这一要求，中继方案设计要满足两个优化条件，即期望信噪比和功率控制阈值，求解带约束的优化方程从而获得 MIMO 中继网络的渐近最优解[10]。

中继处理矩阵直接影响信号 $\hat{x}$。接收端有用信号 $\hat{x}$ 与原始信号 x 之间的关系是影响网络 QoS 的关键，它们之间的均方误差表示为

$$\mathrm{MSE}(\{Q_k\}) = E\left\{|(\hat{x}-x)|^2\right\} \tag{4.39}$$

定义信噪比增益为期望信噪比与输入端信噪比的比值。将信噪比增益代入式(4.39)，在原信号 x 左乘一实对角矩阵 $\boldsymbol{G}$，$\boldsymbol{G}=\mathrm{diag}\left(G_1,G_2,\cdots,G_{N_s}\right)$，其元素为各中继子信道的信噪比增益。因此，得到修正后的均方误差(modified MSE, M_MSE)为

$$\mathrm{M\_MSE}(\{Q_k\}) = E\left\{|(\hat{x}-\boldsymbol{G}x)|^2\right\} \tag{4.40}$$

最佳认知中继处理矩阵为

$$\{Q_k\}_{\mathrm{opt}} = \arg\min_{\{Q_k\}} \mathrm{M\_MSE}(\{Q_k\}) \tag{4.41}$$

简化起见，令各认知子信道的信噪比相等，则各中继子信道的信噪比增益相同。为得到最佳中继矩阵，需求解式(4.41)[39]。对 $\boldsymbol{Q}_k$ 求偏导，令 $\dfrac{\partial \mathrm{M\_MSE}(\{Q_k\})}{\partial \boldsymbol{Q}_k}=0,\ k=1,2,\cdots,K$，并且信号 x 与噪声分量 n_{1k} 互相独立。

接收信号写成矩阵形式为

$$\boldsymbol{y}_{\mathrm{d}} = \boldsymbol{Hx}+\boldsymbol{n} \tag{4.42}$$

由香农公式，系统容量可表示为

$$C=0.5\log_2\left(\boldsymbol{I}_{N_s}+\sigma_x^2\boldsymbol{R}_n^{-1}\boldsymbol{HH}^{\mathrm{H}}\right) \tag{4.43}$$

式中，$\boldsymbol{R}_n = E\left\{\boldsymbol{n}^{\mathrm{H}}\boldsymbol{n}\right\} = \sigma_1^2\sum_{k=1}^{K}\boldsymbol{H}_{2k}\boldsymbol{Q}_{k-\mathrm{opt}}\boldsymbol{Q}_{k-\mathrm{opt}}^{\mathrm{H}}\boldsymbol{H}_{2k}^{\mathrm{H}}+\sigma_2^2\boldsymbol{I}_{N_s}$；上标 H 表示矩阵的共轭转置。

当中继节点数足够大时，可使用下式进行近似[10]：

$$\sum_{k=1}^{K}\boldsymbol{H}_{1k}^{\mathrm{H}}\boldsymbol{H}_{1k} \approx KN_{\mathrm{r}}\boldsymbol{I}_{N_s} \tag{4.44}$$

用 SNR_k 表示各分支中继的接收信噪比，式(4.43)可用下式近似表示:

$$C \approx 0.5\sum_{k=1}^{N_s}\log_2\left|1+\frac{(KN_r)^2}{KN_r\sigma_1^2/\sigma_x^2+\left(KN_r+\sigma_1^2/\sigma_x^2\right)^2/\mathrm{SNR}_k}\right| \tag{4.45}$$

当 K 足够大时，系统容量趋近于一组并联单入单出(SISO)信道的容量，即

$$C \to 0.5\sum_{k=1}^{N_s}\log_2\left|1+\mathrm{SNR}_k\right| \tag{4.46}$$

当期望信噪比的值远大于 K 值时，有

$$C \to 0.5\sum_{k=1}^{N_s}\log_2\left|1+KN_r\sigma_x^2/\sigma_1^2\right| \approx 0.5N_s O(\log_2 K) \tag{4.47}$$

综上所述，CR 多跳网络的容量与认知中继个数 K 、各中继天线数 N_r、信号功率 σ_x^2 和噪声功率 σ_1^2 有关。它随着信源天线数 N_s 呈线性增长，即 CR 多跳系统容量可以获得大小为 N_s 的空间复用增益。

利用 MATLAB 软件对 CR 多跳网络容量进行数值仿真[10]。不失一般性，令认知源端、中继端和认知接收端的天线数相同，即 $N_s = N_d = N_r = 2$ ；后向和前向信道的噪声功率相等，即 $\sigma_1^2 = \sigma_2^2$ ；信号调制方式为 QPSK；期望信噪比为 15dB。因此，可计算各分支的信噪比增益 $\boldsymbol{G} = \mathrm{diag}\left(G_1, G_2, \cdots, G_{N_s}\right)$。例如，当传输信道的信噪比为 10dB 时，信噪比增益约为 1.77dB。假定每一帧有 200 次采样，随机产生 100000 组不同的信道，对 CR 多跳网络容量进行数值仿真与性能分析。

图 4.10 给出了当信噪比固定为15dB时，认知中继节点数对均方误差的影响。由图可知，均方误差随着中继节点数的增加而显著降低，随着中继节点数的增加，仿真与理论结果的差距逐渐变小。当中继节点数大于 4 时，两者的均方误差几乎为零。可见在认知 MIMO 方案中，若要求认知无线网络获得更高的性能，则认知中

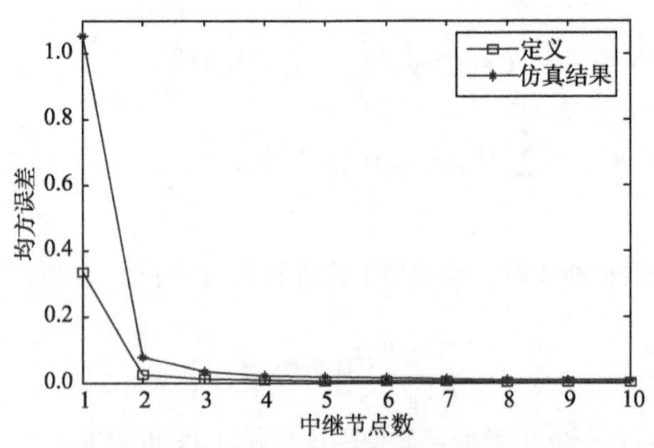

图 4.10　均方误差与认知中继节点数的关系

继节点数选择要适当，以达到理想的 QoS 需求。

图 4.11 给出了当认知中继节点数一定时认知链路的误码率(在链路高信噪比条件下，也可表示为中断性能)。由图可知，本节所提方案在误码率性能上较最小均方误差(minimum mean square error, MMSE)方案具有优势，这是因为在总功率相同的情况下，本节所提方案中每个认知中继节点均采用自适应功率分配，而 MMSE 方案中的中继节点仍然受本地功率的限制。

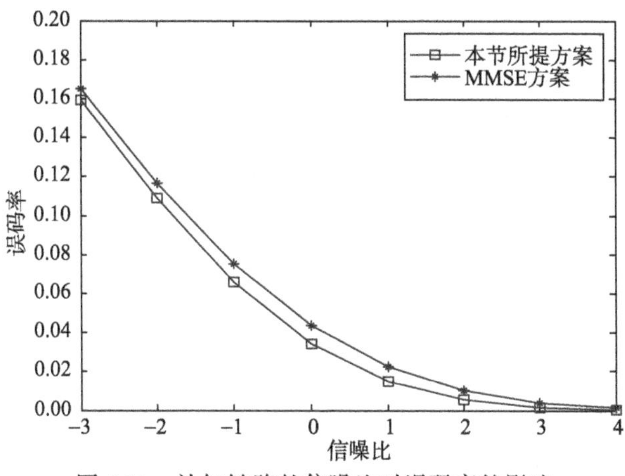

图 4.11　认知链路的信噪比对误码率的影响

图 4.12 给出了认知中继节点数和认知 MIMO 分支链路的接收 SNR 对系统容量(频带利用率)的影响。由图可知，认知中继节点数 N 与系统容量呈正比关系，认知中继节点数越多，系统容量增加越显著。在低信噪比时，系统容量的对数增长趋势比较明显；在高信噪比时，系统容量接近于一组并联 SISO 信道的容量。

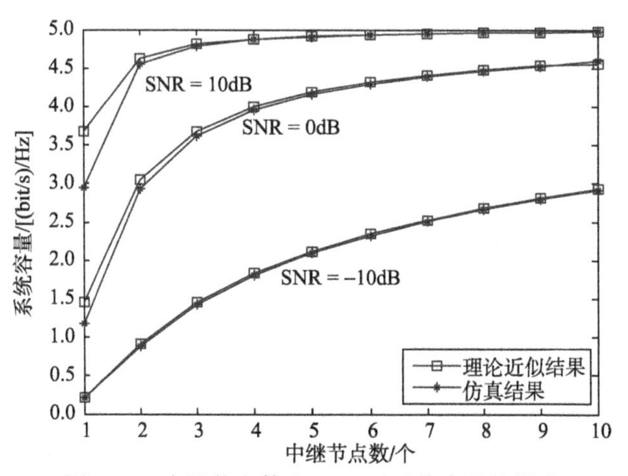

图 4.12　中继节点数和 SNR 对系统容量的影响

4.3.3　CR 动态频谱分配及面临的问题

频谱分配技术是指根据需要接入到频谱的用户及其 QoS 需求，将可用频谱分配给一个或多个指定用户，其主要目的是通过一个自适应策略有效地选择和利用频谱。动态频谱分配不仅提高了 CR 无线通信的灵活性，还降低了信道能量，使 PU 和 SU 之间避免冲突并公平地共享频谱资源。

频谱分配技术可从分配方式、网络结构、网络节点的合作方式和接入技术等角度进行分类[4,10,40]。

(1) 从频谱分配方式的角度看，频谱分配技术有静态分配和动态分配两种方式。静态分配方式需在 CR 网络系统中保存一张可用频谱表，频谱可用性不变，基站或中心控制节点根据表中的频谱可用性进行频谱分配，该分配过程较简单，不需要用户节点的参与。动态分配方式通过 CR 网络节点的交互来获取不同业务的 QoS、优先级等内容，通过自适应分配策略对频谱资源进行优化配置。动态频谱分配方式的效率比静态方式有所提高。

(2) 从网络结构的角度看，频谱分配技术可分为集中式和分布式。集中式频谱分配需要在网络中设置一个具有中心控制功能的网元，根据当前可用频率集合对网络中各节点的频谱使用进行协调，频谱分配的依据是节点上传的无线环境检测信息。分布式分配适用于简单的非固定网络，无需中心控制网元，网络中的节点采用一定的竞争策略占用频谱，竞争方式可以是协作的或自私的。

(3) 从网络节点的合作方式看，频谱分配技术分为合作式和非合作式。在合作式频谱分配方案中，节点对频谱的竞争行为是相互影响的，各节点对环境的感知信息会被分享给网络中的其他 CR 节点。在非合作式频谱分配方案中，节点仅考虑自己的行为，以“自私”的竞争方式接入空闲可用频段中，虽然节点之间的交互信息量减少，但整体频谱利用率不如合作式方案高。在实际应用时，应根据不同服务在吞吐量、谱效、数据传输速率方面的需求有针对性地选择节点合作方式。

(4) 从接入技术来看，频谱分配技术可分为填充式和衬垫式。填充式频谱分配使用主用户不使用的频段进行接入，对主用户产生的干扰较小，但谱效不高。衬垫式分配采用传统蜂窝网络中的扩频技术，根据频谱分配映射图有选择性地接入主用户的传输频段，并被同时进行传输的主用户当作噪声处理。这种方式的谱效比填充式有所提高，但增加了对硬件设备的要求。

从动态频谱接入策略的分类(图 1.4)可以看出，动态频谱分配属于动态频谱接入中动态排他使用模型的一种技术，是一种智能资源分配技术，其最早在欧洲 DRiVE 项目中提出[19]。动态频谱分配借用按需分配的概念，根据无线通信系统的实际业务量，动态地分配频谱资源给该系统，以避免业务量大时频谱资源不够而导致的业务请求拒绝和业务量小时频谱资源的浪费。动态频谱分配技术主要应用在商业领域，如 4G 和数字视频广播等。动态频谱分配策略的优点是可以动态调整频谱分配，在指定的时间和地域内把某部分无线频谱分配给某一用户，而其他用户不得使用。动态频谱分配的主要缺点是不能完全消除因突发的通信业务而产生的频谱空穴。

对 CR 频谱分配算法的研究主要考虑频谱使用的效率与公平性指标，即根据不同拓扑架构的网络形成不同的效用函数，以达到频谱利用率的最大化和多认知用户之间的公平性。频谱共享是对动态频谱分配机制进行完善，以实现主用户与认知用户之间的机会频谱共享，它主要通过图着色理论和博弈论两种数学工具进行分析并寻找最优策略。要使 CR 用户接入时对主用户不产生干扰或降低干扰的程度，认知无线网络的频谱分配机制必须同时考虑 CR 节点之间的干扰避免和认知无线网络对主用户的干扰避免，以及频谱分配的公平性和系统分配开销的问题。CR 频谱分配面临的问题主要包括以下方面。

(1) CR 节点接入网络时的干扰问题，包括 CR 节点对主用户产生的干扰和 CR 节点之间的相互干扰问题。为避免 CR 节点对主用户的干扰，不仅要提高物理层频谱检测的效率及可靠性，在设计频谱分配算法时还需要将 CR 节点对主用户的频谱租用和议价的“竞争”机制考虑在内[10,13,14]。而 CR 节点之间的干扰，可通过节点的功率控制来解决，并借助传统无线通信网络中的多用户干扰避免的相关思想。

(2) 认知无线网络的系统效益和公平性问题，也是频谱分配所必须考虑的。基于图着色理论和博弈论都可对频谱分配过程中的系统开销进行度量[10,13,14]。例如，基于图着色理论的模型提高系统效益和改进分配公平性的标签机制，分别在集中式和分布式网络两类拓扑条件下分析算法的可行性，各节点的标签值与获得信道的回报成反比，竞争到信道的节点具有最大的标签值，以此保证节点获得最大信道的公平性[12-14]。

4.4　本章小结

本章首先介绍了认知无线网络频谱分配模型，包括干扰温度模型、基于图着色理论的频谱分配模型、博弈论模型、拍卖竞价模型和网间频谱共享模型等，给出了各自的应用场景。然后，重点介绍了保障 QoS 的 CR 多跳网络动态频谱分配方法、基于图着色理论的频谱分配方法和基于博弈论的频谱分配方法；同时，给出了基于图着色理论频谱分配的效用函数和基于博弈论合作博弈/非合作博弈的网络效用函数；详细介绍了 CR 动态频谱接入技术、CR 多跳网络的容量、CR 频谱分配面临的一些问题，分析了基于认知 OFDM 的 CR 动态资源管理技术，包括子载波分配、功率控制、自适应传输技术；根据认知链路的 QoS 需求，推导了 CR 多跳网络容量近似式，仿真分析了网络可达容量性能与获得的容量增益。最后，对 CR 动态频谱分配进行了总结。从分配方式、网络结构、网络节点的合作方式和接入技术等不同角度对频谱分配方法进行分类，并给出了 CR 频谱分配尚需解决的一些主要问题。

参 考 文 献

[1] 郭彩丽，冯春燕，曾志民. 认知无线电网络技术及应用[M]. 北京：电子工业出版社, 2010.

[2] 谢显中，雷维嘉，马彬，等. 认知与协作无线通信网络[M]. 北京：人民邮电出版社，2012.

[3] Charles C T, William A. Interference temperature multiple access: A new paradigm for cognitive radio networks[J]. IEEE Communication Society, 2005, 26(5): 369-375.

[4] Akyildiz I F, Lee W Y, Vuran M C, et al. Next generation/dynamic spectrum access/cognitive radio wireless networks: A survey[J]. Computer Networks, 2006, 50: 2127-2159.

[5] 莫文承. 认知无线电的频谱分配算法研究[D]. 西安：西安电子科技大学，2008.

[6] Haykin S. Cognitive radio: Brain-empowered wireless communications[J]. IEEE Journal on Selected Areas in Communications, 2005, 23(2): 201-220.

[7] Xing Y, Mathur C N, Haleem M A, et al. Priority based dynamic spectrum access with QoS and interference temperature constraints[C]. Proceedings of IEEE ICC, Istanbul, 2006: 4420-4425.

[8] Mitola J, Jr Maguire G Q. Cognitive radio: Making software radios more personal[J]. IEEE Personal Communications, 1999, 6(4): 13-18.

[9] Farhang-Boroujeny B, Kempter R. Multi-carrier communication techniques for spectrum sensing and communication in cognitive radios[J]. IEEE Communications Magazine, 2008, 46(4): 80-85.

[10] 韩畅. 基于 CR 的多跳无线网络频谱分配关键技术研究[D]. 杭州：杭州电子科技大学，2011.

[11] Wang W, Liu X. List-coloring based channel allocation for open spectrum wireless networks[C]. Proceedings of IEEE Vehicular Technology Conference, Dallas, 2005: 690-694.

[12] 王树禾. 图论[M]. 北京：科学出版社, 2009.

[13] 田峰. 认知无线电频谱共享技术的研究[D]. 南京：南京邮电大学, 2008.

[14] 徐友云，李大鹏，钟卫，等. 认知无线电网络资源分配——博弈模型与性能分析[M]. 北京：电子工业出版社，2013.

[15] Cao L, Zheng H. Distributed spectrum allocation via local bargaining[C]. Second Annual IEEE Communications Society Conference on Sensor and Ad Hoc Communications and Networks, Santa Clara, 2005: 475-486.

[16] Kloeck C, Jaekel H, Jondral F K. Dynamic and local combined pricing, allocation and billing system with cognitive radios[C]. Proceedings of IEEE International Symposium on New Frontiers in Dynamic Spectrum Access Networks, Baltimore, 2005: 73-81.

[17] Jing X, Raychaudhuri D. Spectrum co-existence of 802.11b and 802.16a networks using CSCC etiquette protocol[C]. Proceedings of IEEE International Symposium on New Frontiers in Dynamic Spectrum Access Networks, Baltimore, 2005: 243-250.

[18] Peng Y, Armour S, McGeehan J. An investigation of dynamic subcarrier allocation in MIMO-OFDMA systems[J]. IEEE Transactions on Vehicular Technology, 2007, 56(5): 2990-3005.

[19] Zhao Q, Sadler B. A survey of dynamic spectrum access[J]. IEEE Signal Processing Magazine, 2007, 24(3): 79-89.

[20] Takeo F, Yasuo S. Ad-hoc cognitive radio: Development to frequency sharing system by using multi-hop network[C]. Proceedings of IEEE International Symposium on New Frontiers in Dynamic Spectrum Access Networks, Baltimore, 2005: 589-592.

[21] Pal R. On the reliability of multi-hop dynamic spectrum access networks supporting QoS driven applications[C]. Proceedings of IEEE ICC, Glasgow, 2007: 5294-5299.

[22] Bambos N D, Chen S C, Pottie G J. Radio link admission algorithms for wireless networks with power control and active link quality protection[C]. Proceedings of IEEE INFOCOM, Boston, 1995: 97-104.

[23] Tropp J A. Greed is good: Algorithmic results for sparse approximation[J]. IEEE Transactions on Information Theory, 2004, 50(10): 2231-2242.

[24] 邱晶，邹卫霞. 认知无线电中的频率选择和功率控制研究[J]. 系统仿真学报, 2008, 20(7): 1821-1826.

[25] 曾轲. 基于博弈论的认知无线电频谱分配技术研究[D]. 成都: 电子科技大学, 2007.

[26] 党建武, 李翠然, 谢健骊. 认知无线电技术与应用[M]. 北京: 清华大学出版社, 2012.

[27] 田峰，杨震. 认知无线电频谱分配新算法研究[J]. 通信学报, 2009, 28(9): 27-33.

[28] Fette B A, 等. 认知无线电技术[M]. 赵知劲，郑仕链，尚俊娜，译. 北京: 科学出版社, 2013.

[29] 王建萍. 认知无线电[M]. 北京: 国防工业出版社, 2008.

[30] 张勇，滕颖蕾，宋梅. 认知无线电与认知网络[M]. 北京: 北京邮电大学出版社，2012.

[31] 王金龙，吴启晖，龚玉萍，等. 认知无线网络[M]. 北京: 机械工业出版社, 2009.

[32] 孙大卫. 认知无线网络中资源分配关键技术研究[D]. 南京: 南京邮电大学, 2011.

[33] Qiu R C, 等. 认知无线电通信与组网: 原理与应用[M]. 郎为民，张国峰，张锋军，等译. 北京: 机械工业出版社，2013.

[34] Wong C Y, Cheng R S, Lataief K B, et al. Multi-user OFDM with adaptive subcarrier, bit, and power allocation[J]. IEEE Journal on Selected Areas in Communications, 1999, 17(10): 1747-1758.

[35] Li G, Liu H. Downlink dynamic resource allocation for multi-cell OFDMA system[C]. Proceedings of IEEE Vehicular Technology Conference, Orlando, 2003: 1698-1702.

[36] Song G, Ye L. Cross-layer optimization for OFDM wireless networks—Part I: Theoretical framework[J]. IEEE Transaction on Wireless Communication, 2005, 4(2): 614-624.

[37] Kim K, Kim H, Han Y. Subcarrier and power allocation in OFDMA systems[C]. Proceedings of IEEE Vehicular Technology Conference, Los Angeles, 2004: 1058-1062.

[38] Bolcskei H, Nabar R U, Oyman O, et al. Capacity scaling laws in MIMO relay networks[J].

IEEE Transactions on Wireless Communications, 2006, 5(6): 1433-1444.

[39] Khajehnouri N, Sayed A H. Distributed MMSE relay strategies for wireless sensor networks[J]. IEEE Transactions on Signal Processing, 2007, 55(7): 3336-3348.

[40] Sankaranarayanan S, Papadimitratos P, Mishra A. A bandwidth sharing approach to improve licensed spectrum utilization[C]. Proceedings of IEEE International Symposium on New Frontiers in Dynamic Spectrum Access Networks, Baltimore, 2005: 279-288.

第 5 章　认知无线网络多用户多资源联合分配与优化

5.1　认知 OFDM 多用户功率分配技术

5.1.1　传统注水功率分配算法

在 1.4.2 节所提速率自适应准则下，本节讨论传统注水功率分配算法(简称为传统注水算法)[1]，在此基础上给出两种新的改进算法。一是通过对水面值的粗略估计快速确定不分配功率的子载波[2]；二是不需要通过迭代计算水面值，通过线性计算直接确定不分配功率的子载波，且对主用户不产生干扰[3]。

本节介绍的主用户与认知用户共存的认知无线网络系统模型如图 5.1 所示[4]。假设在认知无线网络中存在两个主用户和两个认知用户，其中主用户发射机(PUT)使用授权频谱与主用户接收机(PUR)通信，而认知用户发射机(SUT) 在相同的频段上给相应的认知用户接收机(SUR)发送数据。本节将认知用户发射机与主用户接收机之间的链路称为干扰链路，而认知用户发射机与接收机之间的链路称为认知链

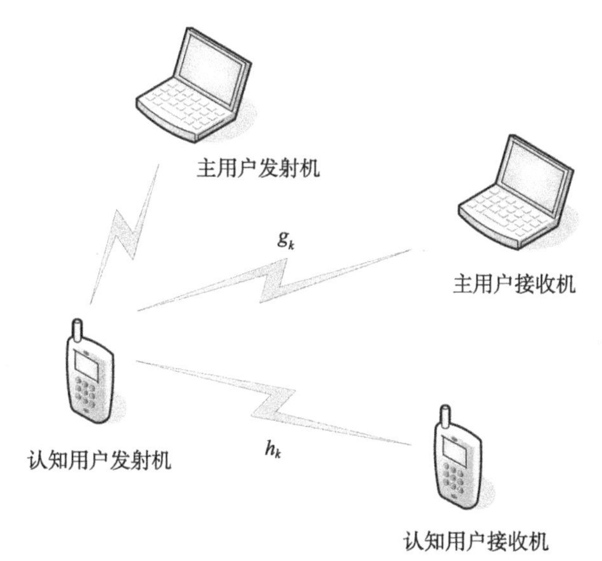

图 5.1　主用户与认知用户共存的认知无线网络系统模型

路。认知用户采用 OFDM 调制方式进行传输，总带宽为 B ，子载波总数为 K 。令 $|g_k|^2$ 和 $|h_k|^2$ 分别为干扰链路和认知链路中第 k 个子载波的功率增益。在瑞利衰落信道下，SUT 可以通过 SUR 的反馈获得信道信息 g_k 和 h_k[5]，并利用这些信道边信息调整各子载波上的发射功率 p_k 。

令 P_T 为带宽 B 内的干扰功率上限(P_T 与 4.1.1 节介绍的干扰温度上限的意义等价)。在基于认知 OFDM 多载波调制的认知无线网络中，假设在确定子载波的单用户情况下共有 K 个子载波，$\sigma_k{}^2$ 是 SUR 第 k 个子载波上的噪声功率，该噪声包含了随机噪声和 PU 对 SU 产生的干扰，$|h_k|^2$ 表示第 k 个子载波上的信道增益，p_k 是第 k 个子载波上的发射功率。若采用多进制正交幅度调制(MQAM)和理想相位检测方式，则单个子载波上的传输速率为

$$R_k=\frac{B}{K}\log_2\left(1+\frac{|h_k|^2 p_k}{\sigma_k^2\Gamma}\right) \tag{5.1}$$

若传输误码率为 $\mathrm{Pr_b}$，则在物理层数据调制方式为 MQAM 且采用格雷编码的情况下[6]，$\Gamma=-\dfrac{\ln(5\mathrm{Pr_b})}{1.5}$。

由于 SU 对 PU 的干扰需要限定在一定的范围下，为了使 SU 的传输速率达到最大，建立数学模型如下：

$$\arg\max_{\{p_k\}} R_{\text{total}}=\sum_{k=1}^{K}R_k=\frac{B}{K}\sum_{k=1}^{K}\log_2\left(1+\frac{|h_k|^2 p_k}{\sigma_k^2\Gamma}\right) \tag{5.2}$$

$$\text{s.t.}\quad \sum_{k=1}^{K}|g_k|^2 p_k \leqslant P_T \tag{5.3}$$

式中，P_T 为 PUR 总干扰功率门限；R_{total} 为 SU 的总传输速率。

该问题为功率分配问题，但约束条件表明其是一个功率控制问题，也就是说，认知用户发射功率将受到控制，使得 SU 对 PU 的干扰限定在一定范围内，同时进行功率的最优分配，以最大化 SU 传输速率。文献[7]和文献[8]研究了 OFDMA 功率分配的性能最优化方案。

对式(5.2)和式(5.3)采用拉格朗日乘数法求解，构造拉格朗日函数为

$$J(p_1,p_2,\cdots,p_K)=\sum_{k=1}^{K}\log_2\left(1+\frac{|h_k|^2 p_k}{s_k^2 G}\right)-\lambda\sum_{k=1}^{K}|g_k|^2 p_k \tag{5.4}$$

令

$$\frac{\partial J(p_1,p_2,\cdots,p_K)}{\partial p_k}=0,\quad k=1,2,\cdots,K \tag{5.5}$$

即得 $\dfrac{\sigma_k^2\Gamma}{\left|h_k\right|^2}+p_k=\dfrac{1}{\lambda\left|g_k\right|^2}$，考虑到 p_k 的非负性，可以得到

$$p_k=\left(\frac{1}{\lambda\left|g_k\right|^2}-\frac{\sigma_k^2\Gamma}{\left|h_k\right|^2}\right)^+ \tag{5.6}$$

式中，$(x)^+=\begin{cases}x, & x>0\\ 0, & x\leqslant 0\end{cases}$。

在传统注水算法中，功率和噪声的和为一常数，这里引入主用户干扰信道的参数，因此功率和噪声的和成为一个与干扰信道参数相关的量，接收机就需要通过一个特定的信道返回这些不断变化的信道参数[2,4]。这里 λ 是常量，由约束条件 $\sum\limits_{k=1}^{K}\left|g_k\right|^2 p_k=P_{\mathrm{T}}$ 决定，即

$$\sum_{k=1}^{K}\left(\frac{1}{\lambda}-\frac{\left|g_k\right|^2\sigma_k^2\Gamma}{\left|h_k\right|^2}\right)^+=P_{\mathrm{T}} \tag{5.7}$$

$$R_{\text{total}}=\frac{B}{K}\sum_{k=1}^{K}\log_2\left(1+\frac{\left|h_k\right|^2\left(\dfrac{1}{\lambda\left|g_k\right|^2}-\dfrac{\sigma_k^2\Gamma}{\left|h_k\right|^2}\right)^+}{\sigma_k^2\Gamma}\right) \tag{5.8}$$

式(5.8)为注水后系统总速率的表达式，其中 $\dfrac{1}{\lambda\left|g_k\right|^2}$ 称为水面[2,4]。在认知 OFDM 多载波调制下，水面值根据不同子载波的变化而变化，需要信道实时反馈干扰链路的增益值，以实现自适应调整。自适应水面的注水功率分配关键是计算水面值，通常由式(5.7)计算 $1/\lambda$，根据式(5.6)计算注入子载波的功率值，若 $p_k<0$，则取 $p_k=0$，即该子载波不注入功率；将大于零的子载波数值代入式(5.7)，重新计算 $1/\lambda$，直到没有小于零的注入功率。这种算法每次迭代需要($2K+1$)次加法和($2K+1$)次乘法，K 为每次注水的子载波个数，迭代次数为 N，一共需要 $(2K+1)N$ 次加法和 $(2K+1)N$ 次乘法。由此可见，传统注水算法的计算复杂度是比较高的。

5.1.2　两种改进的功率分配算法

在传统的功率分配算法基础上，本节提出两种改进的功率分配算法[2,4]。具体算法如下。

1. 改进算法一

设$\frac{|g_k|^2 \sigma_k^2 \Gamma}{|h_k|^2} = \omega_k$，这里$\omega_k$为信道衰落系数，$k = 1,2,\cdots,K$，不失一般性，设$\omega_1 \leqslant \omega_2 \leqslant \cdots \leqslant \omega_K$，根据式(5.6)可得$p_1 \geqslant p_2 \geqslant \cdots \geqslant p_K$。具体算法如下。

(1) 设$\frac{1}{\lambda} = \omega_k$。

(2) 计算注入的功率和$P_{\text{all}} = \sum_{k=1}^{K} \left(\frac{\frac{1}{\lambda} - \omega_k}{|g_k|^2} \right)^+$。

(3) 如果$P_{\text{all}} > P_{\text{T}}$，$K = K - d$，$\frac{1}{\lambda} = \omega_k$，其中$d$为步长，返回步骤(2)，直到$P_{\text{all}} \leqslant P_{\text{T}}$。

(4) 求得最优水面值为$\frac{1}{\lambda} = \frac{1}{K}\left(P_{\text{T}} + \sum_{k=1}^{K} \omega_k \right)$。

可以发现，第一次计算P_{all}时需要$2K$次加法和K次乘法，由于之前的加法和乘法可以用数组进行存储，之后每循环一次只需一次减法，最后一次需要$(K+1)$次加法和1次乘法，因此总计算复杂度为$(3K+1+N)$次加法和$(K+1)$次乘法。将步长d值扩大可以减少迭代次数N。

2. 改进算法二

由式(5.6)可知，注水算法是根据信道的不同情况进行功率最优化分配，即对于信道条件差的少分配或不分配功率，对于信道条件好的信道则多分配功率。在对注水算法进行仿真时发现，当主用户限制功率P_{T}很低时，有许多条件差的信道将不被分配功率，而重复计算水面值取得最优水面值的求解过程将经过多次迭代，这会大大增加算法的计算复杂度。若在初始时就确定可用子载波数，则可以显著减少计算量，开关注水算法即采用此思想[2,4]。具体步骤如下。

分析式(5.6)，可得

$$\frac{\frac{|h_k|^2}{\sigma_k^2 \Gamma}}{1 + \frac{|h_k|^2 p_k}{\sigma_k^2 \Gamma}} - \lambda |g_k|^2 = 0$$

整理可得

$$\frac{\dfrac{|h_k|^2}{\sigma_k^2\Gamma|g_k|^2}}{1+\dfrac{|h_k|^2 p_k}{\sigma_k^2\Gamma}}=\lambda\,(常数)$$

因此，有

$$\frac{\dfrac{|h_n|^2}{\sigma_n^2\Gamma|g_n|^2}}{1+\dfrac{|h_n|^2 p_n}{\sigma_n^2\Gamma}}=\frac{\dfrac{|h_m|^2}{\sigma_m^2\Gamma|g_m|^2}}{1+\dfrac{|h_m|^2 p_m}{\sigma_m^2\Gamma}},\quad n,m=1,2,\cdots,K \tag{5.9}$$

设 $\dfrac{|h_n|^2}{\sigma_n^2\Gamma}=H_n$，$\dfrac{|h_m|^2}{\sigma_m^2\Gamma}=H_m$，则式(5.9)简化为 $\dfrac{H_n/|g_n|^2}{1+H_np_n}=\dfrac{H_m/|g_m|^2}{1+H_mp_m}$，进而可得

$$|g_n|^2 p_n=|g_m|^2 p_m+\left(\frac{|g_m|^2}{H_m}-\frac{|g_n|^2}{H_n}\right) \tag{5.10}$$

由式(5.10)可知，由于 g_n、g_m、H_n、H_m 为信道增益返回值，只要确定某一子载波功率，即可求出其他子载波功率。根据式(5.3)，可得所有子载波功率和为

$$\sum_{k=1}^{K}|g_k|^2 p_k=K\left(|g_n|^2 p_n+\frac{|g_n|^2}{H_n}\right)-\sum_{m=1}^{K}\frac{|g_m|^2}{H_m}\leqslant P_{\mathrm{T}} \tag{5.11}$$

变换该不等式可得

$$|g_n|^2 p_n\leqslant\frac{1}{K}\left(P_{\mathrm{T}}-\frac{K|g_n|^2}{H_n}+\sum_{m=1}^{K}\frac{|g_m|^2}{H_m}\right) \tag{5.12}$$

由式(5.12)可以计算出每一个子载波的功率，但所求功率并不一定满足另一约束条件 $p_n>0$，若此时取 $p_n=0$，则确定了不需要注水的子载波。

若计算出 $|g_n|^2 p_n<0$，因为 $|g_n|^2>0$，所以 $p_n<0$，则将子载波 n 上的功率 p_n 置零，同时将信道状态值从 $\sum_{m=1}^{K}\dfrac{|g_m|^2}{H_m}$ 中剔除，即用 $\sum_{m=1}^{K}\dfrac{|g_m|^2}{H_m}-\dfrac{|g_n|^2}{H_n}$ 代替。假设 $H_1\leqslant H_2\leqslant\cdots\leqslant H_K$，则 $p_1\leqslant p_2\leqslant\cdots\leqslant p_K$，根据式(5.12)可得

$$|g_1|^2 p_1=\frac{1}{K}\left(P_{\mathrm{T}}-\frac{K|g_1|^2}{H_1}+\sum_{m=1}^{K}\frac{|g_m|^2}{H_m}\right) \tag{5.13}$$

若 $|g_1|^2 p_1<0$，则该子载波功率设为 0，去除该子载波，给另一子载波分配的功率为

$$|g_2|^2 p_2 = \frac{1}{K}\left[P_{\mathrm{T}} - \frac{(K-1)|g_2|^2}{H_2} + \sum_{m=2}^{K}\frac{|g_m|^2}{H_m}\right] \tag{5.14}$$

直至找到 $p_m > 0$，根据式(5.10)计算出后续子载波的功率。

这种算法避免了自适应迭代算法中每次求出所有子载波功率后再重新修正水面值的运算，在一定程度上降低了计算复杂度，根据式(5.13)和式(5.14)确定被剔除的子载波，再根据式(5.10)计算各子载波的功率，计算复杂度为 $(3K)$ 次加法和 $(N+K)$ 次乘法，其中 N 为剔除的子载波数[2,4]。表 5.1 给出了传统注水算法和本节所提两种改进算法的计算复杂度比较。

表 5.1　传统注水算法和本节所提两种改进算法的计算复杂度比较

算法	加法规模	乘法规模
传统注水算法	$O(KN)$	$O(KN)$
改进算法一	$O(K+N)$	$O(K)$
改进算法二	$O(K)$	$O(K+N)$

由表 5.1 可知，在相同干扰限制条件下，随着子载波数的增加，用户传输速率也随之增加。改进算法一的性能传统注水算法相近。本节所提的改进算法是在粗略估计水面值后确定可以注水的子载波，其性能与传统注水算法相差不大，改进算法二是线性的，它不需要迭代过程，故计算复杂度较低。

5.1.3　RA 准则下的多用户功率分配

多个认知用户接入授权频段会对主用户接收机造成影响，如何对认知用户进行子载波和功率分配使之对主用户的影响之和在主用户的允许范围内(即保障主用户 QoS)，且满足 RA 准则，同时考虑用户之间的速率公平性，为此设计的认知无线网络场景如图 5.2 所示[3,4]。假设在认知无线网络中存在一对主用户和多对认知用户，其中主用户接收机使用授权频谱和主用户发射机通信，两对认知用户发射机分别在相同的频段上给相应频段的认知用户接收机发送数据。

在多用户认知 OFDM 系统中，需要考虑子载波分配和功率分配两个问题。在干扰功率受限情况下，根据 RA 准则，子载波和功率需要联合分配才可以获得最优解，同时不仅要考虑最大化速率的问题，还需要考虑用户间的速率公平性。假设系统中所有用户传输信道和干扰信道的瞬时状态信息可以通过 SUR 反馈给 SUT，且 SUT 之间相互协作，使得所有信道信息可以周期性地进行更新。根据多用户系统速

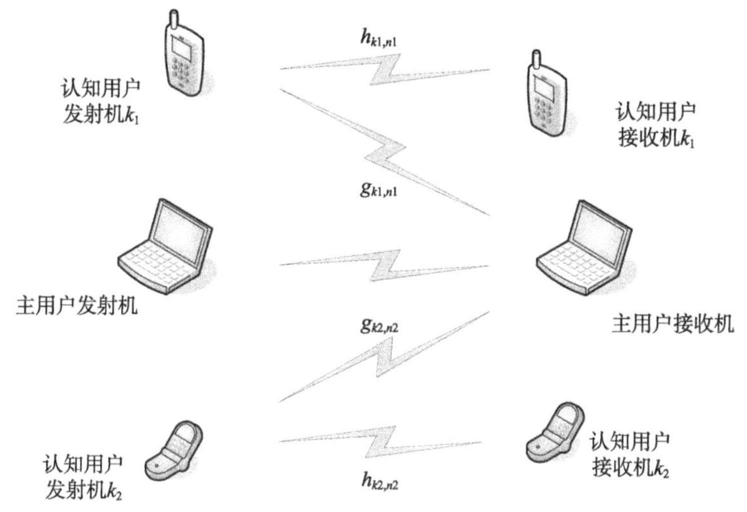

图 5.2　两认知用户与主用户共存的认知无线网络场景

率最大化目标函数和一组非线性约束条件以及用户间速率之比，建立如下系统数学模型：

$$\arg\max_{p_{k,n},r_{k,n}} \sum_{k=1}^{K}\sum_{n=1}^{N}\rho_{k,n}\log_2\left(1+\frac{\left|h_{k,n}\right|^2 p_{k,n}}{\sigma_{k,n}^2\varGamma}\right) \tag{5.15}$$

$$\begin{aligned} \text{s.t.}\ & \sum_{k=1}^{K}\sum_{n=1}^{N}\left|g_{k,n}\right|^2 p_{k,n} \leqslant P_{\mathrm{T}},\quad p_{k,n}\geqslant 0,\forall k,n \\ & \rho_{k,n}=\{0,1\},\quad \sum_{k=1}^{K}\rho_{k,n}=1,\ \forall k,n \\ & R_1:R_2:\cdots:R_K=r_1:r_2:\cdots:r_K \end{aligned} \tag{5.16}$$

式中，K 为总用户数；N 为总子信道数(子载波数)；P_{T} 为 PUR 总干扰功率门限；$p_{k,n}$ 为用户 k 在子信道 n 上的功率；$\left|h_{k,n}\right|^2$ 为用户 k 在子信道 n 上的信道增益；$\rho_{k,n}$ 取 0 和 1，表示子信道 n 是否分配给用户 k，每一个子载波只能被唯一分配给一个用户使用；$\{r_i\}_{i=1,2,\cdots,K}$ 表示用户间的速率比，是一组预先给定的数值，以保证总容量在用户之间按比例分配。

每个用户的速率定义如下：

$$R_k=\sum_{n=1}^{N_k}b_{k,n}\,,\quad b_{k,n}=\log_2\left(1+\frac{\left|h_{k,n}\right|^2 p_{k,n}}{\sigma_{k,n}^2\ \varGamma}\right) \tag{5.17}$$

式中，N_k 表示用户 k 分配的子载波数；$b_{k,n}$ 表示用户 k 在第 n 个子载波上的比特数，用户 k 的速率等于所分配到的子载波上的比特数之和。

5.1.4 改进的多用户功率分配

由于静态功率分配算法非最优，系统容量最大化算法只适用于用户间最公平的速率分配方案。比例速率限制下的容量最大化算法虽然可以得到最优解，但是其过程复杂且要用迭代方式求解。

基于传统多用户功率分配算法，本节给出一种改进的多用户功率分配算法[3,4]。

1. 子载波分配

本节所提子载波分配方法复杂度低，且可以满足各用户间的比例速率公平性要求。首先假设功率在所有子载波之间平均分配，且比例速率最小的认知用户优先选择载波，每个用户选择利用效率最大的子载波而非信道增益最大的子载波，这也满足速率最优化的需求。子载波利用率函数定义如下：

$$\beta_{k,n} = \frac{b_{k,n}}{\sum_{m=1}^{K} b_{m,n}} \tag{5.18}$$

每一次子载波分配结束后，都要更新用户速率。具体分配过程如下。

令 N_k 为用户 k 的子载波集合，A 是所有子载波的集合，R_k 是用户 k 的速率。

(1) 初始化：令 $\Omega_k = \varnothing$，$R_k = 0(k = 1,2,\cdots,K)$，$A = \{1,2,\cdots,N\}$。

(2) 对于用户 k，执行如下步骤：

① 找到 $\beta_{k,n} \geqslant \beta_{k,j}$，$j \in A$；

② 令 $N_k = N_k \cup \{n\}$，$A = A - \{n\}$，则 $R_k = R_k + \log_2\left(1 + \frac{|H_{k,n}| P_{\mathrm{T}}}{N}\right)$，$H_{k,n} = |h_{k,n}|^2 / (\sigma_{k,n}{}^2 \Gamma)$。

(3) 若 $A \neq \varnothing$，执行如下步骤：

① 搜索子载波 k，满足 $R_k / r_k \leqslant R_i / r_i$，$i = 1,2,\cdots,k$；

② 对于子载波 k，寻找 n 满足 $\beta_{k,n} \geqslant \beta_{k,j}$，$j \in A$；

③ 对于 k 和 n，$N_k = N_k \cup \{n\}$，$A = A - \{n\}$，$R_k = R_k + \log_2\left(1 + \frac{|H_{k,n}| \times P_{\mathrm{T}}}{N}\right)$；

④ 直到 $A = \varnothing$ 时结束。

2. 功率分配

子载波分配结束后，每个用户在已经确定的子载波上独立分配功率，目的是在满足主用户干扰容限基础上最大化传输速率，这与单用户多载波分配方法类似。本节所提线性注水算法在开始就确定不注水的子载波，以大大减少计算量，具体公式如下：

$$\begin{aligned} & \arg\max_{p_{k,n}} R_k = \sum_{n\in\Omega_k} \log_2\left(1+\frac{\left|h_{k,n}\right|^2 p_{k,n}}{\sigma_{k,n}^2\ \varGamma}\right) \\ & \text{s.t.}\ \sum_{n\in\Omega_k} \left|g_{k,n}\right|^2 p_{k,n} = \frac{N_k P_{\mathrm{T}}}{N} \end{aligned} \tag{5.19}$$

构造拉格朗日代价函数：

$$\begin{aligned} & J_k(p_{k,1}, p_{k,2}, \cdots, p_{k,N_k}) \\ & = \sum_{n=1}^{N_k} \log_2\left(1+\frac{\left|h_{k,n}\right|^2 p_{k,n}}{\sigma_{k,n}^2 \varGamma}\right) - \lambda_k \sum_{n=1}^{N_k} \left|g_{k,n}\right|^2 p_{k,n},\quad n=1,2,\cdots,N_k \end{aligned} \tag{5.20}$$

式中，λ_k 为拉格朗日乘子，令 $\frac{\partial J_k}{\partial p_{k,n}}=0$，得到 $\frac{\sigma_{k,n}^2 \varGamma}{\left|h_{k,n}\right|^2}+p_{k,n}=\frac{1}{\lambda_k\left|g_{k,n}\right|^2}$，考虑到 $p_{k,n}$ 的非负性，可得

$$p_{k,n}=\left(\frac{1}{\lambda_k\left|g_{k,n}\right|^2}-\frac{\sigma_{k,n}^2 \varGamma}{\left|h_{k,n}\right|^2}\right)^+ \tag{5.21}$$

这里，$(x)^+=\begin{cases} x, & x>0 \\ 0, & x\leqslant 0 \end{cases}$；$\frac{1}{\lambda_k\left|g_{k,n}\right|^2}$ 称为注水水面。

分析式(5.21)，可得

$$\frac{\dfrac{\left|h_{k,n}\right|^2}{\sigma_{k,n}^2 \varGamma}}{1+\dfrac{\left|h_{k,n}\right|^2 p_{k,n}}{\sigma_{k,n}^2 \varGamma}}-\lambda_k\left|g_{k,n}\right|^2=0$$

整理可得

$$\frac{\dfrac{\left|h_{k,n}\right|^2}{\sigma_{k,n}^2 \varGamma\left|g_{k,n}\right|^2}}{1+\dfrac{\left|h_{k,n}\right|^2 p_{k,n}}{\sigma_{k,n}^2 \varGamma}}=\lambda_k\ (\text{常数})$$

因此有

$$\frac{\dfrac{\left|h_{k,n}\right|^2}{\sigma_{k,n}^2\Gamma\left|g_{k,n}\right|^2}}{1+\dfrac{\left|h_{k,n}\right|^2}{\sigma_{k,n}^2\Gamma}p_{k,n}}=\frac{\dfrac{\left|h_{k,m}\right|^2}{\sigma_{k,m}^2\Gamma\left|g_{k,m}\right|^2}}{1+\dfrac{\left|h_{k,m}\right|^2}{\sigma_{k,m}^2\Gamma}p_{k,m}},\quad n,m=1,2,\cdots,N_k \tag{5.22}$$

设 $\dfrac{\left|h_{k,n}\right|^2}{\sigma_{k,n}^2\ \Gamma}=H_{k,n}$， $\dfrac{\left|h_{k,m}\right|^2}{\sigma_{k,m}^2\ \Gamma}=H_{k,m}$，则式(5.22)可简化为

$$\frac{H_{k,n}/\left|g_{k,n}\right|^2}{1+H_{k,n}p_{k,n}}=\frac{H_{k,m}/\left|g_{k,m}\right|^2}{1+H_{k,m}p_{k,m}} \tag{5.23}$$

进而可得

$$\left|g_{k,n}\right|^2 p_{k,n}=\left|g_{k,m}\right|^2 p_{k,m}+\left(\frac{\left|g_{k,m}\right|^2}{H_{k,m}}-\frac{\left|g_{k,n}\right|^2}{H_{k,n}}\right) \tag{5.24}$$

由式(5.24)可知，由于只要确定某一子载波的功率，根据式(5.19)，所有子载波的功率和为

$$\sum_{n=1}^{N_k}\left|g_{k,n}\right|^2 p_{k,n}=N_k\left(\left|g_{k,n}\right|^2 p_{k,n}+\frac{\left|g_{k,n}\right|^2}{H_{k,n}}\right)-\sum_{m=1}^{N_k}\frac{\left|g_{k,m}\right|^2}{H_{k,m}}\leqslant\frac{N_k P_{\mathrm{T}}}{N} \tag{5.25}$$

变换不等式可得

$$\left|g_{k,n}\right|^2 p_{k,n}\leqslant\frac{1}{N_k}\left(\frac{N_k P_{\mathrm{T}}}{N}-\frac{N_k\left|g_{k,n}\right|^2}{H_{k,n}}+\sum_{m=1}^{N_k}\frac{\left|g_{k,m}\right|^2}{H_{k,m}}\right) \tag{5.26}$$

由式(5.26)可以计算出每一个子载波的功率，若计算出 $\left|g_{k,n}\right|^2 p_{k,n}<0$，因为 $\left|g_{k,n}\right|^2>0$，所以 $p_{k,n}<0$，将子载波 n 上的功率 $p_{k,n}$ 置零，同时将信道状态值从 $\sum_{m=1}^{N_k}\dfrac{\left|g_{k,m}\right|^2}{H_{k,m}}$ 中剔除，即用 $\sum_{m=1}^{N_k}\dfrac{\left|g_{k,m}\right|^2}{H_{k,m}}-\dfrac{\left|g_{k,n}\right|^2}{H_{k,n}}$ 代替。假设 $H_{k,1}\leqslant H_{k,2}\leqslant\cdots\leqslant H_{k,N_k}$，则 $p_{k,1}\leqslant p_{k,2}\leqslant\cdots\leqslant p_{k,N_k}$，根据式(5.26)可以得到

$$\left|g_{k,1}\right|^2 p_{k,1}=\frac{1}{N_k}\left(\frac{N_k P_{\mathrm{T}}}{N}-\frac{N_k\left|g_{k,1}\right|^2}{H_{k,1}}+\sum_{m=1}^{N_k}\frac{\left|g_{k,m}\right|^2}{H_{k,m}}\right) \tag{5.27}$$

若 $\left|g_{k,1}\right|^2 p_{k,1}<0$，则该子载波功率设为 0，去除该子载波，给另一子载波分配的功率为

$$\left|g_{k,2}\right|^2 p_{k,2}=\frac{1}{N_k}\left[\frac{N_k P_{\mathrm{T}}}{N}-\frac{(N_k-1)\left|g_{k,2}\right|^2}{H_{k,2}}+\sum_{m=2}^{N_k}\frac{\left|g_{k,m}\right|^2}{H_{k,m}}\right] \tag{5.28}$$

直至找到 $p_{k,m}>0$，再根据式(5.24)计算出后续子载波的功率。

下面比较不同用户数和不同子载波数情况下满足用户间速率公平性指标的认知用户最大传输速率(信道容量)。使用公平指数[9]来定义用户间的速率公平性：

$$F=\frac{\left(\sum_{k=1}^{K} r_k\right)^2}{K\sum_{k=1}^{K} {r_k}^2} \tag{5.29}$$

当用户间的比例速率公平性一样时达到最公平的情况，这时 F 取最大值1。下面仿真比较了两类方法：其一是固定子载波数，用户数变化；其二是固定用户数，子载波数变化。

取子载波数 $N=16$，用户数 $K=2,4,6,8,10$，$P_{\mathrm{T}}=5,10\,\mathrm{dB}$，$F=1$，假设各子载波上噪声功率均相等($N_{0\mathrm{B}}=1$)，$\mathrm{Pr_b}=10^{-5}$，$g_{k,n}$和 $h_{k,n}$ 均为服从瑞利衰落的复高斯分布，且采用蒙特卡罗仿真[2,3,10]。

图 5.3 和图 5.4 给出了不同发射功率情况下不同算法的用户数与传输容量的比较。由图可知，随着 P_{T} 的增大，传输容量也随之增大。容量最大化功率分配方法仍然是最优算法，本节所提算法的性能接近于容量最大化算法。平均干扰算法的性能次于前两种算法，随着用户数的增加，平均干扰算法的性能逼近本节所提算法。另外，随着用户数的增加，容量最大化算法和本节所提算法的传输速率增加到一定

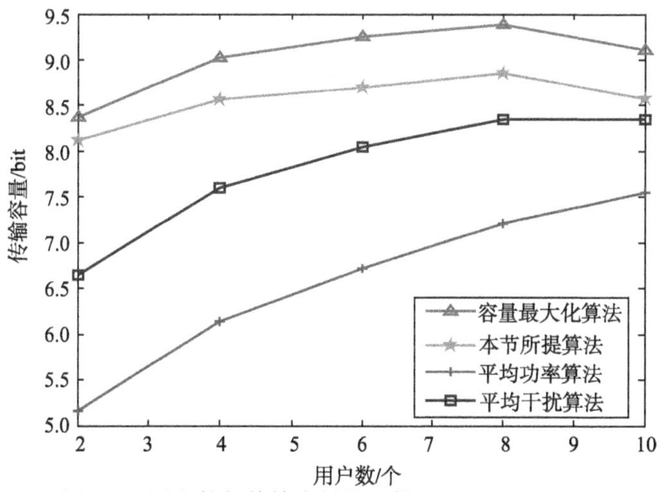

图 5.3　用户数与传输容量的比较($P_{\mathrm{T}}=5\mathrm{dB}, N=16$)

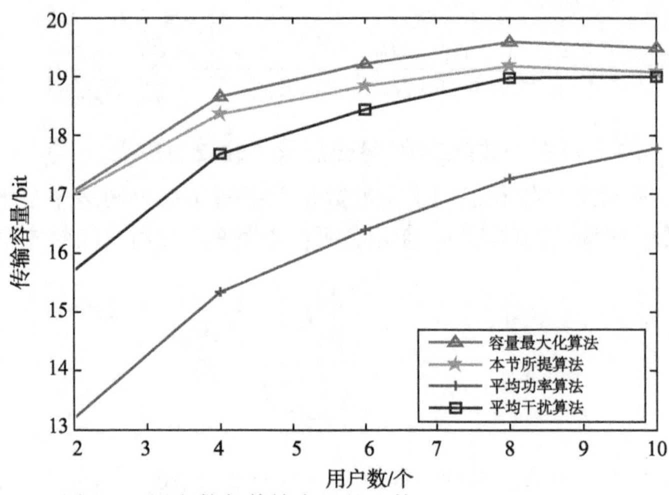

图 5.4　用户数与传输容量的比较($P_T = 10\text{dB}, N = 16$)

程度之后反而降低，这是因为随着用户的增加，有的用户只能分到一个载波，就会出现用户数增加但传输速率反而降低的情况。无论是大干扰容限或小干扰容限，平均功率算法的性能均最差。

当子载波数 $N = 16,32,48,64$ 、用户数 $K = 10$ 、$F = 1$、$P_T = 10\text{dB}$ 时，假设各子载波上的噪声功率均相等 $N_{0B} = 1$ ，$\text{Pr}_b = 10^{-5}$ ，$g_{k,n}$ 和 $h_{k,n}$ 均为服从瑞利衰落的复高斯过程，且采用蒙特卡罗仿真[2,3,10]。

图 5.5 和图 5.6 给出了不同发射功率情况下不同算法的子载波数与传输容量的比较。由图可知，随着 P_T 的增大，传输容量随之增大；随着子载波数的增加，传输

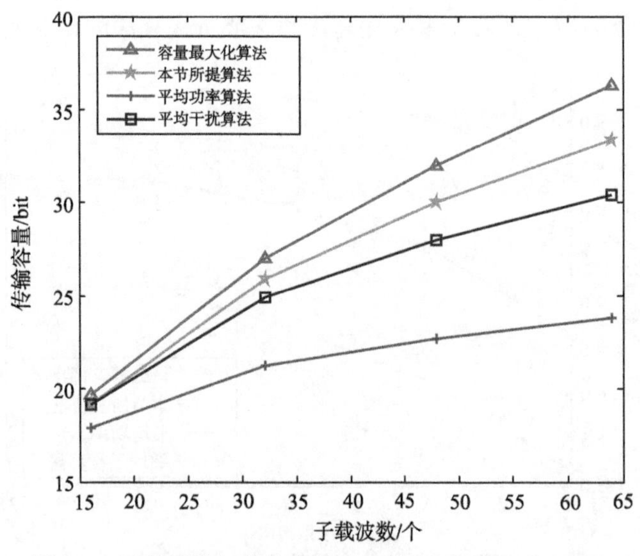

图 5.5　子载波数与传输容量的比较($P_T = 10\text{dB}, K = 10$)

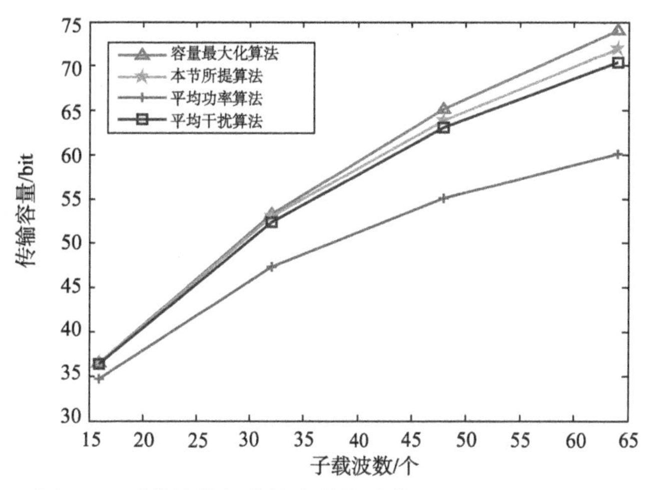

图 5.6 子载波数与传输容量的比较($P_T = 15\text{dB}, K = 10$)

容量也显著增大。在这四种算法中，容量最大化算法仍然是最优算法，它可以最大化用户传输容量。本节所提算法的传输容量仅次于容量最大化算法，平均干扰算法则次于本节所提算法，平均功率算法的性能最差。

虽然容量最大化算法是最优的算法，但随着用户数与子载波数的增加，其计算复杂度呈指数级增长，而本节所提算法逼近容量最大化算法，且其复杂度呈线性，故在认知 OFDM 多用户子载波功率联合分配中可以实现传输容量性能与复杂度的折中。

5.2 CR 多用户子载波功率联合分配技术

5.2.1 基于最差子载波避免的子载波功率联合分配

对于 RA 准则的优化模型，多用户认知 OFDM 系统下行链路容量最大化的子载波分配策略是将子载波分配给对于这个子载波信道增益最大的用户使用。若按照两步法求解该多约束优化问题，则当完成子载波分配后，主要涉及的是用户在其分配的各子载波上的功率分配问题[11]。文献[12]指出，能够在带限信道上实现理论信道容量的最佳功率分布是注水分布。信息论中的注水定理要求各子信道上的功率分配遵循“优质信道多传送，较差信道少传送，劣质信道不传送”原则。根据注水定理的物理意义，所有无线资源的最优分配方案都可以归结为注水定理[13,14]。

基于 5.1.3 节建立的基于 RA 准则的多用户子载波功率分配模型，本节结合 Wong 算法[15,16]对最差子载波避免(worst subcarrier avoiding, WSA)算法[17]进行改进，提出了最差子载波避免注水(worst subcarrier avoiding waterfilling, WSAW)算法[14,18]。WSAW算法采用两步走的求解方法，首先以初分配和再分配两个阶段完成用户子载波分配，然后利用功率注水算法为各个子载波分配功率。

为了获得最大系统容量，需要尽可能为用户选择条件最优的信道。在基于RA准则的多用户子载波功率分配模型下，为每个用户均分配对其来说信道条件最好的信道是困难的，但是避免将对该用户来说信道条件最差的子信道分配给该用户却相对容易。WSA算法[17]正是基于这样的思想来实现子载波分配的。

若有瞬时信道矩阵

$$\boldsymbol{H}=\begin{bmatrix} \text{子载波:} & 1 & 2 & 3 & 4 & 5 & 6 \\ \text{用户1:} & 1.8 & 1.7 & 1.3 & 0.5 & 0.3 & 0.4 \\ \text{用户2:} & 0.6 & 0.7 & 1.4 & 1.3 & 0.8 & 0.9 \\ \text{用户3:} & 0.2 & 1.6 & 0.6 & 1.2 & 1.0 & 0.1 \end{bmatrix} \tag{5.30}$$

以该信道矩阵为例，第6个子载波对于第3个用户，其信道增益为最差的0.1。因此，用户3将是第一个被分配子载波的用户。接下来较差的子载波增益分别为0.2、0.3、0.5、0.6和0.7，对应于第1个子载波、第5个子载波、第4个子载波、第3个子载波和第2个子载波。按照升序重新排列各子载波所在的列，有

$$\boldsymbol{H}^{*}=\begin{bmatrix} \text{子载波:} & 6 & 1 & 5 & 4 & 3 & 2 \\ \text{用户1:} & 0.4 & 1.8 & 0.3 & 0.5 & 1.3 & 1.7 \\ \text{用户2:} & 0.9 & 0.6 & 0.8 & 1.3 & 1.4 & 0.7 \\ \text{用户3:} & 0.1 & 0.2 & 1.0 & 1.2 & 0.6 & 1.6 \end{bmatrix} \tag{5.31}$$

再次进行子载波的分配。首先从第6个子载波开始分配，对于该子载波，信道条件最好的用户是用户2，且用户2未分满，故可将第6个子载波分配给该用户。接下来分配第1个子载波，信道条件最好的是用户1且该用户尚未达到其所需的子载波数目，因此将第1个子载波分配该用户。其他子载波依次按照该方法分配给各用户。最后所得的子载波分配情况为：用户1占用子载波{1,3}，用户2占用子载波{4,6}，用户3占用子载波{2,5}。下面给出其具体步骤。

1. 初次分配阶段

(1)寻找信道质量矩阵$\boldsymbol{H}$中每一列的最小值，得到N个最小值，即$|h_n^{\min}|^2=\min\limits_k|h_{k,n}|^2,\ n=1,2,\cdots,N$。

(2) 对获得的N个最小值进行增序排列，即$|h_1^{\min}|^2\leqslant|h_2^{\min}|^2\leqslant\cdots\leqslant|h_N^{\min}|^2$，再按照该顺序为其对应的信道质量矩阵中的列进行排序，形成一个新的信道质量矩阵$\boldsymbol{H}^{*}=[\boldsymbol{h}_1,\boldsymbol{h}_2,\cdots,\boldsymbol{h}_N]$。

(3) 对于 $\boldsymbol{H}^*$，首先寻找左起第一列中的信道增益最大值及对应的用户。若该用户所需的子载波数目未满足，则直接将该子载波分配给该用户；若该用户所需的子载波数目已满足，则将该子载波分配给该列中次优信道增益所在的用户。然后，继续下一列即对下一个子载波进行分配。

虽然 WSA 算法可以成功避免所有子载波中的最差子载波被分配出去，但是在最后的分配阶段，仍然存在因满足分配条件的用户数量有限而不得不将最差增益的子载波分配给剩余该用户的情形[17]。因此，WSAW 算法采用了类似于 Wong 算法的迭代优化算法对 WSA 算法进行改进。不同之处在于，WSAW 算法中建立了容量增量表，以适用于 RA 模型[14,18]。

2. 再次分配阶段

(1) 以最大化系统容量为原则进行迭代优化。设 $\Delta C_{i,j}$ 为将原来分配给用户 i 的子信道重新分配给用户 j 而产生的最大容量增量；$\Delta C_{j,i}$ 表示将原来分别给用户 j 的子信道重新分配给用户 i 而产生的最大容量增量；$C_{i,j}=\Delta C_{i,j}+\Delta C_{j,i}$ 表示用户 i 和用户 j 之间的子信道进行互换而产生的容量增量值；n_{ij}、n_{ji} 分别表示用户 i 与用户 j 交换的子信道以及用户 j 与用户 i 交换的子信道。

(2) 对所有用户对 (i,j)，$i,j=1,2,\cdots,K$ 且 $i\neq j$，计算 $\{C_{i,j}\}$ 列表并进行降序排列，找出最大值 $C_{i^*j^*}$ 及对应的用户对 (i^*,j^*) 和子载波 $n_{i^*j^*}$、$n_{j^*i^*}$。

(3) 若 $C_{i^*j^*}>0$，则在用户 i^* 和用户 j^* 之间实行 $n_{i^*j^*}$ 和 $n_{j^*i^*}$ 的交换，其数学表达式如式(5.32)所示。更新分配矩阵 $\boldsymbol{A}$，重新计算 $\{C_{i,j}\}$。

$$\begin{cases}\rho_{i^*,n_{i^*j^*}}=0, & \rho_{i^*,n_{j^*i^*}}=1\\ \rho_{j^*,n_{j^*i^*}}=0, & \rho_{j^*,n_{i^*j^*}}=1\end{cases} \tag{5.32}$$

(4) 重复上述迭代过程直到所有 $C_{i^*j^*}\leqslant 0$，即系统容量不能再增加，子载波分配结束。

完成子载波分配后，利用注水算法为各用户分配功率。可采用文献[8]提出的线性注水算法快速确定不需要分配功率的子载波以加快资源分配速度，进一步改善系统资源分配的实时性。

下面进行 WSAW 算法的仿真与性能分析。仿真参数设置如下：无线信道为单径瑞利衰落信道且各信道噪声功率均为 1；所有用户平分可用子载波，即 $S_k=N/K$，$k=1,2,\cdots,K$。数值仿真结果为 1000 次蒙特卡罗仿真求平均所得[14,18]。

假设认知无线网络中 64 个用户共享 128 个子载波，即每个用户分得 2 个子载波，图 5.7 给出了不同算法的误码率性能比较。由图可知，WSAW 算法具有比 Wong 算法更好的误码率性能。文献[15]指出，Wong 算法在三径的频率选择性瑞利衰落信道下，可以获得接近最优的误码率性能。因此，可以推出 WSAW 算法是一个在单径瑞利衰落信道下近似最优的解决方案。另外，最差用户优先算法在较低信噪比条件下(如 0 dB 以下)可获得与 WSAW 算法相近的误码率性能[14,18]。

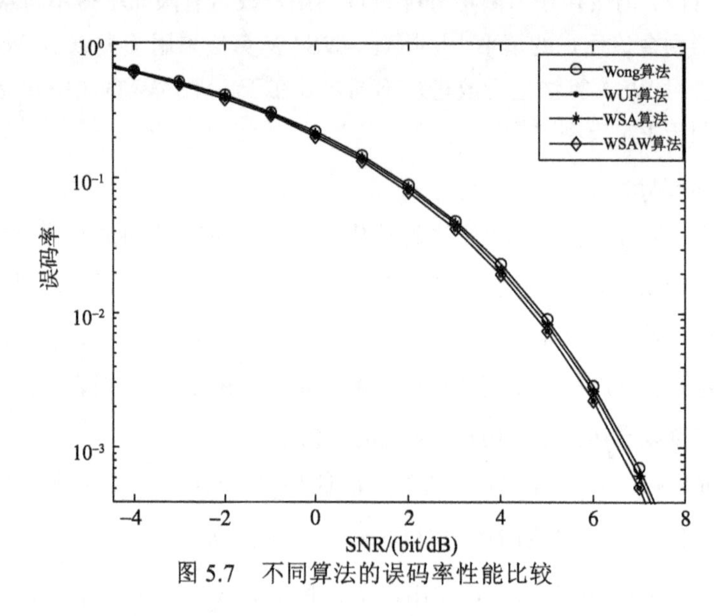

图 5.7　不同算法的误码率性能比较

图 5.8 给出了不同算法在不同子载波数下的系统容量比较。由图可知，在系统容量方面，WSAW 算法优于 WSA 算法和 WUF 算法，并与 Wong 算法相当。这是因为，WSAW 算法采用了类似于 Wong 算法的迭代优化思想。

图 5.9 给出了不同算法在不同信噪比下的系统容量比较。由图可知，在相同信噪比条件下，WSAW 算法和 Wong 算法可取得比 WUF 算法和 WSA 算法更大的系统容量。结合图 5.8，表明 WSAW 算法能够对 WSA 算法的系统容量性能进行改进。

图 5.10 给出了 WSAW 算法与 Wong 算法在再次分配阶段的迭代次数比较。设 WSAW 算法的迭代次数为 d，Wong 算法的迭代次数为 a。事实上，在初次分配阶段 WSAW 算法的计算复杂度为 $O(KN)$，而 Wong 算法的计算复杂度为 $O(N^2)$。若 d 比 a 大一个数量级，则初次分配阶段的低复杂度并没有取得多大优势；反之，WSAW 算法的计算运行时间要少于 Wong 算法，具有运行速度上的优势。由图可知，随着子载波数的增加，WSAW 算法的迭代次数相应增加，且增加量要大于 Wong 算法，但是其增加的迭代次数并没有出现比 Wong 算法多一个数量级的情况，即使增加子载波数目，从曲线趋势看也不会出现相差一个数量级的情况。另外，子载波数不能

过大，其值越大，相邻子载波间隔越小，将增加发射机和接收机的实现复杂度，且系统对于相位噪声和频偏会更加敏感，同时还会增大信号峰的平均功率比。可见，WSAW 算法在运行时间和速度上要优于 Wong 算法，在系统容量方面也要优于 WUF 算法和 WSA 算法，而与 Wong 算法相接近。因此，WSAW 算法具有与 Wong 算法相同的计算复杂度，以及比后者更优的误码率性能。

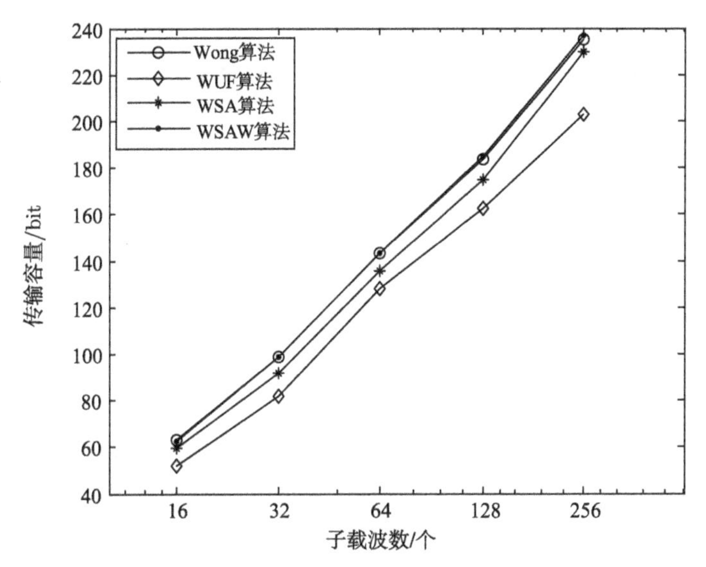

图 5.8　不同算法在不同子载波数下的系统容量比较

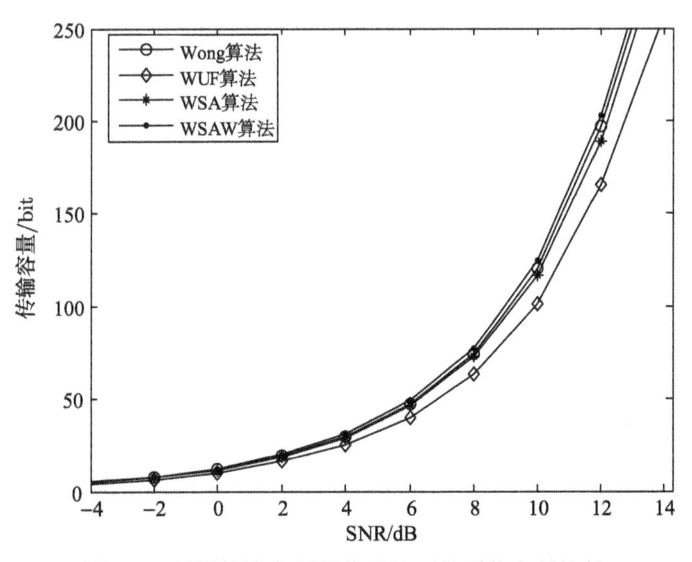

图 5.9　不同算法在不同信噪比下的系统容量比较

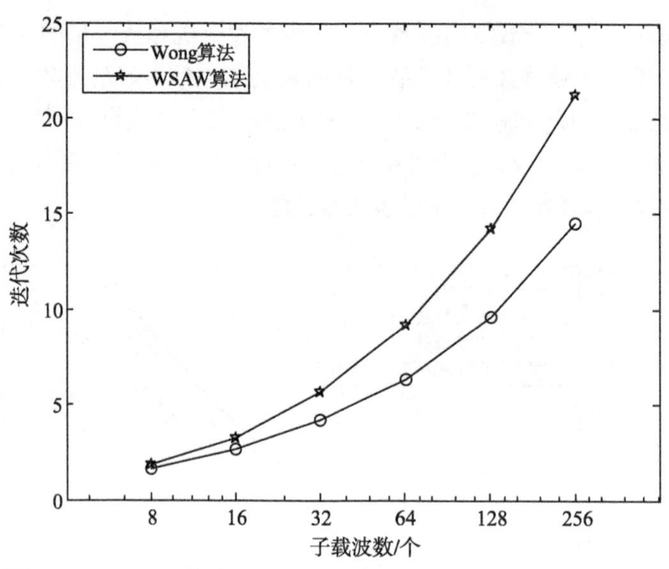

图 5.10　WSAW 算法和 Wong 算法的再分配阶段迭代次数比较

5.2.2　兼顾速率公平的多用户子载波功率联合分配

随着无线通信技术的发展，无线资源的需求量会越来越大，用户对 QoS 的要求也将不断提高。因此，未来通信系统需要智能地处理用户 QoS 需求和有限的无线资源之间的折中关系。为了提高认知无线网络的频谱利用率，在可用子载波、认知用户发射功率及用户公平性等约束条件下，基于速率自适应准则，本节提出了在认知 OFDM 系统中兼顾速率公平的多用户子载波功率联合分配算法[19,20]。

该算法分为子载波分配和功率分配两部分。在子载波分配算法中，利用 WSA 算法[17]来提高系统容量，速率小的用户优先分配信道条件好的子载波，以兼顾公平性。在功率分配算法中，采用一种可修正注水水面且计算复杂度相对较低的功率分配算法。为讨论方便，在后面描述中，根据 5.1.3 节建立的基于 RA 准则的多用户子载波功率分配模型，将式(5.17)中用户 j 的速率 R_j 表示为

$$R_j = \sum_{n=1}^{N} \rho_{j,n} \log_2 \left(1 + \frac{P_{j,n} \mid h_{j,n} \mid^2}{N_0 B\Gamma / N} \right) \tag{5.33}$$

且令用户 j 在第 n 个子载波上的信道增益为 $H_{j,n} = \dfrac{\mid h_{j,n} \mid^2}{N_0 B\Gamma / N}$，$j = 1, 2, \cdots, J$。

1. 子载波分配算法

子载波分配算法大致可分为三个步骤：① 初始化变量；② 调整信道增益矩阵 $\boldsymbol{H}$，按每列的最小值从小到大进行调整；③ 将调整后的信道增益矩阵分为前后两

个部分，前面部分采用WSA算法，避免用户使用最差子载波；后面部分按照速率小的用户优先分配信道条件好的子载波的规则进行分配，以此保证了认知用户的公平性。算法具体过程如下。

(1) 初始化：设子载波集合 $A=\{1,2,\cdots,N\}$。

(2) $H_n^{\min}=\min\limits_j H_{j,n}$，$H_n^{\min}$ 为第 n 列的最小值，按照每列最小值从小到大的顺序进行排列 $H_1^{\min}\leqslant H_2^{\min}\leqslant\cdots\leqslant H_N^{\min}$，并且调整 $\boldsymbol{H}=[H_1,H_2,\cdots,H_N]$。

(3) 对于调整后的 $\boldsymbol{H}$ 矩阵选取前 $\mathrm{fix}(2N/J)$ 列作为前面部分。从第一列开始，找出该列最大值对应的用户下标 j^*，若子载波数还未满足 S_j，则把该子载波分配给用户 j^*，接着分配下一个子载波，这里将 S_j 设为 $\mathrm{fix}(2N/J)$；若子载波数已满足 S_j，则寻找该列的次最大值进行判断是否可以分配。具体流程如下：

$\mathrm{for}(n=1:\mathrm{fix}(2N/J)\times J)$

$j^*=\arg\max|H_{j,n}|$

While $\sum\limits_n \rho_{j,n}==S_j$

$|H_{j,n}|=0$

$j^*=\arg\max|H_{j,n}|$

End

$\rho_{j^*,n}=1$

End

(4) 令 $A=\{\mathrm{fix}(2N/J)J+1,\mathrm{fix}(2N/J)J+2,\cdots,N\}$，即取矩阵后面部分的列下标。$\Omega_j$ 是 ρ 矩阵中第 j 行的非零项下标的集合。兼顾速率公平的多用户子载波功率联合分配算法具体如下：

While $A\neq\varnothing$

查找 $\dfrac{R_j}{r_j}=\min\dfrac{R_i}{r_i}$

对于指定的 j，$k=\mathrm{fix}(2N/J)J+1,\mathrm{fix}(2N/J)J+2,\cdots,N$，找出 $|H_{j,n}|=\max|H_{j,k}|$。对于已经确定的 j 和 n，令 $\Omega_j=\Omega_j\cup\{n\}$，$A=A-\{n\}$，$\rho_{j,n}=1$，并更新 R_j，即 $R_j=\sum\limits_{n=1}^{N}\rho_{j,n}\log_2(1+P_{j,n}H_{j,n})$。

End

2. 功率分配算法

子载波分配完毕后，每个认知用户在已分配的子载波上进行功率分配，将未分配到的子载波功率设置为零，这样使得每个认知用户的功率分配不会对其他用户的传输产生影响，多用户 OFDM 系统子载波功率分配就转化成单用户子载波功率分配。兼顾速率公平的多用户子载波功率联合分配算法中的功率分配采用文献[21]和文献[22]中的快速迭代注水分配算法。

利用拉格朗日算法构造拉格朗日函数，即

$$\begin{aligned} L=&\sum_{j=1}^{J}\sum_{n\in\Omega_j}\log_2(1+P_{j,n}H_{j,n})+\lambda_1\left(\sum_{j=1}^{J}\sum_{n\in\Omega}P_{j,n}-P_{\mathrm{T}}\right)\\ &+\sum_{j=2}^{J}\lambda_j\left[\sum_{n\in\Omega_j}\log_2(1+P_{1,n}H_{1,n})-\frac{r_1}{r_j}\sum_{n\in\Omega}\log_2(1+P_{j,n}H_{j,n})\right] \end{aligned} \tag{5.34}$$

分别对 $P_{1,n}$ 、 $P_{j,m}$ 求导得

$$\frac{\partial L}{\partial P_{1,n}}=\frac{1}{\ln 2}\frac{H_{1,n}}{1+P_{1,n}H_{1,n}}+\lambda_1+\sum_{j=2}^{J}\lambda_j\frac{1}{\ln 2}\frac{H_{1,n}}{1+P_{1,n}H_{1,n}}=0 \tag{5.35}$$

$$\frac{\partial L}{\partial P_{j,n}}=\frac{1}{\ln 2}\frac{H_{j,n}}{1+P_{j,n}H_{j,n}}+\lambda_1-\lambda_j\frac{r_1}{r_j}\frac{1}{\ln 2}\frac{H_{j,n}}{1+P_{j,n}H_{j,n}}=0 \tag{5.36}$$

由式(5.35)和式(5.36)可得

$$\frac{H_{j,m}}{1+H_{j,m}P_{j,m}}=\frac{H_{j,n}}{1+H_{j,n}P_{j,n}} \tag{5.37}$$

$$\sum_{n=1}^{N_j}P_{j,n}=N_jP_{j,m}+\frac{N_j}{H_{j,m}}-\sum_{n=1}^{N_j}\frac{1}{H_{j,n}}\leqslant\frac{\sum_{n=1}^{N_j}H_{j,n}}{\sum_{j=1}^{J}\sum_{n=1}^{N_j}H_{j,n}}P_{\mathrm{T}} \tag{5.38}$$

$$P_{j,m}\leqslant\frac{1}{N_j}\left(\frac{\sum_{n=1}^{N_j}H_{j,n}}{\sum_{j=1}^{J}\sum_{n=1}^{N_j}H_{j,n}}P_{\mathrm{T}}-\frac{N_j}{H_{j,m}}+\sum_{n=1}^{N_j}\frac{1}{H_{j,n}}\right) \tag{5.39}$$

若式(5.39)中右边小于 0，则 $P_{j,m}=0$ ，用 $\sum_{n=1}^{N_j}\frac{1}{H_{j,n}}-\frac{1}{H_{j,m}}$ 代替 $\sum_{n=1}^{N_j}\frac{1}{H_{j,n}}$ 。

对于用户 j ，假设 $H_{j,1}\leqslant H_{j,2}\leqslant\cdots\leqslant H_{j,N_j}$ ，则分配给该用户的第一个子载波的功率为

$$P_{j,1}=\frac{1}{N_j}\left(\frac{\sum_{n=1}^{N_j}H_{j,n}}{\sum_{j=1}^{J}\sum_{n=1}^{N_j}H_{j,n}}P_{\mathrm{T}}-\frac{N_j}{H_{j,1}}+\sum_{n=1}^{N_j}\frac{1}{H_{j,n}}\right) \tag{5.40}$$

若 $P_{j,1}\leqslant 0$，令 $P_{j,1}=0$，则分配给该用户的第二个子载波的功率为

$$P_{j,2}=\frac{1}{N_j}\left(\frac{\sum_{n=1}^{N_j}H_{j,n}}{\sum_{j=1}^{J}\sum_{n=1}^{N_j}H_{j,n}}P_{\mathrm{T}}-\frac{N_j-1}{H_{j,2}}+\sum_{n=2}^{N_j}\frac{1}{H_{j,n}}\right) \tag{5.41}$$

直到计算出 P_{j,N_j}。P_{j,N_j} 是第 j 个用户在第 N_j 个子载波上分配的功率。

与传统注水算法相比，本节所提算法不需要计算所有载波上分配的功率，可以自适应地修正注水水面值，且能够减小计算复杂度。

将本节所提算法与 WSAW 算法[14,18]、子载波功率平均分配(subcarrier power allocation equally, SAE)算法[20,22]进行仿真比较。

图 5.11 给出了不同子载波数下不同算法的系统容量比较。参数设置为：认知用户数 $J=8$，子载波数 $N=16,32,48,64,128,256$，$P_{\mathrm{T}}=10\,\mathrm{dB}$，$r_1:r_2:\cdots:r_J=1:1:1:\cdots:1$。假设每个子载波的噪声功率相同，噪声功率 $N_{0\mathrm{B}}=1$，$\mathrm{Pr_b}=10^{-5}$，并采用 1000 次蒙特卡罗仿真。由图可知，在不同子载波数下，本节所提算法得到的系统容量十分接近

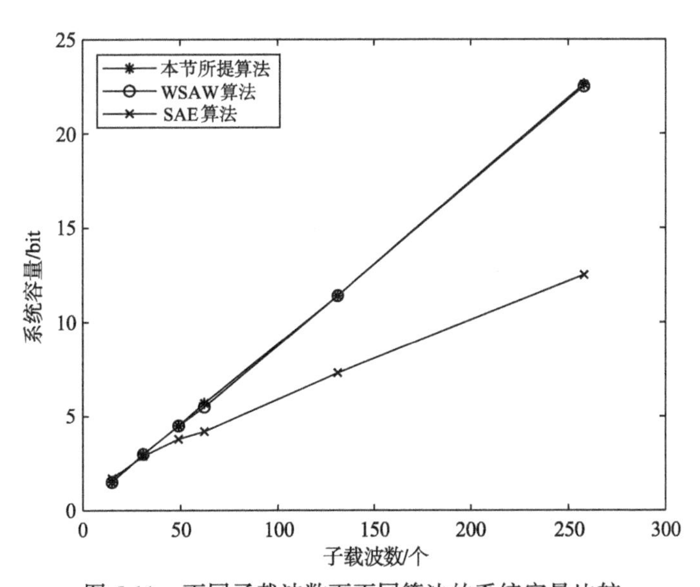

图 5.11　不同子载波数下不同算法的系统容量比较

近于 WSAW 算法。该算法在子载波分配部分剔除了最差信道，故其系统容量会得到提升。当子载波数大于 50 时，本节所提算法得到的系统容量远远大于 SAE 算法。子载波数越大，越能体现本节所提算法的优越性。

图 5.12 给出了不同算法下系统容量随认知用户数增加的情况。其参数设置为：$J=4,6,8,10,12$，$N=64$，$P_{\mathrm{T}}=10\,\mathrm{dB}$，$r_1:r_2:\cdots:r_J=1:1:1:\cdots:1$。假设每个子载波的噪声功率 $N_{0\mathrm{B}}=1$，$\mathrm{Pr_b}=10^{-5}$，并采用 1000 次蒙特卡罗仿真。由图可知，在不同认知用户数下，由于兼顾用户的公平性，牺牲了部分的系统容量，故在系统容量方面，本节所提算法稍逊于 WSAW 算法，但是与 SAE 算法相比，系统容量有了明显提高。

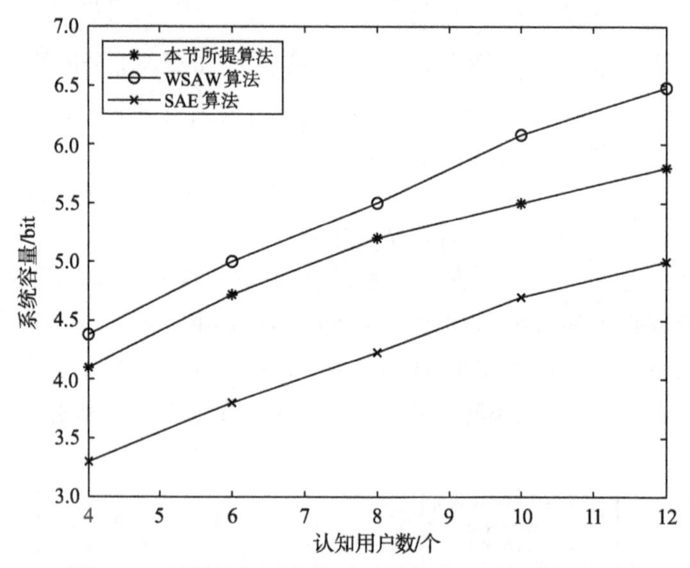

图 5.12 不同认知用户数时不同算法的系统容量比较

根据方差公式 $\sigma=\sum_{j=1}^{J}\frac{(R_j-\overline{R})^2}{M}$，可以计算认知用户各自速率 R_j 与平均速率 $\overline{R}$ 的偏差。方差值越小，表明认知用户的公平性越好[23]。本节所提算法在子载波分配时，速率小的用户优先分配信道条件较好的子载波，由此保证了算法的公平性。图 5.13 给出了各种算法的用户公平性比较，本节所提算法具有折中的公平性指标，其方差性能较好。

综上可知，WSAW 算法牺牲了公平性来获得较大的系统容量，SAE 算法的公平性能好但系统容量偏低；本节所提算法不但兼顾了用户速率的公平性，而且显著提高了系统的容量，可以实现认知 OFDM 系统中兼顾速率公平的多用户子载波功率联合分配。

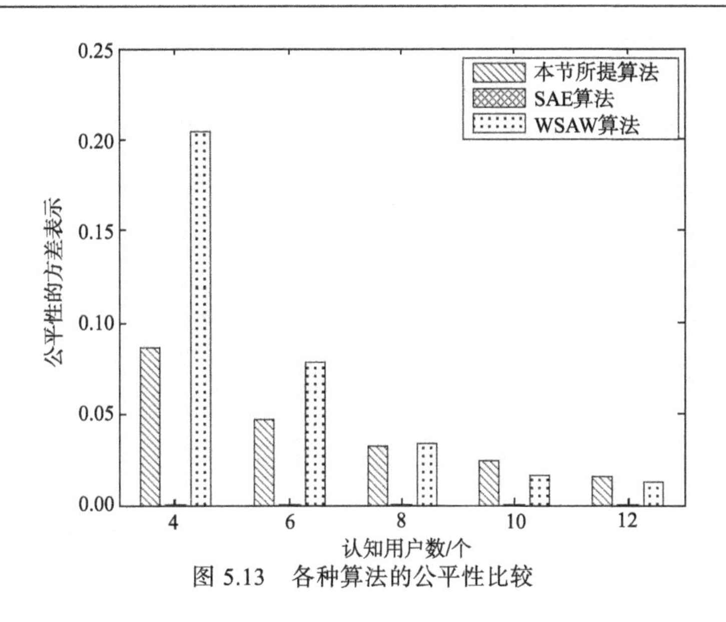

图 5.13　各种算法的公平性比较

5.2.3　基于速率公平比的子载波功率联合分配

在认知 OFDM 多用户子载波功率分配过程中，除了要使系统容量最大化，还要考虑各 SU 间的公平性[9]。例如，SU 距离基站越近，所获得的信道质量越好，因此可获得较多的子载波，而距离较远的 SU 可能会因分享不到子载波而无法进行正常通信。因此，本节针对认知 OFDM 不同子信道对于容量和 SU 间比例速率的不同，提出一种在系统总发射功率限定条件下，系统容量和速率公平比可调的子载波功率联合分配算法[24,25]。该方法包括子载波分配和功率分配两部分。在子载波分配算法中，引入速率公平控制参数 α，用以调节系统容量和比例速率公平性之间的比重。根据实际需要选择最佳的 α，不仅能够获得近似于最大化的系统容量，而且可以协调各 SU 之间的速率平衡。在功率分配算法中，利用线性注水算法为各 SU 的子载波分配功率[21,22]。

通过引入 α $(0\leqslant\alpha\leqslant1)$，将子载波分配过程分成以下两个阶段。

子载波初次分配阶段：对 $\boldsymbol{H}$ ($\boldsymbol{H}_{K\times N}=\{|h_{k,n}|^2\}$)进行调整，将新的矩阵根据参数 α 分成两部分，第一列到第 fix(aN)列构成的矩阵为第一部分，余下部分为第二部分。在第一部分中，采用 WSA 算法将前 fix(aN) 个子载波进行初始子载波分配，分配过程需满足条件 $N_1:N_2:\cdots:N_K=r_1:r_2:\cdots:r_K$, $\sum N_k=\text{fix}(aN)$, $k=1,2,\cdots,K$，其中 N_k 表示第 k 个 SU 在第一阶段分配到的子载波数。由于在第一阶段子载波分配过程中采用了 WSA 算法，避开了某个 SU 可能选择到对它来说最差子载波的情况，可以获得较大的系统容量。该阶段以 SU 间的子载波数作为条件粗略地实现了 SU 之间的公平性，

但公平性较差，因此在第二阶段进一步对公平性进行优化调整[24,25]。

子载波再次分配阶段：对剩余的 $N-\text{fix}(aN)$ 个子载波进行分配，采用 Shen 算法，数据速率与比例公平比值最小的认知用户可以优先选择对它来说较好的子载波，且分配过程需满足 $R_1:R_2:\cdots:R_K=r_1:r_2:\cdots:r_K$。由此协调了各认知用户之间的公平性，使其均可获得所需的子载波进行正常通信[9]。

算法具体如下。

(1) 初始化：$\rho_{k,n}=0$，$k=1,2,\cdots,K$，$n=1,2,\cdots,N$，$\Omega_k=\varnothing$，$A=\{1,2,\cdots,N\}$，$A^*=\varnothing$，$U=\{1,2,\cdots,K\}$。

(2) $H_n^{\min}=\min\limits_k H_{k,n}$，这里 $H_n^{\min}$ 为 H 的第 n 列最小值，调整 $\boldsymbol{H}=[H_1,H_2,\cdots,H_N]$，使之满足 $H_1^{\min}\leqslant H_2^{\min}\leqslant\cdots\leqslant H_N^{\min}$。

(3) 对于调整好的信道增益矩阵 $\boldsymbol{H}$，选择前 $\text{fix}(aN)$ 列作为第一部分，以 SU 间的子载波数作为条件，即满足 $N_1:N_2:\cdots:N_K=r_1:r_2:\cdots:r_K$，$\sum\limits_{k=1}^{K}N_k=\text{fix}(aN)$，进行第一阶段子载波分配。

① 从第一列开始，找出该列中最大值所对应的认知用户 k^*，如果该认知用户满足 $\sum\Omega_k<N_k$，则将该子载波分配给认知用户 k^*，即 $\rho_{k^*,n^*}=1$，$R_{k^*}=R_{k^*}+\log_2\left(1+\dfrac{P_{k^*,n^*}|h_{k^*,n^*}|^2}{\sigma_{k^*,n^*}^2\Gamma}\right)$，$\Omega_{k^*}=\Omega_{k^*}\cup\{n^*\}$，$A=A-\{n^*\}$。

② 若 $\sum\Omega_k=N_k$，$U=U-\{k^*\}$，则挑选出该列次大值并将其分配给相对应的子载波数目未满的认知用户。

③ 根据此原则将前 $\text{fix}(aN)$ 个子载波分配给相应的 SU。

(4) 对于由 $A=\{\text{fix}(aN)+1,\text{fix}(aN)+2,\cdots,N\}$ 列构成的矩阵，按照比例公平性原则进行子载波分配。若 $A\neq\varnothing$，则执行如下过程。

① 挑选出符合要求的认知用户：$k^*=\arg\min\left\{\dfrac{R_k}{r_k},k=1,2,\cdots,K\right\}$。

② 在 A 中，选择对第 k^* 个 SU 来说最佳的子载波 $n^*=\arg\max\limits_{n\in A}\{h_{k^*,n}\}$。

③ 更新参数：$\Omega_{k^*}=\Omega_{k^*}\cup\{n^*\}$, $A=A-\{n^*\}$, $R_{k^*}=R_{k^*}+\log_2\left(1+\dfrac{P_{k^*,n^*}|h_{k^*,n^*}|^2}{\sigma_{k^*,n^*}^2\Gamma}\right)$。

完成子载波分配后，采用线性注水算法[21, 22]进行功率分配。

将本节所提算法与 WSA 算法[17]和 Shen 算法[9]分别进行仿真比较与性能分析。假设每个子载波的噪声功率均为 1，误码率为 10^{-5}，无线信道为瑞利衰落信道。

图 5.14 给出了在不同的子载波数下，本节所提算法在速率公平控制参数α为不同情况时(α=0.25, 0.5, 0.75)与 WSA 算法[17]和 Shen 算法[9]的系统容量比较。参数设置为：K=8，N=16,32,48,64,126,256，$r_1:r_2:\cdots:r_K=1:1:1:\cdots:1$。由图可知，在相同的子载波数下，WSA 算法获得的系统容量最大，而 Shen 算法获得系统容量最小，本节所提算法获得的信道容量居于两种算法之间，并随着速率公平控制参数α的变化而变化：当α=0.25 时，本节所提算法获得的系统容量在子载波数小于 64 时接近于 Shen 算法，而在子载波数大于 64 时明显大于 Shen 算法；随着子载波数的增大，两者获得系统容量的差距也逐渐增大。当α=0.5 时，本节所提算法获得的系统容量居于两种算法之间，系统容量仍小于 WSA 算法。当α=0.75 时，本节所提算法获得的系统信道容量几乎与 WSA 算法相同，这是由于子载波分配的第一阶段占整个算法过程的比重较大，故在第一阶段采用 WSA 算法进行子载波分配。

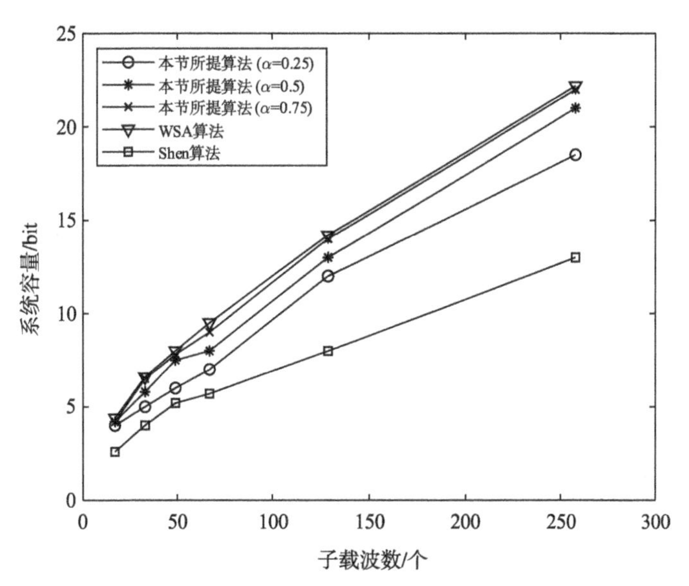

图 5.14　不同子载波数下不同算法的系统容量比较

图 5.15 给出了在不同认知用户数和不同速率公平控制参数α(α= [0.25, 0.5, 0.75])下，本节所提算法与 WSA 算法、Shen 算法获得的系统容量比较。参数设置为：N=128，K=2,4,6,8,10,12，$r_1:r_2:\cdots:r_K=1:1:1:\cdots:1$。由图可知，本节所提算法由于兼顾了认知用户的比例公平性，系统容量居于上述两种算法之间，且通过调整速率公平控制参数α可以得到不同的系统容量，当α=0.75 时可以获得近似于 WSA 算法的系统容量。

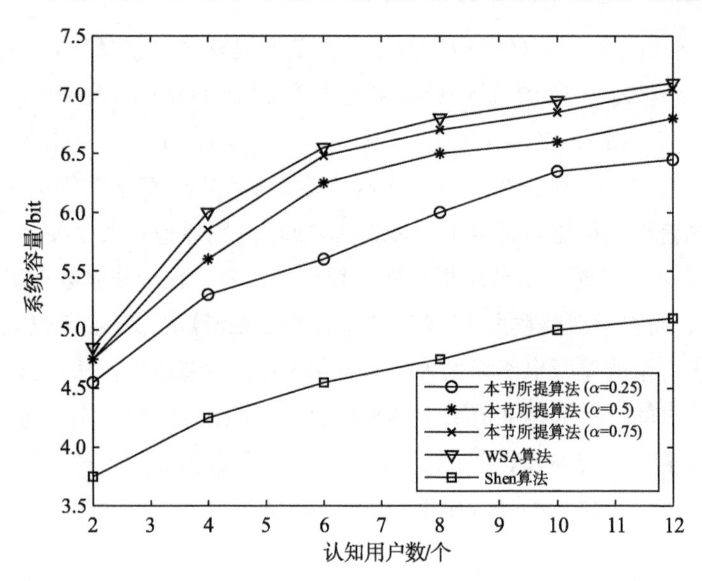

图 5.15　不同认知用户数和不同 α 时不同算法的系统容量比较

本节利用公平性参数来衡量各认知用户间的比例公平性，公平性参数[26]定义为 $F=\dfrac{\left(\sum\limits_{k=1}^{K}\dfrac{R_k}{\gamma_k}\right)^2}{K\sum\limits_{k=1}^{K}\left(\dfrac{R_k}{\gamma_k}\right)^2},F\in(0,1]$，随着 F 的增加，用户间的公平性也增强，此时 $\dfrac{R_k}{\gamma_k}$ 越接近于相等，当 $\dfrac{R_1}{\gamma_1}=\dfrac{R_2}{\gamma_2}=\cdots=\dfrac{R_K}{\gamma_K}$ 时，F 达到最大值 1，用户间的公平性得到最大的满足[27]。

图 5.16 给出了在不同 α 情况下，本节所提算法与 WSA 算法、Shen 算法的公平性比较。由图可知，当 α=0.25 和 α=0.5 时，本节所提算法认知用户间的公平性要优于 Shen 算法；当 α=0.75 时，本节所提算法具有与 Shen 算法相似的公平性；无论 α 取何值，本节所提算法的公平性均显著优于 WSA 算法，这是因为本节所提算法在子载波分配的第二阶段，系统容量与比例公平比值最小的用户优先选择了子载波。

综合上述的仿真结果分析可知，本节所提算法引入速率公平控制参数 α，将子载波分成两部分，以调整系统容量与公平性之间的比值，可以根据实际应用的需要选择合适的 α，因此在牺牲一定系统容量的前提下，本节所提算法保障了认知用户之间的公平性，且系统容量及公平性均优于 Shen 算法。

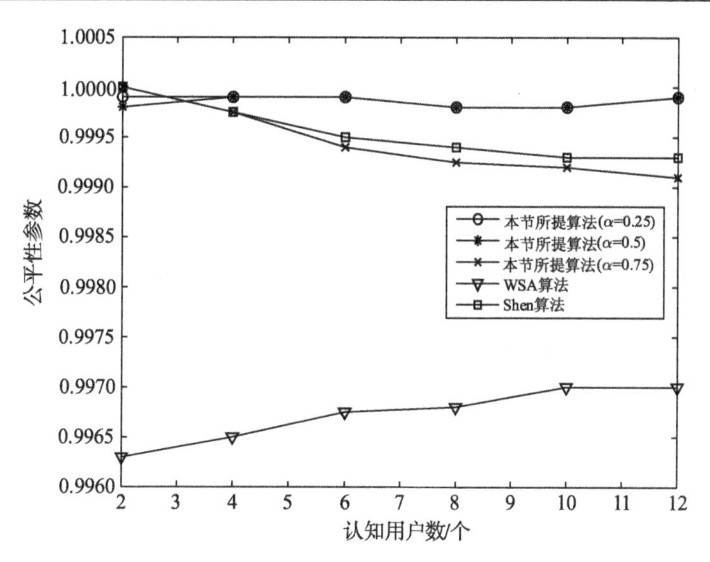

图 5.16　不同 α 情况下不同算法的公平性比较

5.2.4　基于信道容量的认知 OFDM 多用户子载波功率联合分配

目前国内外关于多用户认知 OFDM 子载波功率联合分配算法的研究，大多在子载波分配阶段均假定各子载波等功率分配，但在实际中各子载波内分配到的功率并不相同，以等功率计算容量并不能实现系统容量最大化。Zhang 等提出了最佳信道容量优先(best channel capacity first, BCCF)算法，在子载波分配过程中采用注水算法获得各 SU 在每个子载波上的信道容量，基于信道容量为其分配所需的子载波，该算法虽然解决了上述问题，但是对系统容量的提升并不明显[28]。本节在 BCCF 算法的基础上，结合 Wong 算法[15,16]的思想，提出在 RA 准则下基于信道容量的多用户认知 OFDM 子载波功率联合优化分配改进算法。该算法将子载波分配过程分成两个阶段，子载波初次分配阶段通过注水算法得到各认知用户在各子载波上的信道容量，在此基础上根据较差容量子载波避免原则进行子载波初次分配。子载波再次分配阶段通过交换任意两个认知用户的子载波以最大化系统容量为目标进行优化调整[25,29]。子载波分配完成后，为各认知用户分配到的子载波分配功率。

1. 子载波分配算法

在子载波初次分配阶段，通过注水算法求出各认知用户和子载波的相应容量，建立信道容量矩阵 $\boldsymbol{R}$ ($\boldsymbol{R}_{K\times N}=\{R_{k,n}\}$)，采用 WSA 算法的思想进行子载波分配。

在子载波再次分配阶段，虽然前面采用 WSA 算法成功避免了将具有最差信道容量的子载波分配给 SU，但在最后的分配阶段，由于 SU 受到传输要求的限制，可分配的子载波数受限，只能将较差信道容量的子载波分配给某个 SU。因此，本节所提算法采用类似于 Wong 算法的优化调整思想，建立容量增量表以最大化系统容量为目标对各 SU 初次获得的子载波进行优化调整。

子载波分配算法具体如下。

1) 子载波初次分配阶段

(1)初始化。$\rho_{k,n}=0$，$k=1,2,\cdots,K$，$n=1,2,\cdots,N$，$\Omega_k=\varnothing$，$A=\{1,2,\cdots,N\}$，$A^*=\varnothing$，$U=\{1,2,\cdots,K\}$ 。

(2) 建立信道容量表。根据注水法[30]得到各 SU 在每个子载波上的发射功率为

$$P_{k,n}=\left(P_{\mathrm{T}}+\sum_{j=1}^{N}1/H_{k,j}\right)/N-1/H_{k,n} \tag{5.42}$$

式中，$H_{k,n}=\dfrac{\left|h_{k,n}\right|^2}{\sigma_{k,n}^2\Gamma}$。

根据发射功率 $P_{k,n}$，可计算信道容量：

$$r_{k,n}=\log_2(1+P_{k,n}H_{k,n}) \tag{5.43}$$

从而建立信道容量矩阵 $\boldsymbol{R}$ ($\boldsymbol{R}_{K\times N}=\{R_{k,n}\}$)。

(3) 调整信道容量矩阵。$R_n^{\min}=\min\limits_k R_{k,n}$ ，这里，$R_n^{\min}$ 为信道容量矩阵 $\boldsymbol{R}$ 的第 n 列最小值，调整 $\boldsymbol{R}=[R_1,R_2,\cdots,R_N]$，使之满足 $R_1^{\min}\leqslant R_2^{\min}\leqslant\cdots\leqslant R_N^{\min}$ 。

(4) 子载波分配。对于调整好的信道增益矩阵 $\boldsymbol{R}$，从第一列开始，找出该列中最大值所对应的认知用户 k^*，若该认知用户满足 $\sum\Omega_k<N_k$ ，则将该子载波分配给认知用户 k^* ，$\rho_{k^*,n^*}=1$ ，更新 $\Omega_{k^*}=\Omega_{k^*}\cup\{n^*\}$，$A=A-\{n^*\}$ ；若 $\sum\Omega_k=N_k$，$U=U-\{k^*\}$，则寻找该列的次大值，重复上述过程进行子载波分配，直到将所有子载波均分配出去。

2) 子载波再次分配阶段

(1) 以最大化系统容量为目标将任意两个 SU 获得的子载波(子信道)进行优化调整。设 $\Delta C_{i,j}$ 表示将原来分配给用户 i 的子载波重新分配给用户 j 所产生的容量增量，$\Delta C_{j,i}$ 表示将原来分配给用户 j 的子载波重新分配给用户 i 所产生的容量增量，$C_{i,j}=\Delta C_{i,j}+\Delta C_{j,i}$ 表示用户 i 和用户 j 之间交换子载波所产生的最大容量增量。

(2) 对所有用户 K，每两个用户之间交换子载波，计算 $C_{i,j}$ ($i,j=1,2,\cdots,K$ 且

$i > j$)，建立容量增量表，并找出$\{C_{i,j}\}$中的最大值以及对应的用户和子载波。

(3) 若$C_{i,j} > 0$，则认为此次优化调整有效，交换该两个 SU 之间的子载波。

(4) 重复上述优化调整过程直到所有$C_{i,j} \leqslant 0$，即信道容量不再增加，子载波再次分配阶段完成。

假设认知用户数 K=3，子载波数 N=6，为了保证公平性，每个认知用户均分子载波，总功率$P_{\mathrm{T}} = 1\mathrm{dB}$，噪声功率$\sigma_{k,n}^2 = N_{0\mathrm{B}} = 1$，$\mathrm{Pr_b} = 10^{-5}$。原始信道矩阵如表 5.2 所示，信道容量矩阵 $\boldsymbol{R}$ 如表 5.3 所示，表 5.4 给出了采用 WSA 算法基于信道容量的子载波初次分配结果。表 5.5 为子载波分配情况，可知子载波{2,5}、{1,3}、{4,6}分别分配给用户 1、2、3。表 5.6 给出了经过第二阶段优化调整后的分配状况，第 1 个 SU 分配到子载波{2,5}，第 2 个 SU 分配到子载波{1,4}，第 3 个 SU 分配到占用子载波{3,6}。

表 5.2　本节子载波分配算法实例(原始信道矩阵)

认知用户	子载波 1	子载波 2	子载波 3	子载波 4	子载波 5	子载波 6
用户 1	1.4870	0.9306	1.3686	0.2089	2.1636	0.5511
用户 2	1.0410	0.8493	0.6665	1.1892	0.4603	1.1005
用户 3	1.0338	0.3346	1.5010	1.5143	1.5580	1.5741

表 5.3　本节子载波分配算法实例(信道容量矩阵)

认知用户	子载波 1	子载波 2	子载波 3	子载波 4	子载波 5	子载波 6
用户 1	0.3243	0.2116	0.3043	0	0.4144	0.0856
用户 2	0.2057	0.1568	0.0985	0.2377	0.0095	0.2191
用户 3	0.1856	0	0.2753	0.2774	0.2842	0.2867

表 5.4　本节子载波分配算法实例(子载波初次分配结果)

认知用户	子载波 1	子载波 2	子载波 3	子载波 4	子载波 5	子载波 6
用户 1	0.3243	0.2116	0.3043	0	0.4144	0.0856
用户 2	0.2057	0.1568	0.0985	0.2377	0.0095	0.2191
用户 3	0.1856	0	0.2753	0.2774	0.2842	0.2867

表 5.5　本节子载波分配算法实例(子载波分配情况)

认知用户	子载波 1	子载波 2	子载波 3	子载波 4	子载波 5	子载波 6
用户 1	0	1	0	0	1	0
用户 2	1	0	1	0	0	0
用户 3	0	0	0	1	0	1

表 5.6　本节子载波分配算法实例(子载波再次分配情况)

认知用户	子载波 1	子载波 2	子载波 3	子载波 4	子载波 5	子载波 6
用户 1	0	1	0	0	1	0
用户 2	1	0	0	1	0	0
用户 3	0	0	1	0	0	1

2. 功率分配算法

传统注水算法在经过多次迭代后会产生很大的计算量，从而影响系统性能。与 5.2.3 节相同，本节所提算法采用线性注水算法[21,22]，在初始时就确定哪些子载波不需要分配功率，从而大大减小了计算量。

将本节所提算法与 Wong 算法[15,16]、WSA 算法[17]和 BCCF 算法[28]进行仿真比较与分析。假设每个子载波的噪声功率均为 1，误码率为10^{-5}，无线信道为瑞利衰落信道。

图 5.17 给出了不同子载波下本节所提算法与 Wong 算法、BCCF 算法、WSA 算法获得的系统容量比较。由图可知，无论子载波数取何值，本节所提算法获得的系统容量优于 WSA 算法和 BCCF 算法，并与 Wong 算法近似。究其原因，一方面，在子载波初次分配阶段，不仅解决了子载波分配过程中计算容量时采用等功率方式造成的系统容量不准确问题，而且采用 WSA 算法的分配思想成功避免了将最差信道容量的子载波分配该 SU。另一方面，在子载波再次分配阶段，建立了与 Wong 算法相似的容量增量表，以最大化系统容量为目标对子载波初次分配进行了优化调整。

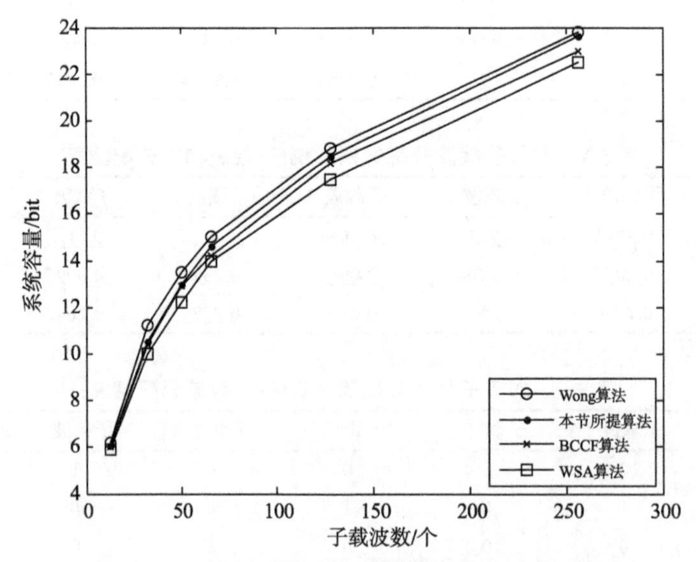

图 5.17　不同子载波下不同算法的系统容量比较

图 5.18 给出了在不同信噪比下,本节所提算法与 Wong 算法、BCCF 算法、WSA 算法的系统容量比较。由图可知，在相同的信噪比下，本节所提算法获得的系统容量大于 WSA 算法与 BCCF 算法，与 Wong 算法相当。

图 5.19 给出了在不同子载波下，本节所提算法与 Wong 算法在优化调整阶段的

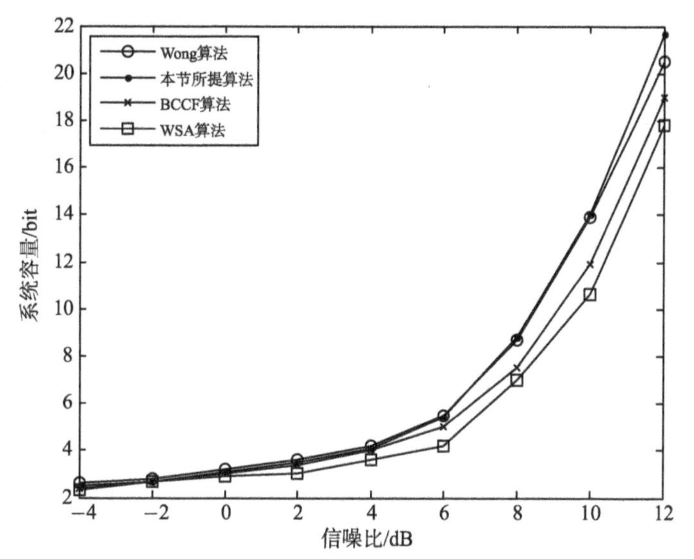

图 5.18　不同信噪比下不同算法的系统容量比较

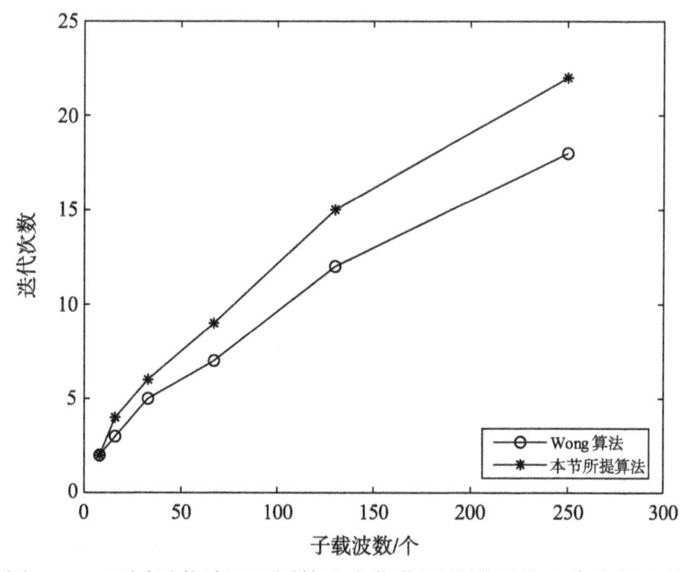

图 5.19　不同子载波下不同算法在优化调整阶段的迭代次数比较

迭代次数比较。本节所提算法的总迭代次数为 $2N(K-1)+2N\ln N+aN^2/2$，Wong 算法的[15]总迭代次数为 $N(N-1)/2+bN^2/2$，其中 a、b 均为第二阶段的迭代次数，本节所提算法与 Wong算法在初次分配阶段的计算复杂度分别为 $O(NK)$、$O(N^2)$。若 a 比 b 多一个及以上数量级的迭代调整次数，则本节所提算法在子载波初次分配阶段并未显著降低计算复杂度。由图可知，子载波数越多，两种算法在子载波优化调整阶段的迭代次数就越多，在相同条件下，本节所提算法的迭代次数高于 Wong 算法，但所增加的数量并未达到一个数量级。

因此，本节所提算法相对于 Wong 算法来说，其计算复杂度降低，且有效减少了系统能耗。

5.2.5　能效优先注水因子辅助搜索的子载波功率联合分配

针对认知无线网络中以高频带利用率为目标进行资源分配易出现网络能效低的问题，本节提出一种采用能效优先注水因子辅助搜索的子载波功率联合优化(EE-WFAS)算法[31]。首先，以最大化认知用户总能效作为优化目标，在认知用户发射功率控制、主用户干扰功率限制和认知用户最低信息传输速率限制等多个约束条件下，构造最优化函数；然后，通过能效优先子载波分配与注水因子辅助搜索(WFAS)的功率分配求解优化函数，即根据认知用户的信道增益和能效进行子载波分配；最后，对拉格朗日乘子通过二分查找法进行迭代，采用以能效为目标的功率分配方法。EE-WFAS 算法可以在认知用户信息传输速率限制条件下保证系统的总能效。

设存在 L 个未被 PU 占用的子载波，对于第 $m\,(1\leqslant m\leqslant M)$ 个 SU 接收端，其在第 $n\,(1\leqslant n\leqslant L)$ 个子载波上的接收信号 $y_{m,n}$ 为

$$y_{m,n}=h_{m,n}x_{m,n}+N_{m,n}^{\mathrm{o}}+N_{m,n}^{\mathrm{I}} \tag{5.44}$$

式中，$h_{m,n}$ 为第 m 个 SU 在第 n 个子载波上传输时的信道衰落因子；$x_{m,n}$ 为第 m 个 SU 在第 n 个子载波上的发送信号；$N_{m,n}^{\mathrm{o}}$ 为第 m 个 SU 在第 n 个子载波上传输时的信道噪声；$N_{m,n}^{\mathrm{I}}$ 为 PU 对第 m 个 SU 第 n 个子载波的干扰噪声，此处未考虑 PU 到每个 SU 载波上的增益。

记第 m 个 SU 在第 n 个子载波上的传输功率为 $P_{m,n}=E(|x_{m,n}|^2)$。令噪声总和为 $N_{m,n}=N_{m,n}^{\mathrm{o}}+N_{m,n}^{\mathrm{I}}$，第 m 个 SU 在第 n 个信道传输信息时的信道增益 $g_{m,n}=|h_{m,n}|^2/E(|N_{m,n}|^2)$。考虑到干扰功率对系统的影响，本节采用信干噪比(signal to interference plus noise ratio, SINR) γ 来表示传输信号功率与总噪声(噪声与干扰)功率的比值。

第 m 个 SU 在第 n 个子载波上的信息传输速率为

$$r_{m,n}=W\log_2(1+g_{m,n}P_{m,n}) \tag{5.45}$$

式中，$r_{m,n}$ 为信息传输速率，bit/s；W 为每个子载波的带宽，Hz。

在交互式情况下，当 PU 占用第 n 个子载波时，SU 无法使用第 n 个子载波。如果第 n 个子载波未被 PU 占用，SU 检测出子载波 n 被 PU 占用，则发生虚警，相应的虚警概率记为 $\mathrm{Pr}_{\mathrm{f},m,n}$。此时，由于 SU 检测错误，子载波 n 被判断为无法分配给第 m 个 SU，导致总的信息传输速率减小。第 n 个子载波未被 PU 占用，若 SU 成功检测到，则此事件发生概率为 $1-\mathrm{Pr}_{\mathrm{f},m,n}$。虚警概率 $\mathrm{Pr}_{\mathrm{f},m,n}$ 可以表示为[32]

$$\mathrm{Pr}_{\mathrm{f},m,n}=\mathrm{Pr}_{\mathrm{f}}=\frac{\Gamma\left(D/2,\lambda/\left(2\sigma^2\right)\right)}{\Gamma\left(D/2\right)} \tag{5.46}$$

式中，D 为影响虚警概率 $\mathrm{Pr}_{\mathrm{f},m,n}$ 变化的自由度因子，其数值等于时间带宽积的两倍；σ^2 为方差是 1 的非中心卡方分布；λ 为判决门限；$\Gamma(\bullet,\bullet)$ 为不完全伽马函数[32]。在本节中，不失一般性，考虑各 SU 对第 n 个子载波的 $\mathrm{Pr}_{\mathrm{f},m,n}$ 值(记为 Pr_{f})均相同的情况。

第 m 个 SU 的信息传输速率 R_m 和传输功率 P_m 分别为

$$\begin{aligned} R_m &= \sum_{n=1}^{L}\alpha_{m,n}\left(1-\mathrm{Pr}_{\mathrm{f}}\right)r_{m,n} \\ &= \sum_{n=1}^{L}W\alpha_{m,n}\left(1-\mathrm{Pr}_{\mathrm{f}}\right)\log_2\left(1+g_{m,n}P_{m,n}\right) \end{aligned} \tag{5.47}$$

$$P_m=\sum_{n=1}^{L}\alpha_{m,n}P_{m,n} \tag{5.48}$$

式中，$\alpha_{m,n}$ 的取值为 0 或 1，$\alpha_{m,n}=0$ 表示子载波 n 不分配给第 m 个 SU，$\alpha_{m,n}=1$ 表示子载波 n 分配给第 m 个 SU。

由于一个子载波最多只能分配给一个 SU，则有

$$\sum_{m=1}^{M}\alpha_{m,n}\leqslant 1 \tag{5.49}$$

第 m 个 SU 的总功率 $P_{\mathrm{s},m}$ 为

$$P_{\mathrm{s},m}=\zeta_m P_m+P_{\mathrm{c}} \tag{5.50}$$

式中，P_{c} 为电路功率；ζ_m 为产生单位传输功率所需的功率放大系数。

根据式(5.45)和式(5.48)，SU 总信息传输速率 R 和总传输功率 P_{s} 分别为

$$\begin{aligned} R &= \sum_{m=1}^{M} R_m \\ &= \sum_{m=1}^{M}\sum_{n=1}^{L} W\alpha_{m,n}\left(1-\Pr_{\mathrm{f}}\right)\log_2\left(1+g_{m,n}P_{m,n}\right) \end{aligned} \tag{5.51}$$

$$P_{\mathrm{s}} = \sum_{m=1}^{M} P_{\mathrm{s},m} = \sum_{m=1}^{M} \zeta_m P_m + P_{\mathrm{c}} \tag{5.52}$$

因此，认知无线网络的总能效 ε 和第 m 个认知用户的能效 ε_m 分别为

$$\varepsilon = \frac{R}{P_{\mathrm{s}}} \tag{5.53}$$

$$\varepsilon_m = \frac{R_m}{P_{\mathrm{s},m}} \tag{5.54}$$

第 m 个 SU 的能效优化模型为

目标问题 1：

$$\max_{P_{m,n}} \varepsilon_m = \frac{R_m}{\zeta_m \sum_{n=1}^{L} P_{m,n} + P_{\mathrm{c}}}$$

$$\begin{aligned} \text{s.t.}\quad & \sum_{n=1}^{L} \alpha_{m,n} P_{m,n} \leqslant P_m^{\mathrm{th}} \\ & \alpha_{m,n} \in \{0,1\} \\ & \sum_{m=1}^{M} \alpha_{m,n} \leqslant 1 \\ & P_{m,n} \geqslant 0 \\ & \sum_{m=1}^{M} P_m^{\mathrm{th}} \leqslant P^{\mathrm{th}} \\ & \sum_{n=1}^{L} \alpha_{m,n}\left(1-\Pr_{\mathrm{f}}\right) r_{m,n} \geqslant R_m^{\mathrm{th}} \\ & \sum_{n=1}^{L} \alpha_{m,n} \beta_{m,n} P_{m,n} \leqslant I_m^{\mathrm{th}} \end{aligned} \tag{5.55}$$

式中，P_m^{th} 为第 m 个 SU 的传输功率阈值；P^{th} 为 M 个 SU 的总传输功率阈值；R_m^{th} 为第 m 个 SU 的最低信息传输速率阈值；I_m^{th} 为 PU 的干扰功率阈值；$\beta_{m,n}$ 为功率耗散因子。

首先对每个 SU 进行子载波分配，然后对子载波分配后的 SU 进行 WFAS 功率

分配。WFAS 功率分配问题是以能效为目标的非凸优化问题，本节通过将非凸优化问题转化为凸优化问题进行求解。

子载波分配算法流程如算法 1 所示。X_m 表示第 m 个 SU 的子载波集合，Z 表示剩余未被分配的子载波。在该子载波分配算法中，假定功率平均分配在每个子载波上。为了满足基本的最低传输速率要求，先找出 M 个 SU 中信息传输速率 R_m 小于信息传输速率阈值 R_m^{th} 的 SU，并且让 R_m 与信息传输速率阈值 R_m^{th} 相差最大的 SU 优先从剩余的子载波中选择子载波，然后找出 SU 到基站最佳信道条件的子载波，将该子载波分配给该 SU。同时，为了提高每个 SU 的能效，找出能效最低的 SU 和该 SU 对应最佳信道条件的子载波，如果使用这个子载波可以提高能效，则向该 SU 分配子载波；如果无法提高，则终止算法。

算法 1　子载波分配算法

(1) 初始化：$R_m = 0$，$X_m = \varnothing, 1 \leqslant m \leqslant M$，$Z = \{1, 2, \cdots, L\}$。

(2) 循环。

① 找出所有满足条件 $R_{m^*} < R_{m^*}^{\text{th}}$ 和 $R_{m^*} - R_{m^*}^{\text{th}} \leqslant R_m - R_m^{\text{th}}$ 的最优 m^*。

② 找出对应 m^* 中满足条件 $g_{m^*,n^*} \geqslant g_{m^*,n}$，$n \in \mathbf{Z}$ 的最优 n^*。

③ 更新 $X_{m^*} = X_{m^*} \cup \{n^*\}$，$Z = Z - \{n^*\}$，$R_{m^*} = R_{m^*} + \log_2\left(1 + g_{m^*,n^*} P^{\text{th}} / L\right)$。

当 $Z = \varnothing$ 或对于所有的 m 都有 $R_m \geqslant R_m^{\text{th}}$ 时结束循环。

(3) 计算：$P_m = |X_m| P^{\text{th}} / L$，$\varepsilon_m = \dfrac{R_m}{\zeta_m P_m + P_{\text{c}}}$。

(4) 若 Z 为空集，则：

① 找出对所有满足条件 $\varepsilon_{m^*} \leqslant \varepsilon_m$ 的最优 m^*。

② 找出对应 m^* 中满足条件 $g_{m^*,n^*} \geqslant g_{m^*,n}$，$n \in \mathbf{Z}$ 的最优 n^*。

③ 如果 $\dfrac{R_{m^*} + \log_2(1 + g_{m^*,n^*} P^{\text{th}} / L)}{\zeta_m (P_{m^*} + P^{\text{th}} / L) + P_{\text{c}}} \geqslant \varepsilon_{m^*}$，则更新 $X_{m^*} = X_{m^*} \cup \{n^*\}$，$Z = Z - \{n^*\}$，$P_{m^*} = P_{m^*} + P^{\text{th}} / L$，$R_{m^*} = R_{m^*} + \log_2\left(1 + g_{m^*,n^*} P^{\text{th}} / L\right)$，$\varepsilon_{m^*} = R_{m^*} / \left(\zeta_m P_{m^*} + P_{\text{c}}\right)$；否则，结束循环。

(5) 输出：P_m、X_m 和 ε_m。

完成基于能效的 SU 子载波分配后，在分配的子载波内采用二分查找法结合 WFAS 算法进行以能效为目标的功率分配。本节采用 WFAS 算法对 M 个 SU 分别进行功率分配。完成子载波分配后，第 m 个 SU 能效的优化问题如下。

目标问题 2：

$$\max_{P_{m,n}} \varepsilon_m = \frac{\sum\limits_{n\in X_m} W\left(1-\mathrm{Pr_f}\right)\log_2\left(1+g_{m,n}P_{m,n}\right)}{\zeta_m \sum\limits_{n\in X_m} P_{m,n} + P_{\mathrm{c}}} \tag{5.56}$$

$$\begin{aligned} \text{s.t.}\quad & \sum_{n\in X_m} P_{m,n} \leqslant P_m^{\mathrm{th}} \\ & P_{m,n} \geqslant 0 \\ & \sum_{n\in X_m} \left(1-p_{\mathrm{f}}\right) r_{m,n} \geqslant R_m^{\mathrm{th}} \\ & \sum_{n\in X_m} \beta_{m,n} P_{m,n} \leqslant I_m^{\mathrm{th}} \end{aligned} \tag{5.57}$$

ε_m 是一个关于 $P_{m,n}$ 的非凸函数，则目标问题 2 是一个非凸优化问题。在 WFAS 算法中，令限制条件集合 $S_1 = \left\{P_{m,n} \geqslant 0, \sum\limits_{n\in X_m} \beta_{m,n}P_{m,n} \leqslant I_m^{\mathrm{th}}\right\}$，$S_1$ 中的限制条件是关于 $P_{m,n}$ 的凸函数。构造系统信息传输速率函数为

$$R\left(P_m, S_1\right) = \max_{\sum\limits_{n\in X_m} P_{m,n} \leqslant P_m^{\mathrm{th}}, P_{m,n}\in S_1} \sum_{n\in X_m} W\left(1-\mathrm{Pr_f}\right)\log_2\left(1+g_{m,n}P_{m,n}\right) \tag{5.58}$$

将目标问题 2 可以转化为以下问题[33]。

目标问题 3：

$$\max_{P_{m,n}} \varepsilon_m\left(P_m, S_1\right) = \frac{R\left(P_m, S_1\right)}{\zeta_m P_m + P_{\mathrm{c}}} \tag{5.59}$$

$$\begin{aligned} \text{s.t.}\quad & P_m \leqslant P_m^{\mathrm{th}} \\ & R\left(P_m, S_1\right) \geqslant R_m^{\mathrm{th}} \end{aligned} \tag{5.60}$$

由于 $R\left(P_m, S_1\right)$ 是一个凸优化问题，可利用卡罗需-库恩-塔克(Karush-Kuhn-Tucker, KKT)条件，结合拉格朗日乘子法，求得第 m 个 SU 在第 n 个子载波上的功率分配优化解为

$$P_{m,n} = \left(\frac{W\left(1-\mathrm{Pr_f}\right)}{\left(u+\beta_{m,n}v\right)\ln 2} - \frac{1}{g_{m,n}}\right)^+ \tag{5.61}$$

式中，u、v 分别为第 m 个 SU 的发射功率限制和干扰功率限制的拉格朗日乘子。

WFAS 功率分配算法如算法 2 所示。该算法利用 u、v 两个拉格朗日乘子结合二分查找方法和注水算法求出优化的功率分配结果 $P_{m,n}^*$、P_m^*，以及对应的 $R\left(P_m^*, S_1\right)$、$\varepsilon_m\left(P_m^*, S_1\right)$，进而求出对应于每个 SU 的能效 $\max\limits_{P_{m,n}} \varepsilon_m$ 以及所有 M 个 SU

的总能效 $\max\limits_{P_{m,n}} \varepsilon$。

算法 2　WFAS 功率分配算法

(1) 初始化：$P_m^{\min}=0$，$P_m^{\max}=P_m^{\text{th}}$。

(2) 循环。

① 令 $P_m=\left(P_m^{\min}+P_m^{\max}\right)/2$。

② 通过算法 3 求得 u、$P_{m,n}$ 和 $R\left(P_m,S_1\right)$。

③ 如果 $R(P_m,S_1)\leqslant R_m^{\text{th}}$ 成立，或者 $P_m\leqslant P_m^{\text{th}}$ 与 $u\geqslant \zeta_m R(P_m,\text{S}_1)/\left(\zeta_m P_m+P_{\text{c}}\right)$ 同时成立，则 $P_m^{\min}=P_m$；否则 $P_m^{\max}=P_m$。

当 $P_m^{\max}-P_m^{\min}<\delta_1$ 时结束循环，其中 δ_1 表示收敛精度，它是一个很小的常数。

(3) 输出：$P_{m,n}^*=P_{m,n}$，$P_m^*=P_m$。

算法 3　求解信息传输速率函数 $R\left(P_m,S_1\right)$

(1) 初始化：$u^{\max}=W\left(1-\text{Pr}_\text{f}\right)\max(g_{m,n})/\ln 2$，$u^{\min}=0$。

(2) 循环。

① 令 $u=\left(u^{\min}+u^{\max}\right)/2$。

② 通过二分查找方法找出满足干扰限制 $\sum\limits_{n\in X_m}\beta_{m,n}\left(\dfrac{W\left(1-\text{Pr}_\text{f}\right)}{\left(u+\beta_{m,n}v\right)\ln 2}-\dfrac{1}{g_{m,n}}\right)^+\leqslant I_m^{\text{th}}$ 的最小 v 值，$v>0$。

③ 如果 $\sum\limits_{n\in X_m}\left(\dfrac{W\left(1-\text{Pr}_\text{f}\right)}{\left(u+\beta_{m,n}v\right)\ln 2}-\dfrac{1}{g_{m,n}}\right)^+\geqslant P_m$，则 $u^{\min}=u$；否则 $u^{\max}=u$；

当 $u^{\max}-u^{\min}<\delta_2$ 时结束循环，其中 δ_2 表示收敛精度，它是一个很小的常数。

(3)输出：u，$P_{m,n}=\left(\dfrac{W\left(1-\text{Pr}_\text{f}\right)}{\left(u+\beta_{m,n}v\right)\ln 2}-\dfrac{1}{g_{m,n}}\right)^+$，$R\left(P_m,S_1\right)=\sum\limits_{n\in X_m}W\left(1-\text{Pr}_\text{f}\right)\cdot\log_2\left(1+g_{m,n}P_{m,n}\right)$。

本节通过 MATLAB 软件仿真 EE-WFAS 算法的能效。仿真参数设置如下[33,34]。

假设归一化噪声功率为 $N_{0\text{B}}=1$，每个子载波的带宽 $W=15\text{kHz}$，每个 SU 的干扰阈值 $I_m^{\text{th}}=0.2N_{0\text{B}}$，最低信息传输速率阈值 $R_m^{\text{th}}=20\text{kbit/s}$。$g_{m,n}$ 为均值为 1 的指数分布随机数，$\beta_{m,n}$ 在子载波分配以后取(0.04, 0.1, 0.2, 0.4, 0.4, 0.2, 0.1, 0.04, 0.04, 0.1, 0.2, 0.4, 0.4, 0.2, 0.1, 0.04)的前 $|X_m|$ 个数。收敛精度 $\delta_1=10^{-3}$，$\delta_2=10^{-5}$。

图 5.20 给出了本节所提算法与子载波功率平均分配算法、传统注水算法功率分配算法的 SU 能效比较。设 $M=8$，$L=64$，自由度 $D=2$，判决门限 $\lambda=20$，功

耗放大系数$\zeta_m=3$，电路功耗$P_c=10\,W$，信干噪比$\gamma=10\,dB$。子载波功率平均分配算法采用算法1。由图可知，在子载波分配之后对每个SU进行WFAS功率分配(即算法2)，SU的能效提高了约1.2kbit/J。传统注水算法未考虑PU干扰功率限制，而本节所提算法在对PU的干扰功率限制条件下有效保证了每个SU的能效。例如，对于单个SU，本节所提算法考虑了PU干扰功率限制的条件，能效比传统注水算法下降了1.5～4 bit/J。

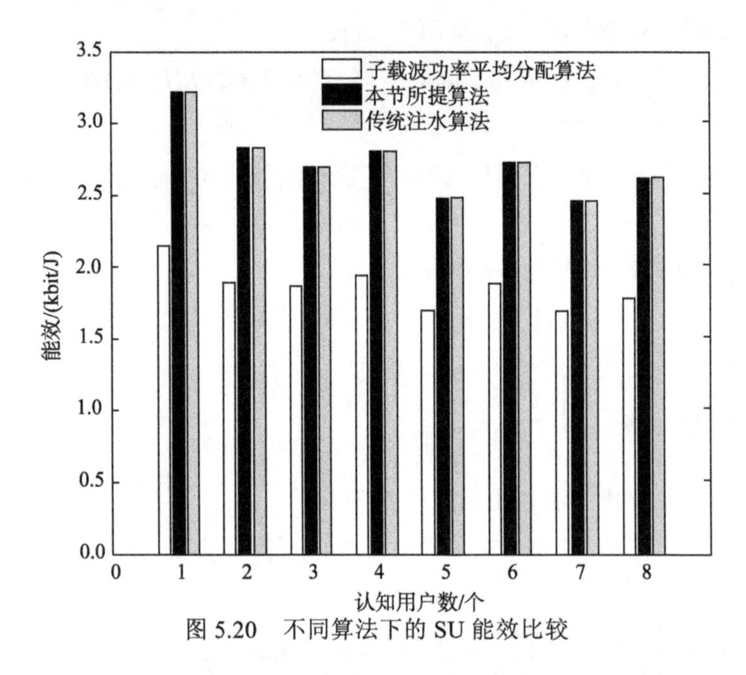

图 5.20　不同算法下的SU能效比较

图5.21给出了单个SU和多个SU在不同信干噪比γ下的总能效曲线。设自由度$D=2$，$\lambda=20$，$\zeta_m=3$，$P_c=10\,W$。当$M=1$、$L=8$时，对比子载波功率平均分配算法，本节所提算法显著提高了系统能效。对比文献[35]中单个SU采用WFAS进行功率分配的情况($M=1$，$L=8$，即8个子载波均分配给单个SU，未考虑子载波分配情况)，在子载波分配阶段，随着γ增大，部分子载波将不分配给SU。在γ较大时，本节所提方案与文献[35]方案分配的子载波数不同，从而在功率分配阶段能效相对偏低。

图5.22给出了在不同信干噪比下自由度D对系统总能效的影响。其中，$M=8$，$L=64$，$\zeta_m=3$，$P_c=10W$，$\lambda=5$。由于D和λ是影响虚警概率的两个重要参数，此处为了适度凸显自由度D的变化对系统能效的影响，假设门限$\lambda=5$。由图可知，在不同γ下，随着自由度D的增大，系统总能效先降低后提高，当$D=4$时系统总能效为最低；虚警概率则呈现先增加后减少的趋势，直接影响了系统能效的变化。当自由度D一定时，能效随着γ的增加显著提高。

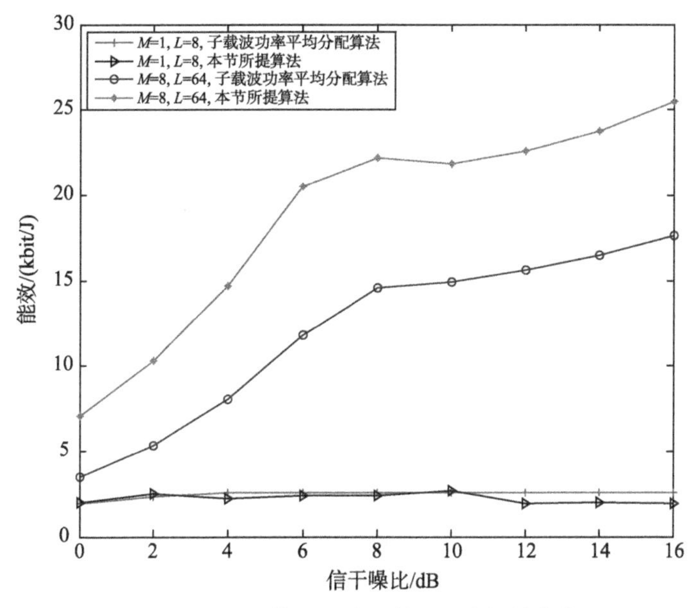

图 5.21 不同信干噪比下的 SU 总能效曲线

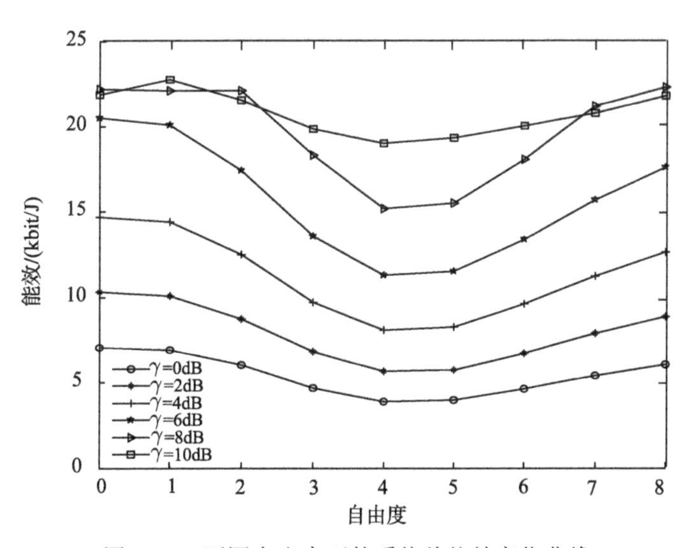

图 5.22 不同自由度下的系统总能效变化曲线

图 5.23 给出了在不同信干噪比下电路功耗 P_c 和功耗放大系数 ζ_m 对系统总能效的影响。其中，$M=8$，$L=64$，$D=2$，$\lambda=20$。可以看出，当 P_c 和 ζ_m 增大时，系统总能效下降，且 P_c 对总能效的影响非常显著。当 $\zeta_m=3$ 、$P_c=10\text{W}$ 时，可以获得最大的系统总能效。此外，随着 γ 的增加，系统总能效也显著增大。

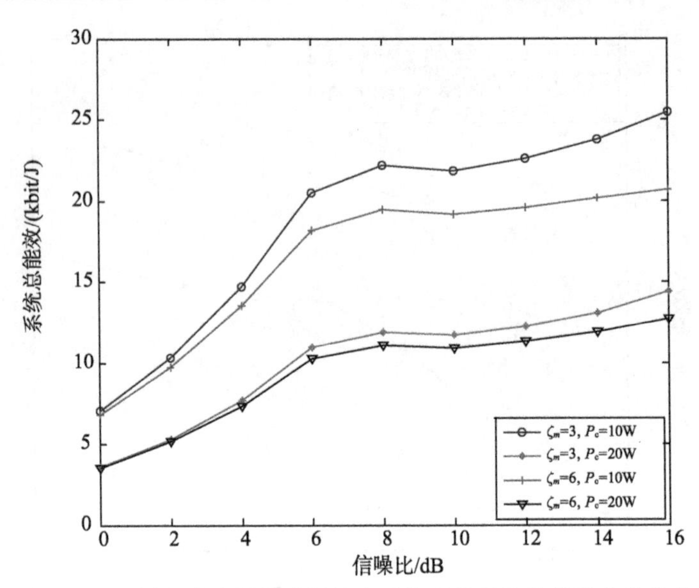

图 5.23　不同电路功耗与功耗放大系数下的系统总能效变化曲线

5.3　认知 OFDM 多用户比特分配技术

5.3.1　传统比特加载算法

在单用户情况下，贪婪算法是一种基于裕量自适应准则的最优比特分配算法，HH 算法就是一种贪婪算法[36-38]。由于在每个载波上加载信息比特时，每个载波上的功率增量是不同的，根据这一特性，在每次比特分配过程中，都是将信息比特分给功率增量最小的子载波，直至所有信息比特分配完。此方法消耗系统总功率最小，但需要进行额外搜索和排序，算法复杂度较大。认知 OFDM 系统下的单用户自适应比特分配主要有三种经典算法：HH 算法[36,37]、Chow 算法[38]和 Fischer 算法[36]。

HH 算法是最常用的比特分配算法。其原理是在每一个比特分配循环过程中，选择加载一个信息比特功率增量最小的子载波优先分配一个信息比特，直至所有的信息比特分配完[37]。对于一个有 n 个子载波的单用户，其功率增量的数学表达式为

$$\Delta P_n = \left[f\left(b_n + 1\right) - f\left(b_n\right) \right] / \left|h_n\right|^2 \tag{5.62}$$

式中，$f(b_n)$ 为各个用户在子载波上传输 b_n 比特所需的传输功率，$f\left(b_n\right) = \frac{N_0}{3}\left[Q^{-1}\left(\mathrm{Pr_e}/4\right)\right]^2\left(2^{b_n}-1\right)$；$h_n$ 为第 n 个载波上的信道增益；$\mathrm{Pr_e}$ 为目标误码率。

Chow 算法是一种在发射功率受限条件下的性能余量最大化算法。该算法通过不断迭代的过程，来调整系统的性能余量，但是要求迭代过程求出的分配比特数为整数，所以每次求出的比特需要进行取整运算[38]。算法迭代过程的比特数和单位时间内信息传输速率的计算公式为

$$b(n)=\log_2\left(1+\frac{\text{SNR}(n)}{\gamma+\gamma_{\text{margin}}}\right) \tag{5.63}$$

$$R=\sum_{n=1}^{N}b(n) \tag{5.64}$$

式中，SNR(n)为各个载波上的信噪比；γ 为信噪比间隔；γ_{margin} 为性能余量。

迭代完成后还需进行比特调整，使得通过式(5.64)求出的速率和目标速率一致，最后根据比特分配结果求出各个用户的功率。

Fischer 算法是一种误码率最小化算法[37]。该算法适用于不改变传输功率和信息传输速率的情况，通过自适应分配的方法来使各个信道的信噪比最大，从而使得误码率最小。该算法只适用于某些特定的系统。

以 HH 算法为例进行比特分配。具体步骤描述如下。

(1) 初始化。对于 $n=1,2,\cdots,N$，令 $b_n=0$，计算 $\Delta P_n=\left(f(1)-f(0)\right)/\left|h_n\right|^2$。

(2) 比特分配。重复下述步骤 R_{total} 次。

① 对于 $n=1,2,\cdots,N$，找到 $n^*=\arg\min\limits_{n=1,2,\cdots,N}\Delta P_n$。

② 为该子载波分配一比特数据，$b_{n^*}=b_{n^*}+1$。

③ 更新子载波 n^* 上额外加载一比特所需增加的功率为 $\Delta P_{n^*}=(f(b_{n^*}+1)-f(b_{n^*}))/\left|h_n\right|^2$。

④ 重复上述过程直到 R_{total} 比特被全部分配完。

(3) 结束。

通过上述计算过程，所得到的 $\{b_n\}_{n=1,2,\cdots,N}$ 就是最后的比特分配方案。这是最典型的贪婪算法，其计算复杂度是 $O\left(R_{\text{total}}N\log_2 N\right)$，这是一些实际系统所无法接受的，可以通过设置每次加载的比特数来调整计算复杂度，但会对最终分配结果造成影响，且计算复杂度没有本质的改变。

值得注意的是，只有在给定函数 $f(b)$ 之后，上述方法才可能是最优的，而 $f(b)$ 取决于所选择的调制方案。

在单用户环境中，贪婪算法是一种最优的算法，它使得总的传输功率最小。但是，这种算法在多用户环境中变得很复杂[22,36]。由于多用户不能共享同一个子载波，对一个子载波分配比特严重妨碍了其他用户对此子载波的使用，这种依赖性使得贪

婪算法不再是最优的解决方案。

5.3.2　改进的比特加载算法

考虑算法的最优性就要牺牲算法的计算复杂度，考虑了算法的计算复杂度就要牺牲算法的最优性。本节介绍一种新的比特分配算法，既考虑算法的最优性又兼顾算法的计算复杂度。该算法基于加载在子载波上的每一比特所需的功率呈等比数列增加，利用代数几何平均不等式(AM-GM means inequality)求解每个子载波上所需加载的比特数。

假设加载在第 n 个子载波上的传输功率为 P_{n,b_n}，用来表示连续加载在第 n 个子载波上的每一个额外比特所需要的能量之和：

$$P_{n,b_n}=\sum_{m=1}^{b_n}\Delta P_{n,m} \tag{5.65}$$

式中，$\Delta P_{n,m}$ 表示子载波 n 上在加载$(m-1)$比特数据后再加载另一比特数据所需的功率，$\Delta P_{n,m}=\left[f\left(m\right)-f\left(m-1\right)\right]/\left|h_n\right|^2$。

对于裕量自适应(MA)准则，以最小化所有子载波上的总传输功率为优化目标，在给定传输速率和 QoS 要求条件下，获得第 n 个子载波上比特数 b_n 的最优加载方法。MA 准则数学模型可以写为

$$\begin{aligned}&P_{\text{total}}=\min\sum_{n=1}^{N}\sum_{m=1}^{b_n}\left|g_n\right|^2\Delta P_{n,m}\\&R_{\text{total}}=\sum_{n=1}^{N}b_n\end{aligned} \tag{5.66}$$

由式(5.62)和式(5.65)可知，数列 $\left|g_n\right|^2\Delta P_{n,1},\left|g_n\right|^2\Delta P_{n,2},\cdots,\left|g_n\right|^2\Delta P_{n,b_n}$ 是一个等比数列，它的首项是 $f\left(1\right)\left|g_n\right|^2/\left|h_n\right|^2$，公比为 2。传输 N 个子载波上的比特所需的功率最小，即 $\sum_{n=1}^{N}\left|g_n\right|^2\Delta P_{n,b_n}$ 最小，那么总的传输干扰功率就是最小的。同理，对于单用户的情况也一样。为了找到 $\sum_{n=1}^{N}\left|g_n\right|^2\Delta P_{n,b_n}$ 的最小值，利用代数几何平均不等式

$$\begin{aligned}\sum_{n=1}^{N}\left|g_n\right|^2\Delta P_{n,b_n}&=\sum_{n=1}^{N}\frac{\left|g_n\right|^2f\left(1\right)}{\left|h_n\right|^2}2^{b_n-1}\\&\geqslant N\sqrt[N]{\frac{\left|g_1\right|^2\left|g_2\right|^2\cdots\left|g_N\right|^2\left[f\left(1\right)\right]^N}{\left|h_1\right|^2\left|h_2\right|^2\cdots\left|h_N\right|^2}2^{b_1+b_2+\cdots+b_N-N}}\end{aligned} \tag{5.67}$$

可以得出不等式左边的每一项都相等时，等式的和是最小的。因此，不等式左边的每一项都有相同的值，即

$$\frac{|g_n|^2 f(1)}{|h_n|^2} 2^{b_n-1} = \sqrt[N]{\frac{|g_1|^2 |g_2|^2 \cdots |g_N|^2 [f(1)]^N}{|h_1|^2 |h_2|^2 \cdots |h_N|^2} 2^{b_1+b_2+\cdots+b_N-N}}, \quad n=1,2,\cdots,N \tag{5.68}$$

满足式(5.68)时，总传输干扰功率达到最小值。由此可得第 n 个子载波上应该加载的最优比特数为

$$b_n = 2\log_2(|h_n|/|g_n|) + \frac{R_{\text{total}}}{N} - \frac{2}{N}\log_2 \omega_{\text{T}}, \quad n=1,2,\cdots,N \tag{5.69}$$

式中，$\omega_{\text{T}} = \prod_{n=1}^{N}(|h_n|/|g_n|)$。

但是，b_n 是加载在第 n 个子载波上的比特数，它必须是整数，还要满足 $\sum_{n=1}^{N} b_n = R_{\text{total}}$。通过式(5.69)，可以计算出每个子载波上加载的比特数 b_n。如果 b_n 不是整数，那么就要进行取整运算。当 $\hat{b}_n$ 的和刚好等于 R_{total} 时，该比特分配过程就结束了。如果 $R_{\text{total}} - \sum_{n=1}^{N}\hat{b}_n$ 不等于 0，那么就要使用数学优化算法从合适的子载波上减去或者加上额外的比特数，这一过程称为比特矫正。

比特矫正的具体过程如下。

(1) 通过式(5.69)计算每个子载波上加载的比特数 b_n。

(2) 对 b_n 进行取整运算 $\hat{b}_n = \text{round}(b_n)$，$n=1,2,\cdots,N$，再计算 $R_l = R_{\text{total}} - \sum_{n=1}^{N}\hat{b}_n$。

(3) 进行比特矫正。

① 如果 $R_l = 0$，那么结束比特矫正过程。

② 如果 $R_l > 0$，那么选择 R_l 个子载波，它们的比特差值 $b_n - \hat{b}_n$ 是按递减的顺序排列，在每一个子载波上各增加一比特。

③ 如果 $R_l < 0$，那么选择 R_l 个子载波，它们的比特差值 $b_n - \hat{b}_n$ 是按递增的顺序排列，在每一个子载波上各减去一比特。

(4) 比特矫正过程结束，则整个比特分配过程结束。

本节所提比特分配算法是最优的，且算法的计算复杂度为 $O(N + N\log_2 N)$，不需要像贪婪算法一样每加载一比特就要迭代一次，所以算法的计算复杂度大大降低。

5.3.3 MA 准则下的多用户比特分配

基于 MA 准则的多用户子载波比特分配模型，是指在满足用户传输速率和传输质量的要求下使所有可用子载波上的总发射功率最小。

MA 准则适用于固定数据速率的业务，其数学优化模型表示为

$$P_{\text{total}} = \arg \min_{\rho_{k,n}, b_{k,n}} \sum_{k=1}^{K} P_k = \sum_{k=1}^{K}\sum_{n=1}^{N} \rho_{k,n} \frac{f_k(b_{k,n})}{|h_{k,n}|^2}$$

$$\text{s.t.}\quad R_{\mathrm{T}}=\sum_{k=1}^{K}R_k=\sum_{k=1}^{K}\sum_{n=1}^{N}b_{k,n} \tag{5.70}$$
$$\sum_{k=1}^{K}\rho_{k,n}=1,\quad \rho_{k,n}\in\{0,1\},\forall k,n$$

这里考虑下行链路的优化模型，设有K个用户共享N个正交子载波。$h_{k,n}$表示第k个用户的第n个子载波上的信道增益，可构成$\boldsymbol{H}_{K\times N}=\{|h_{k,n}|^2\}$；$R_k$为第$k$个用户分配的总比特数；$\boldsymbol{A}$为$K\times N$的子载波分配矩阵，其元素$\rho_{k,n}$值为1表示将第$n$个子载波分配给用户$k$，为0表示第$n$个子载波未分配给用户$k$，这里考虑一个子载波只能被一个用户占用，多个用户不能同时占用同一个子载波的情形，如式(5.70)所示；P_k表示第k个用户的发射功率；R_{T}为系统总传输速率；$b_{k,n}$表示第k个用户的第n个子载波上分配的比特数；$f_k(b_{k,n})$表示当信道增益为1时，第k个用户的第n个子载波可靠接收$b_{k,n}$比特数据所需的接收功率。不同的调制编码方式对应的$f_k(b_{k,n})$不同，且$f_k(b_{k,n})$必须满足以下条件。

(1) $f(0)=0$。即没有数据发送，发射功率为0。

(2) 根据最优化理论的要求，应该保证$f(b)$为下凸函数。常用的编码调制方法都可以满足这一点。

(3) $f(b)$一般由所选调制方法中星座点间最小距离和星座规模来决定。常见的调制方式 MQAM 和 MPSK 的$f(\cdot)$表达式分别如式(5.71)和式(5.72)所示。其中，$Q(x)=\dfrac{1}{\sqrt{2\pi}}\int_x^{\infty}\mathrm{e}^{-t^2/2}\mathrm{d}t$，$\mathrm{Pr_b}$为用户要求的误码率。

当进行 MQAM 调制时，有

$$f(b)=\frac{N_0}{3}\left[Q^{-1}\left(\frac{\mathrm{Pr_b}}{4}\right)\right]^2(2^b-1),\quad b=0,2,4,6,8,\cdots \tag{5.71}$$

当进行 MPSK 调制时，有

$$\begin{cases} f(b)=\dfrac{N_0}{2}\left[Q^{-1}(\mathrm{Pr_b})\right]^2, & \text{BPSK 即 } b=1\\ f(b)=\dfrac{N_0}{2}\left[Q^{-1}\left(1-\sqrt{1-\mathrm{Pr_b}}\right)\right]^2, & \text{QPSK 即 } b=2\\ f(b)=\dfrac{N_0}{2}\left[\dfrac{Q^{-1}\left(\dfrac{\mathrm{Pr_b}}{2}\right)}{\sin\dfrac{\pi}{2^b}}\right]^2, & \text{MPSK 即 } b\geqslant 3 \end{cases} \tag{5.72}$$

对于式(5.70)所示的 MA 优化模型，Wong 等学者通过求解优化问题得到一个最优的子载波和比特联合分配方案[16]。但是，该方案对于子载波数量较大的系统，计算复杂度过大，不能满足信道实时变化的要求。因此，在实际系统中，往往采用计算复杂度较低的次优算法去逼近最优解以满足实时性要求，而次优算法一般分两步进行：首先进行子载波分配，然后按照已有的单用户的功率比特优化算法进行分配和加载，如 HH 算法[36-39]、Chow 算法[38]和 Fischer 算法[37]等。

5.3.4　改进的多用户比特分配

改进的多用户比特分配算法为先进行子载波分配，再进行比特分配。

1. 子载波分配

这里的子载波分配算法复杂度比较低，且满足认知用户之间的速率公平性要求。首先假设比特是在所有子载波之间平均分配的。具有最小比例速率的用户有优先挑选子载波的权利。具体步骤如下。

N_k 是用户 k 的子载波集合，A 是所有子载波的集合，R_k 是用户 k 的速率。

(1) 初始化。设置 $N_k=\varnothing,\ R_k=0(k=1,2,\cdots,K),\ A=\{1,2,\cdots,N\}$。

(2) 对于 $k=1,2,\cdots,K$，寻找 n 满足 $\left|h_{k,n}\right|\geqslant\left|h_{k,j}\right|$，$j\in A$，令 $N_k=N_k\cup\{n\}$，$A=A-\{n\}$，更新 $R_k=R_k+R_{\text{total}}/N$。

(3) 若 $A\neq\varnothing$，执行如下步骤：

① 寻找 k^* 满足 $R_{k^*}/r_{k^*}\leqslant R_i/r_i$，$i=1,2,\cdots,K$；

② 对于找到的 k^*，寻找 n^* 满足 $\left|h_{k^*,n^*}\right|\geqslant\left|h_{k^*,j}\right|,j\in A$；

③ 对于找到的 k^* 和 n^*，令 $N_{k^*}=N_{k^*}\cup\{n^*\}$，$A=A-\{n^*\}$，$R_{k^*}=R_{k^*}+R_{\text{total}}/N$；

④ 直到 $A=\varnothing$。

2. 比特分配

这里的比特分配算法和改进的单用户比特加载算法一样，也是基于等比数列和代数几何平均不等式进行推导的，本节不进行赘述。

类似于式(5.69)，得到子载波 n 上的最优分配比特数为

$$b_{k,n}=2\log_2\left(\left|h_{k,n}\right|/\left|g_{k,n}\right|\right)+\frac{R_k}{N_k}-\frac{2}{N_k}\log_2\omega_{\text{T}_k},\quad n=1,2,\cdots,N_k;k=1,2,\cdots,K \tag{5.73}$$

式中，$\omega_{\text{T}_k}=\prod_{n=1}^{N_k}\left(\left|h_{k,n}\right|/\left|g_{k,n}\right|\right)$。

由于 $b_{k,n}$ 必须为整数，所以需要进行取整运算，但是如果 $R_k-\sum_{n=1}^{N_k}\hat{b}_{k,n}$ 不等于零，那么就需要进行比特矫正，具体步骤如下。

(1) 通过式(5.73)计算每个子载波上加载的比特数 $b_{k,n}$。

(2) 对 $b_{k,n}$ 进行取整运算 $\hat{b}_{k,n} = \text{round}(b_{k,n})$，$n=1,2,\cdots,N_k$，再计算 $R_l = R_k - \sum_{n=1}^{N_k} \hat{b}_{k,n}$。

(3) 进行比特矫正。

① 如果 $R_l = 0$，那么结束比特矫正过程。

② 如果 $R_l > 0$，那么选择 R_l 个子载波，其比特差值 $b_{k,n} - \hat{b}_{k,n}$ 是按递减的顺序排列的，在每一个子载波上各增加一比特。

③ 如果 $R_l < 0$，那么就选择 $|R_l|$ 个子载波，其比特差值 $b_{k,n} - \hat{b}_{k,n}$ 是按递增的顺序排列的，在每一个子载波上各减去一比特。

和 H-H 算法[39]不同，本节所提改进的多用户比特分配算法不需要进行迭代。另外，BABS+ACG 算法[40]也是一种低复杂度的比特分配算法。三种算法的计算复杂度比较如表 5.7 所示。

表 5.7　三种多用户比特分配算法的计算复杂度比较

比特分配算法	计算复杂度
HH 算法[39]	$O(RN\log_2 N)$
BABS+ACG 算法[40]	$O(RN)$
本节所提算法	$O(N + N\log_2 N)$

5.4　CR 多用户子载波比特联合分配技术

5.4.1　主用户协作情况下的认知用户子载波比特联合分配

在认知无线电重叠频谱共享方式下，PU 与 SU 同时利用信道资源，它们之间的干扰必须最小化以实现频谱共享；同时，SU 需要进行功率控制以保障 PU 的正常通信，即 SU 需要自适应调整发射功率，以在满足 PUR 低信号干扰噪声比(SINR)的同时获得最高的认知链路传输速率。本节在考虑多个主用户协作的场景下，研究一种认知用户子载波比特联合分配方法。该方法通过认知用户子载波比特的联合分配，可以在保障主用户通信 QoS 的同时满足认知链路的速率要求[41]。

考虑主网络与认知网络均采用基于 OFDM 调制的重叠式频谱共享模型。该联合优化问题基于 MA 准则，以最小化认知用户对主用户的平均干扰功率为目标，在满足 PUR 信号干扰噪声比和认知链路传输速率的条件下，将资源联合优化问题分解为子载波分配与子载波内的比特分配，并利用代数几何不等式得到其近似最优解。本节分别给出平均干扰功率与 SU 分配的子载波、总比特数之间的关系[41]，并与传统 H-H 比特分配[39]方法进行比较。

图 5.24 给出了主用户协作场景下的 PU 与 SU 频谱共享示意图[41]。

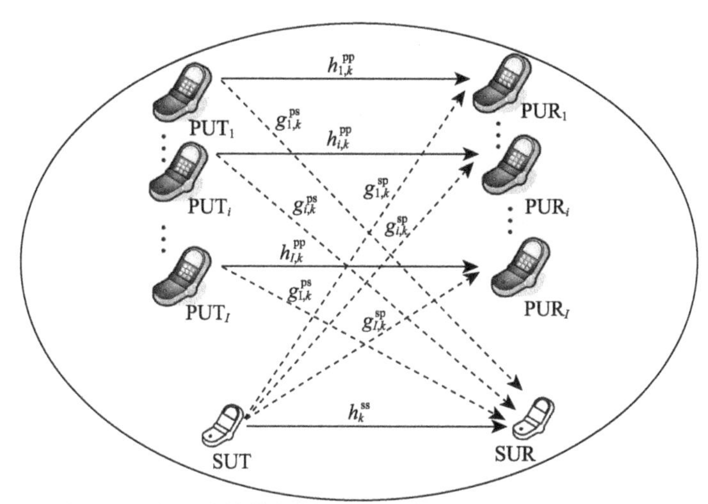

图 5.24 主用户协作场景下的 PU 与 SU 频谱共享示意图

在该系统模型中，定义 h_k^{ss} 为从 SUT 到 SUR 在第 k 个子载波上的认知信道系数，而 $h_{i,k}^{\mathrm{pp}}$ 为在第 k 个子载波上从第 i 个 PUT 到第 i 个 PUR 的主信道系数，$g_{i,k}^{\mathrm{sp}}$ 为在第 k 个子载波上从 SUT 到第 i 个 PUR 的干扰信道系数，而 $g_{i,k}^{\mathrm{ps}}$ 为在第 k 个子载波上从第 i 个 PUT 到 SUR 的干扰信道系数，假定系统的所有信道系数在瑞利平坦衰落信道上是独立同分布的，$p_{i,k}^{\mathrm{p}}$ 为在第 k 个子载波上的第 i 个 PUT 的传输功率，而 p_k^{s} 代表在第 k 个子载波上 SUT 的传输功率，N_0 为加性高斯白噪声的单边功率谱密度(PSD)。认知 OFDM 带宽为 B 。在认知无线网络中，不同的 PU 可以传输和接收不同的子载波，与此同时，SU 就可以检测可用的子载波和功率。多个 PU 合作交换控制信号和可利用的子载波，并监视 SU 的接入行为。SU 利用 PU 来检测子载波，并调整其传输功率以满足 PUR 的平均 SINR，目的是在频谱共享模式下保持 PU 通信的 QoS。假设 PU 合作的最大数量是 I (所有的 PU 协作收发器均参与合作)，认知信道、主信道和干扰信道的系数均可以通过信道估计获得。此外，SU 可利用的子载波采用功率控制调整其传输功率，以满足认知链路在 PUR 的 SINR 约束下的 QoS 要求。

重叠频谱共享方式下 PU 和 SU 可利用的子载波如图 5.25 所示。图中，假设在给定的时间里，全部 K 个 OFDM 子载波授权给 I 个主用户，每个主用户收发器占用至少一个子载波。不考虑子载波内的干扰，SU 会在重叠频谱共享模式下伺机利用多个可用的子载波。基于此模型，为了实现频谱共享，本节提出一个子载波比特联合优化方案，通过适当的功率控制，在 PUR 满足平均 SINR 约束时，实现满足 SU 的传输速率要求[41]。

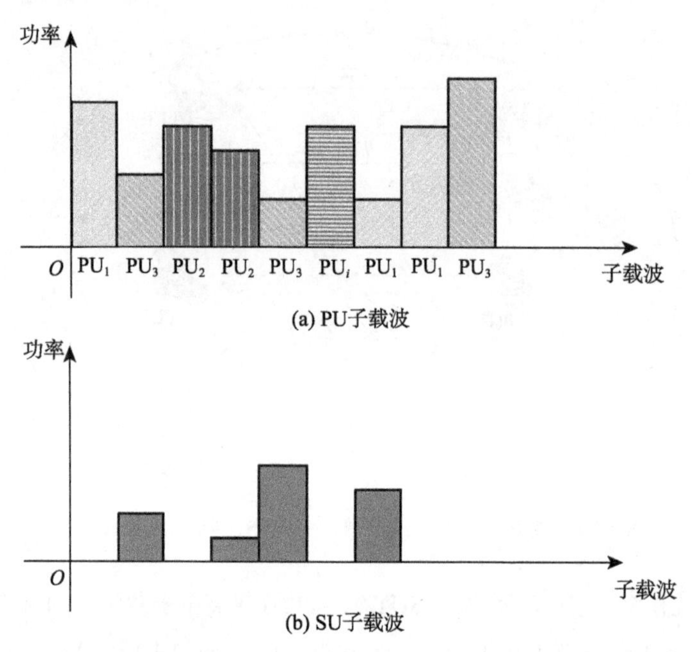

图 5.25　重叠频谱共享方式下 PU 和 SU 可利用子载波示意图

如果第 k 个子载波被第 i 个 PUT 占用，则在第 i 个 PUR 的 SINR 表示为

$$\mathrm{SINR}_{i,k}^{\mathrm{PUR}} = \frac{P_{i,k}^{\mathrm{p}}\left|h_{i,k}^{\mathrm{pp}}\right|^2}{N_0 B}, \quad i = 1,2,\cdots \tag{5.74}$$

如果第 k 个子载波同时被 SUT 和第 i 个 PUT 占用，则第 i 个 PUR 的 SINR 表示为

$$\mathrm{SINR}_{i,k}^{\mathrm{PUR}} = \frac{P_{i,k}^{\mathrm{p}}\left|h_{i,k}^{\mathrm{pp}}\right|^2}{P_k^{\mathrm{s}}\left|g_{i,k}^{\mathrm{sp}}\right|^2 + N_0 B}, \quad i = 1,2,\cdots \tag{5.75}$$

式中，$P_k^{\mathrm{s}}\left|g_{i,k}^{\mathrm{sp}}\right|^2$ 表示在第 k 个子载波上从 SUT 到第 i 个 PUR 的干扰功率。

如果第 k 个子载波同时被 SUT 和第 i 个 PUT 占用，则相应 SUR 的 SINR 表示为

$$\mathrm{SINR}_{k}^{\mathrm{SUR}} = \frac{P_k^{\mathrm{s}}\left|h_k^{\mathrm{ss}}\right|^2}{\sum_{i=1}^{I}\alpha_i P_{i,k}^{\mathrm{p}}\left|g_{i,k}^{\mathrm{ps}}\right|^2 + N_0 B}, \quad k = 1,2,\cdots \tag{5.76}$$

式中，$\sum_{i=1}^{I}\alpha_i P_{i,k}^{\mathrm{p}}\left|g_{i,k}^{\mathrm{ps}}\right|^2$ 表示在第 k 个子载波上从第 i 个 PUT 到 SUR 的干扰功率，α_i 是一个值为 0 或 1 的量，表示子载波是否被第 i 个 PUT 占用。

基于主用户协作的认知用户子载波比特联合分配的数学模型基于 MA 准则。结合式(5.74)和式(5.75)可以得出，目标函数是最小化 SUT 到 PUR 的总干扰功率，同时满足认知传输速率和 PU 的 SINR 约束。因此，可得

$$\arg\min_{P_k^{\mathrm{s}},\rho_k}\sum_{i=1}^{I}\sum_{k=1}^{K}\rho_k\left(\left|g_{i,k}^{\mathrm{sp}}\right|^2 P_k^{\mathrm{s}}\right) \tag{5.77}$$

式中，ρ_k 和上述的 α_i 一样取 0 或 1，表示第 k 个子载波是否被 SUT 利用。

基于 MA 准则的优化问题约束条件如下：

$$R_{\mathrm{total}}^{\mathrm{s}}=\sum_{k=1}^{K}\rho_k B\log_2(1+\mathrm{SINR}_k^{\mathrm{SUR}}) \tag{5.78}$$

$$\sum_{k=1}^{K}\rho_k=1,\quad \rho_k=\{0,1\},\quad k=1,2,\cdots \tag{5.79}$$

$$\mathrm{SINR}_{i,k}^{\mathrm{PUR}}\geqslant\overline{\mathrm{SINR}}^{\mathrm{p}} \tag{5.80}$$

$$0<P_{i,k}^{\mathrm{p}}\leqslant\overline{P}^{\mathrm{p}},\quad i=1,2,\cdots \tag{5.81}$$

$$0<P_k^{\mathrm{s}}\leqslant\overline{P}^{\mathrm{s}},\quad k=1,2,\cdots \tag{5.82}$$

式(5.78)是认知链路传输速率约束条件，以满足 SU 传输的 QoS；式(5.79)表示在一个时间段内每个子载波仅被一个用户使用；式(5.80)是 PU 链路的 SINR 约束；式(5.81)和式(5.82)分别表示第 k 个子载波上每一个 PU 和 SU 的最大传输功率，满足 PU 和 SU 的功率控制。

正如式(5.77)～式(5.82)所示，实际上联合优化问题是非凸性的，对于子载波比特分配，可能无法得到整体最优解，因此考虑在主用户协作的情况下将认知用户的子载波比特联合分配方案分成两个独立阶段：第一个阶段是基于 PU 协作的最佳子载波分配，第二个阶段是在确定 SU 可用子载波内进行比特分配。因此，近似解就可以分为两个独立单参数优化问题来求得。具体而言，在第一阶段，通过多个 PU 合作来调整发射功率，以便在 SU 功率控制和 SINR 约束下分配可用的子载波给 SU，因此能够减小 SU 对 PU 的干扰功率；在第二个阶段，为了满足认知用户传输速率的要求，在 PUR 中考虑到最小干扰功率，在可用的子载波内采用等比数列和代数几何平均不等式进行比特分配(类似于 5.3.2 节和 5.3.4 节的推导过程，本节不进行赘述)。

基于主用户协作的认知用户子载波比特联合分配的目的是利用主用户的可用子载波进行认知用户的动态接入，以增加资源利用率。例如，当第 k 个子载波上的

认知链路较好($\left|h_k^{ss}\right|$很大)，从 SUT 到 PUR 的干扰链路较差($\left|g_{i,k}^{sp}\right|$很小)时，加载到第 k 个子载波上的比特数将减少，因为良好的认知链路质量保证了低比特率传输；相反，在第 k 个子载波上的认知链路质量下降而干扰链路增加时($\left|h_k^{ss}\right|$很小，$\left|g_{i,k}^{sp}\right|$很大)，更多的比特将会分配给这些子载波，以满足对 PU 的 SINR 约束和一定的 SU 传输速率要求。

图 5.26 给出了当协作主用户数为 4 时 SU 分配的子载波数与平均干扰功率之间的关系[41]。由图可知，干扰功率随着 SU 分配子载波数的增加而急剧下降。当分配的总比特数为 64 时，子载波比特联合分配方法的干扰功率低于传统 HH 算法[39]约 1dB。究其原因，子载波比特联合分配方法在比特分配阶段基于改进的 HH 算法，采用代数几何不等式获得子载波内比特分配的渐进最优解，其计算复杂度低于传统 HH 算法[39]。此外，在相同子载波数情况下，平均干扰功率随着分配总比特数的增加而上升，这是因为当认知用户在所分配的子载波内获得高比特数时，其发射功率将增加，进而导致对主用户干扰功率的增加，故需要考虑认知用户比特分配与功率控制之间折中的问题。

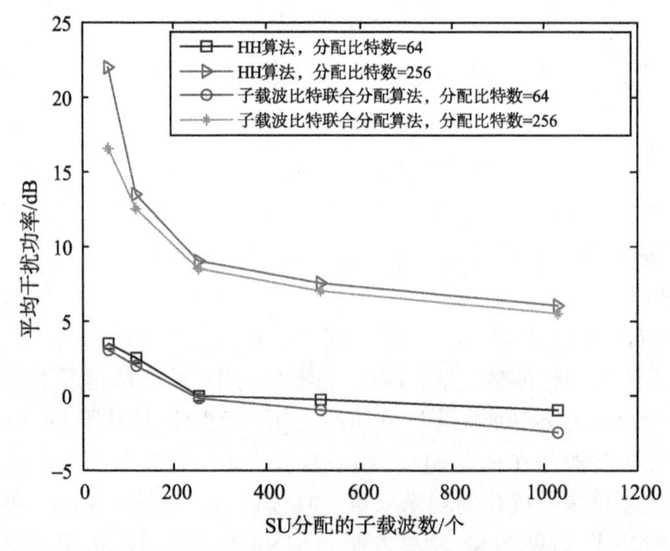

图 5.26　当协作主用户数为 4 时 SU 分配的子载波数与平均干扰功率的关系

图 5.27 给出了当协作主用户数为 4 时 SU 分配的总比特数与平均干扰功率之间的关系[41]。由图可知，平均干扰功率随着 SU 分配总比特数的增加而上升，干扰功率则随着 SU 可利用子载波数的减少而提高。对比传统 HH 算法[39]，子载波比特联合分配算法在相同比特数下可使干扰功率下降 1dB。因此，在 CR 频谱重叠共享模型中，增加可利用的子载波数和降低分配的总比特数可以减少 SU 对 PU 的干扰。

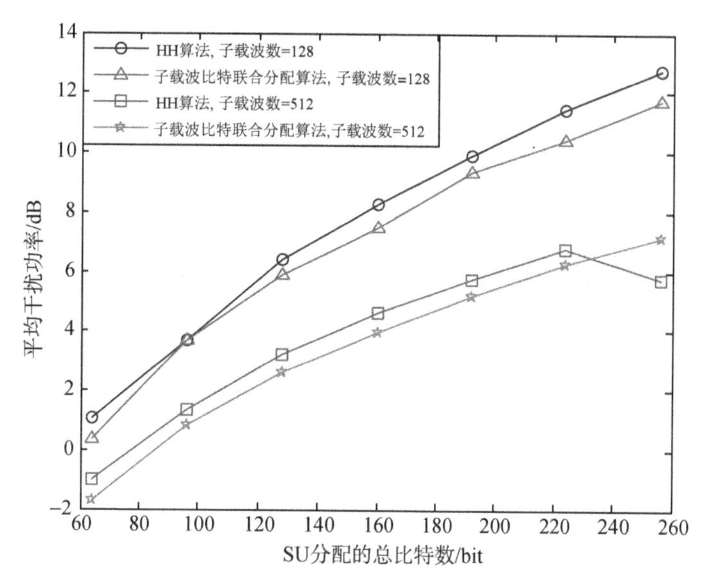

图 5.27 当协作主用户数为 4 时 SU 分配的总比特数与平均干扰功率的关系

5.4.2 基于轮回的认知 OFDM 多用户子载波比特联合分配

根据 5.3.3 节建立的基于 MA 准则的多用户子载波比特分配模型，本节结合 Wong 算法的子载波分配模型[15]，如式(5.83)～式(5.85)所示，提出基于轮回思想的 Ring 算法[42]。

$$\min \sum_{k=1}^{K}\sum_{n=1}^{N}\rho_{k,n}\frac{P}{|h_{k,n}|^2} \tag{5.83}$$

$$\text{s.t.} \quad \sum_{k=1}^{K}\rho_{k,n}=1 \tag{5.84}$$

$$\sum_{k=1}^{K}S_k=N \tag{5.85}$$

为了减少计算复杂度，Ring 算法分两步完成：第一步进行子载波分配，第二步对所有用户的功率比特分配按照单用户的功率比特分配方式进行分配。该算法首先通过基于轮回的初次分配达到兼顾公平性的目的，再通过二次分配对初次分配结果进行迭代优化[42]。

1. 子载波分配算法

根据式(5.83)，本节所提 Ring 算法的目标是尽可能为用户分配信道质量较高的子载波，即$|h_{k,n}|^2$较大的子载波，同时兼顾公平性。现有 $N=6$ 个子载波分配给 $K=3$

个用户，简单起见，假设每个用户需要 $S_k = 2$ 个子载波。若某瞬时信道矩阵为

$$\boldsymbol{H} = \begin{bmatrix} \text{子载波：} & 1 & 2 & 3 & 4 & 5 & 6 \\ \text{用户1：} & 1.8 & 1.7 & 1.3 & 0.5 & 0.3 & 0.4 \\ \text{用户2：} & 0.6 & 0.7 & 1.4 & 1.3 & 0.8 & 0.9 \\ \text{用户3：} & 0.2 & 1.6 & 0.6 & 1.2 & 1.0 & 0.1 \end{bmatrix} \tag{5.86}$$

首先对各用户的所有子载波按降序排列，即用户 1 的子载波排序为 $\{1,2,3,4,6,5\}$，用户 2 为 $\{3,4,6,5,2,1\}$，用户 3 为 $\{2,4,5,3,1,6\}$。为了克服贪婪算法的缺点，保证对最后一个用户分配的公平性，Ring 算法采用基于轮回的思想，即在一次循环中对所有用户均选择一个对于其信道增益最好的子载波予以分配，多次循环直至满足所有用户要求或给定可用子载波分配完毕。根据该思想，在第一轮循环中，用户 1、用户 2、用户 3 分别分配了子载波 1、子载波 3、子载波 2。在第二轮循环中，对于用户 1，由于子载波 2、子载波 3 已被分配，只能分配子载波 4。同理，由于子载波 4 已分配，用户 2 在该轮中只能分配子载波 6。用户 3 在该轮中将得到子载波 5。据此，各用户的初次分配结果分别为 $\{1,4\}$、$\{3,6\}$、$\{2,5\}$。若采用 WSA 算法[17]，分配结果为：用户 1 占用子载波 $\{1,3\}$，用户 2 占用子载波 $\{4,6\}$，用户 3 占用子载波 $\{2,5\}$。Ring 算法的初次分配结果仍然存在被迫选择最差子信道的可能，本例中，WSA 算法选择的最差子载波 6 的信道增益为 0.9，而 Ring 算法选择的最差子载波信道增益为 0.5。为了提高性能，需要进行迭代优化。本节采用 Wong 算法[15]的二次迭代优化算法进行二次分配子载波。在本例中，进行迭代优化分配后，各用户分配的子载波情况为：用户 1 占用子载波 $\{1,2\}$，用户 2 占用子载波 $\{3,6\}$，用户 3 占用子载波 $\{4,5\}$。此时，Ring 算法分配的最差子载波信道增益也为 0.9，与 WSA 算法相同，但 Ring 算法的信道总分配增益值为 8.0，比 WSA 算法要稍大些。

因此，可将上述 Ring 算法[42]概括为以下几个步骤。

1) 子载波初次分配阶段

(1) 将所有用户对所有子载波的信道增益按照从大到小的顺序排列。

(2) 在某次循环过程中，对用户 k，将其信道增益最大的且满足可分配条件的子载波(即该子载波尚未分配且该用户所需子载波数未分满)分配给该用户。若该子载波已分配，则选择该用户信道增益列表剩下的信道中增益最高且未被占用的子载波分配给该用户；若该用户的分配子载波已满足用户要求，则跳过该用户考虑下一个用户。

(3) 重复上述过程，完成一次循环。如此，每次循环可为每个用户分配一个子载波。经过多次循环直到所有用户所需子载波数已达要求或所有子载波已分配完毕。

2) 子载波再次分配阶段

(1) 以减小系统总发射功率的原则进行迭代优化。设 $\Delta P_{i,j}$ 为将原分配给用户 i 的某子载波分配给 j 用户给用户 i 带来的功率减小量最大值；$\Delta P_{j,i}$ 表示将原分配给用户 j 的某子载波分配给用户 i 给用户 j 带来的功率减小量最大值；$P_{i,j}=\Delta P_{i,j}+\Delta P_{j,i}$ 为用户对 (i,j) 进行一对子载波交换时可节省的最大功率，n_{ij} 表示用户 i 与用户 j 交换的子载波，n_{ji} 表示用户 j 与用户 i 交换的子载波。

(2) 对所有用户对 (i,j)，$i,j=1,2,\cdots,K$ 且 $i\neq j$，计算 $\{P_{ij}\}$ 列表，并对 $\{P_{ij}\}$ 进行降序排列，找出最大值 $P_{i^*j^*}$ 及对应的用户对 (i^*,j^*) 和子载波 $n_{i^*j^*}$、$n_{j^*i^*}$。

(3) 若 $P_{i^*j^*}>0$，则在用户 i^* 和用户 j^* 之间实行 $n_{i^*j^*}$ 和 $n_{j^*i^*}$ 的交换，其数学表达式可表示为

$$\begin{cases}\rho_{i^*,n_{i^*j^*}}=0, & \rho_{i^*,n_{j^*i^*}}=1\\ \rho_{j^*,n_{j^*i^*}}=0, & \rho_{j^*,n_{i^*j^*}}=1\end{cases}\tag{5.87}$$

即将原先分配给用户 i^* 的子载波 $n_{i^*j^*}$ 分配给用户 j^*，将原先分配给用户 j^* 的子载波 $n_{j^*i^*}$ 分配给用户 i^*，更新分配矩阵 $\boldsymbol{A}$。完成后重新计算 $\{P_{ij}\}$。

(4) 重复上述迭代过程直到所有 $P_{i,j}\leqslant 0$，即系统的总功率不能再减小了，子载波分配结束。

2. 功率比特分配算法

子载波分配完毕后，构造新的信道增益矩阵 $\boldsymbol{H}^*$：

$$\boldsymbol{H}^*=\left[|h_1^{k_1}|^2,|h_2^{k_2}|^2,\cdots,|h_N^{k_K}|^2\right]\stackrel{\text{def}}{=}\left[h_1,h_2,\cdots,h_N\right]\tag{5.88}$$

式中，元素 $|h_n^{k_n}|^2$ 表示第 n 子载波被用户 k_n 占用的子信道增益。

在给定误码率和发送速率下，总发射功率最小化等价于在给定发射功率和发送速率下的误码率最小化，因此本节采用以误码率最小化为目标的 Fischer 算法[36,43]。可将 Fischer 算法的优化问题数学表示为

$$\min_{b_i,p_i,i=1,2,\cdots,N} p_{e,i}=p_e\tag{5.89}$$

$$\text{s.t.}\quad \sum_{i=1}^{N}b_i=R_{\mathrm{T}}\tag{5.90}$$

$$\sum_{i=1}^{N}p_i=P_{\mathrm{T}}\tag{5.91}$$

式中，R_{T} 为可分配的总比特数；P_{T} 为所允许的最大发射功率之和；p_i 为第 i 个子载波上分配的功率。

Fischer 算法[36,43]的功率比特分配可表示为

$$b_i = \frac{R_{\mathrm{T}}}{N} + \frac{1}{N}\log_2 \frac{\prod_{i=1}^{N}\sigma_i^2}{(\sigma_i^2)^N} \tag{5.92}$$

$$b_i = \left(R_{\mathrm{T}} + \sum_{i\in I}\log_2 \sigma_i^2\right) / N' - \log_2 \sigma_i^2 \tag{5.93}$$

$$p_i = \frac{P_{\mathrm{T}}\sigma_i^2(2^{b_i}-1)}{\sum_{i\in I}\sigma_i^2(2^{b_i}-1)}, \quad i\in I \tag{5.94}$$

$$p_{e\min} = 4Q(\sqrt{\mathrm{SNR}}), \quad \mathrm{SNR} = \frac{3P_{\mathrm{T}}}{\sum_{i\in I}\sigma_i^2(2^{b_i}-1)} \tag{5.95}$$

式中，σ_i^2 表示第 i 个子载波的信道噪声功率。若据式(5.92)所得 $b_i < 0$，则需在剔除该子信道后根据式(5.92)重新计算直到 $b_i \geqslant 0$，N' 为 $b_i \geqslant 0$ 的子载波数目，I 为 $b_i \geqslant 0$ 的子载波索引集合。

Fischer 算法的功率分配如式(5.94)所示。Fischer 算法的最小误符号率只有当各子载波误符号率相同且同时达到最小值时才能取到，其值如式(5.95)所示。

下面对 Ring 算法[14,42]、Wong 算法[15,16]和 WSA 算法[17]的计算复杂度进行比较。由于采用相同的功率比特分配算法，在进行计算复杂度分析时，只针对子载波分配算法部分即可。利用二进制搜索(binary-search)方法在 N 个实数中选择最大值需要的比较次数是 $N-1$，而采用快速排序(quick-sort)方法需要的平均比较次数为 $2N\ln N$。文献[17]给出了 WSA 算法的比较次数为 $2N(K-1)+2N\ln N$，相应的计算复杂度为 $O(NK)$，这里考虑 $K \geqslant \ln N$。Wong 算法和 Ring 算法的子载波分配均分为两个阶段。优化迭代再分配所在的第二阶段，两者的算法计算复杂度是相同的，每次迭代的比较次数为 $C_K^2 S_k^2 = C_K^2 (N/K)^2 \approx N^2/2$。Wong 算法的初次分配采用了贪婪算法，比较次数为 $N(N-1)/2$。因此，Wong 算法[15,16]总的比较次数为 $N(N-1)/2 + aN^2/2$，其中 a 为第二阶段的迭代次数，相应的计算复杂度为 $O(N^2)$。Ring 算法的第一阶段与贪婪算法类似，对所有用户的所有子信道增益进行排序，采取轮回的选择方式并没有改变比较次数，该阶段的计算复杂度与 Wong 算法相同，为 $N(N-1)/2$。因此，Ring 算法总的比较次数为 $N(N-1)/2 + bN^2/2$，其中 b 为 Ring 算法在第二阶段的迭代次数，相应的计算复杂度为 $O(N^2)$。

将 Ring 算法与其他两种算法进行性能比较。以 1000 次蒙特卡罗仿真求平均。假设无线信道为单径瑞利衰落信道，所有用户平分可用子载波，即 $S_k = N/K$,

$k=1,2,\cdots,K$，这里取 $K=8$。

图 5.28 给出了 Ring 算法和 Wong 算法的第二阶段在不同子载波数下的迭代次数。迭代次数影响算法的运行时间，进而影响算法的实时性。由图可知，当子载波数小于 64 时，两种算法的迭代次数相差不超过 1，而当子载波数较大时，Ring 算法的迭代次数要小于 Wong 算法，且迭代次数差随着子载波数目的增加有逐步增大的趋势。这表明，Ring 算法的运行时间较少，实时性更好[14,42]。

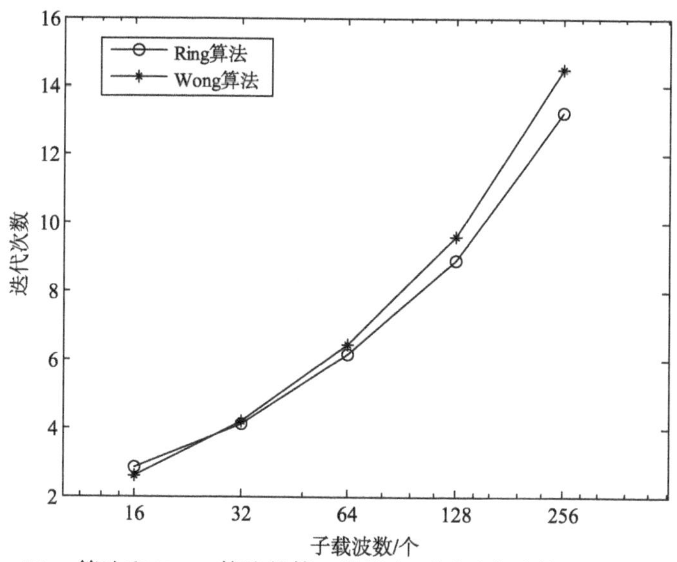

图 5.28　Ring 算法和 Wong 算法的第二阶段在不同子载波数下的迭代次数比较

要提高 OFDM 系统的可靠性，需要子载波分配和功率比特分配能使误码率在给定信噪比下尽可能小。在频率选择性衰落信道中传输的 OFDM 子载波误码率依赖于频域信道传输函数，比特差错的发生通常集中在一些深度衰落的子载波上，而在 OFDM 频谱的其他部分通常观察不到比特差错。因此，在实际过程中，对检测出的可用信道还要去除一些被子载波分配算法选中的深度衰落子载波以保证系统性能，其代价是系统吞吐量有轻微损失。图 5.29 给出了 Ring 算法、Wong 算法和 WSA 算法在不同子信道数目下选择的最差子信道增益值。由图可知，Wong 算法所选择的最差子载波信道状况要优于 Ring 算法和 WSA 算法，而 Ring 算法所选择的最差子载波增益也大大优于 WSA 算法。这表明，Ring 算法可以实现类似于 WSA 算法中避免选择最差子载波的目标，且具有较好的误码率性能[14,42]。

图 5.30 给出了 Ring 算法、Wong 算法、WSA 算法的误码率比较。假设子载波数目为 64，系统带宽为 32MHz。在发射功率和总速率受限的条件下，WSA 算法在计算复杂度上要小于 Wong 算法和 Ring 算法。另外，虽然 Wong 算法所选择的最差子信道的状况要优于其他两种算法，但是在相同的迭代次数下(图 5.28)，可以获得

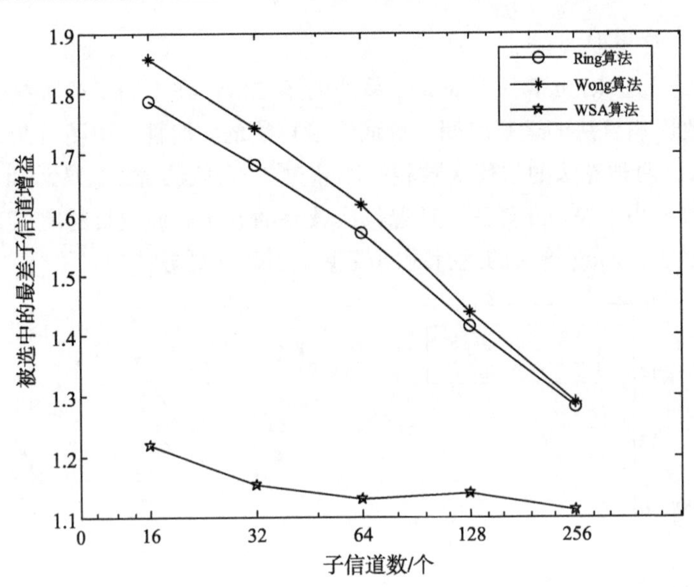

图 5.29　三种算法在不同子载波数下的最差子载波选择性能比较

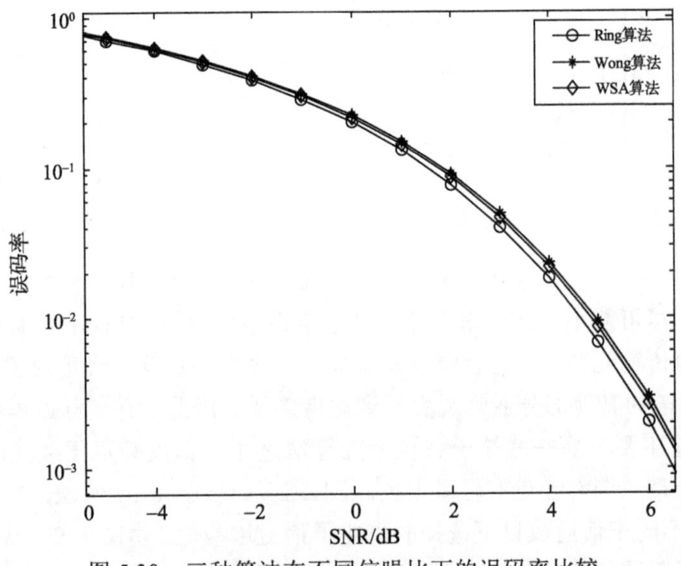

图 5.30　三种算法在不同信噪比下的误码率比较

比 Wong 算法更低的误码率，这表明它具有通过功率比特合理分配弥补子载波分配不足的优势，从而获得较理想的误码率，该算法较适合用于信道状况不佳的 OFDM 自适应调制环境中。结合图 5.29 可以看出，Ring 算法相比于 WSA 算法虽然在计算复杂度上不占优势，但是可以在相同的信道选择状况下获得更低的误码率。总体而言，Ring 算法通过初次和再次分配的方式弥补了现有子载波分配算法缺乏实时性的缺点，且可在子信道质量较差的情况下获得比 Wong 算法更低的误码率，而不增加额外的计算复杂度[14,42]。

5.4.3　基于最差用户优先的认知 OFDM 多用户子载波比特联合分配

本节将介绍基于最差用户优先(WUF)[44]的改进算法，即 WUFW 算法。类似于 Ring 算法[42]的两步求解法，该算法首先基于 WUF 思想进行子载波的初始分配，然后基于 Wong 算法[15,16]的迭代优化思想对初始分配结果进行迭代优化。为了降低算法的计算复杂度，子载波分配完毕后再采用 Fischer 算法[36,43]为各用户进行功率比特分配。

基于 5.4.2 节给出的子载波分配模型，下面介绍 WUFW 算法的具体流程。

WUF 算法的基本思想是按照用户的平均信道质量好坏为用户的分配确定优先顺序。对于式(5.86)给出的瞬时信道情况，在进行初始子载波分配前，计算各用户子载波信道增益平均值以便确定用户分配优先级。在本例中，计算用户 1、用户 2、用户 3 的平均信道增益大小分别为 1、0.95、0.783，具有最小平均增益值的用户优先级最高，因此用户 3 优先级最高，用户 2 次之，用户 1 最低。用户 3 对所有子载波增益进行排序后选择对其增益最大的两个子载波 $\{2,4\}$，用户 2 在剩下的子载波中选择对其而言信道条件最好的两个子载波 $\{3,6\}$，用户 1 只能分配得到子载波 $\{1,5\}$，初始分配结束。

对于一个多信道系统，系统的总误码率由最差子信道决定。为了提高算法性能，应当避免将信道条件最差的子载波分配给目标用户。在本例中，信道增益最小的子载波是用户 3 中的子载波 6，它并没有被分配给用户，但若信道增益最小的子载波出现在用户 1 中，为了满足子载波数目需求，用户 1 将不得不选择该子载波，从而可能使算法性能下降。这是 WUF 算法存在的缺点。

事实上，对各用户的信道增益求平均以设置优先级并不能保证最差子载波不出现在优先级最低的用户中。基于此考虑，WUFW 算法在初始分配的基础上利用 Wong 算法中的迭代优化再分配思想对初始分配结果进行再分配。本例中，进行迭代优化分配后，各用户分配的子载波情况为：用户 1 占用子载波 $\{1,2\}$，用户 2 占用子载波 $\{3,6\}$，用户 3 占用子载波 $\{4,5\}$。此时，采用 WUFW 算法分配的各用户平均信道增益值为 2.8，其中用户 1 的平均信道增益值为 1.75，用户 2 和用户 3 分别为 1.15 和 1.3；而 WUF 算法所得的各用户平均信道增益值为 2.4，其中用户 1 的平均信道增益值为 1.05，用户 2 和用户 3 分别为 1.15 和 1.4。可见，WUFW 算法通过优化迭代过程大大提高了算法的子载波分配性能。

下面只给出 WUFW 算法中子载波初次分配阶段的步骤，子载波再次分配阶段的步骤已在 5.4.2 节介绍，这里不再赘述。

子载波初次分配阶段的步骤如下。

(1) 计算各个用户的平均信道质量，并按平均值从小到大顺序决定用户分配的优先级，平均值最小的用户优先级最高，反之则优先级最低。

(2) 对所有用户的所有信道增益值按降序排列。

(3) 优先级最高的用户先进行子载波分配。将对于该用户来说信道条件最好的子载波分配给该用户直到满足该用户所需的子信道数，再进行下一个优先级用户的子载波分配。若用户最好条件的子载波已被分配，则选择次优的尚未分配的子载波予以分配。

(4) 依此进行分配，直到满足所有用户的子载波分配要求或可用子载波全部分配完，初始分配结束。

子载波分配结束后，与 5.4.2 节类似采用 Fischer 算法进行单用户的功率比特分配，这里不再赘述。

根据 5.4.2 节给出的二进制搜索算法复杂度和快速排序算法的计算复杂度，可得到 WUF 算法的比较次数为 $N(N-1)/2+2K\ln K$，相应的计算复杂度为 $O(N^2)$。WUFW 算法的比较次数是 WUF 算法的比较次数加上 Wong 算法的比较次数，即 $N(N-1)/2+2K\ln K+cN^2/2$，其中 c 为 WUFW 算法在再次分配阶段的迭代次数，相应的计算复杂度为 $O(N^2)$。

将 WUFW 算法与 WUF 算法[44]、Wong 算法[15,16]、WSA 算法[17]进行性能比较。以蒙特卡罗仿真求平均。假设无线信道为单径瑞利衰落信道，所有用户平均分配可用子载波，即 $S_k=N/K,\ k=1,2,\cdots,K$，这里取 $K=8$。

图 5.31 给出了四种算法在不同子载波数目下选择的最差子载波增益值。图中，WUFW 算法和 Wong 算法选择的最差子载波信道状况要优于 WUF 算法和 WSA 算法，其中 WUF 算法最差。当子信道数目为 256 时，WUF 算法选择的子信道增益值最小，根据功率注水算法的原理，系统为该子信道分配了更多的功率以保证一定的误码率，从而使得系统总功率大大增加。WSA 算法可以稳定地避免选择最差子载波，WUFW 算法等都随着子载波数的增加呈现不同程度的性能下降趋势，且以 WUF 算法最为明显。这是由于子载波数目增加大大增加了深度衰落子载波的出现概率，WUF 算法因无法避免本身存在的严重缺陷而导致最差子载波选择性能大大下降。而 WUFW 算法可以通过迭代优化再分配过程改善初始分配结果，因此相比于 WUF 算法，最差子信道增益性能会有所改善。另外，Wong 算法和 WUFW 算法的最差子载波选择增益几乎相同，这是由于在 WUFW 算法的优化迭代过程中采用了与 Wong 算法相同的迭代过程。

图 5.32 给出了上述四种算法的误码率。参考 5.4.2 节，假设子载波数为 64，系统带宽为 32MHz。由图可知，在发射总功率、总速率均受限的条件下，WUFW 算法具有与 WUF 算法相近的误码率，两者均优于 Wong 算法和 WSA 算法。为了保证

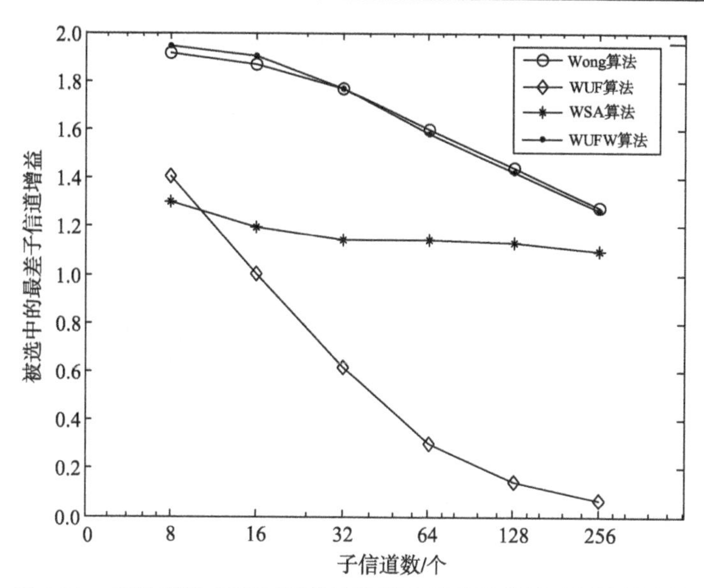

图 5.31　四种算法在不同子载波数下的最差子载波选择性能比较

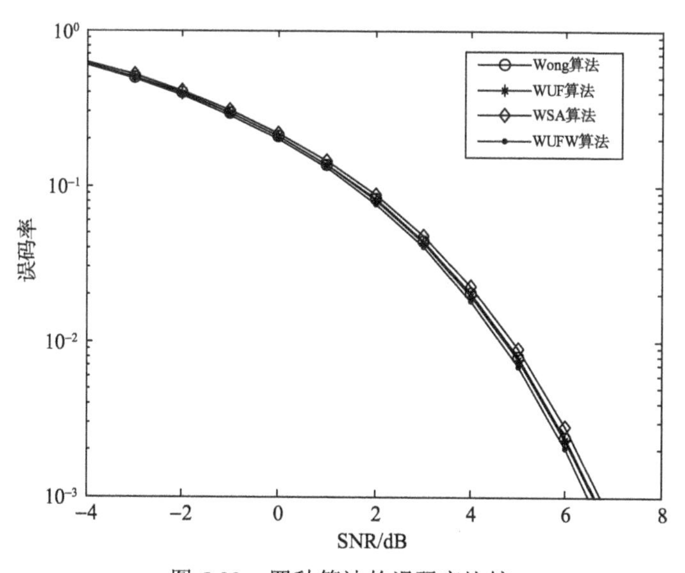

图 5.32　四种算法的误码率比较

一定的误码率，相比于 WUFW 算法，WUF 算法需要消耗更多的系统功率。若与较低计算复杂度的 WSA 算法相比，WUFW 算法是以较高的计算复杂度为代价换取了其低误码率[14]。另外，虽然 Wong 算法所选择的最差子信道的状况与 WUFW 算法几乎相同，但是 WUFW 算法可获得更优的误码率性能，这表明 WUFW 算法所选择的子载波增益均值要大于 Wong 算法。总体而言，与 WUF 算法相比，WUFW 算法具有相同的计算复杂度和相近的误码率，但在降低系统总发射功率方面具有更大优势[14]。

5.4.4 能效优先的认知 OFDM 多用户子载波比特联合分配

由 M 个认知用户与 N 个子载波构成的认知无线网络环境下，系统谱效 η_{SE} 可以表示为

$$\eta_{\mathrm{SE}}=\frac{R}{B} \tag{5.96}$$

式中，B 为系统总带宽；R 为认知无线网络的总信息传输速率。

系统能效 η_{EE} 可以表示为

$$\eta_{\mathrm{EE}}=\frac{R}{\zeta P_{\mathrm{T}}+P_{\mathrm{c}}}=\frac{\sum_{m=1}^{M}R_m}{\zeta\sum_{m=1}^{M}P_m+P_{\mathrm{c}}} \tag{5.97}$$

式中，R_m 为第 $m(m=1,2,\cdots,M)$ 个认知用户的信息传输速率；P_{T} 为系统的总传输功率，W；P_m 为第 m 个认知用户的传输功率；P_{c} 为系统电路消耗的功率；ζ 为产生单位传输功率所需的功率放大系数。

当需要对认知无线网络中的能效和谱效进行折中优化时，可利用一个权重因子 ω 对能效和谱效的指数位置进行加权，建立一个能效-谱效的折中函数[45,46]，表示如下：

$$U(\eta_{\mathrm{EE}},\eta_{\mathrm{SE}})=\eta_{\mathrm{SE}}^{\omega}\eta_{\mathrm{EE}}^{1-\omega} \tag{5.98}$$

当 ω 为 0 时，$U(\eta_{\mathrm{EE}},\eta_{\mathrm{SE}})=\eta_{\mathrm{EE}}$，能效为影响折中函数的主导因素，此时能效最大，而对应的谱效对折中函数的影响较小；当 ω 为 1 时，$U(\eta_{\mathrm{EE}},\eta_{\mathrm{SE}})=\eta_{\mathrm{SE}}$，谱效为影响折中函数的主导因素，谱效最大，能效对折中函数的影响较小。

根据 MA 准则下的多用户子载波比特分配方法，认知无线网络系统的总传输功率优化表达式为

$$\min_{b_{m,n}}P_{\mathrm{T}}=\sum_{m=1}^{M}P_m=\sum_{m=1}^{M}\sum_{n\in X_m}\frac{f_{m,n}(b_{m,n})}{h_{m,n}^2} \tag{5.99}$$

在单位时间内，认知无线网络的总信息传输速率 R 可以表示为

$$R=\sum_{m=1}^{M}R_m=\sum_{m=1}^{M}\sum_{n\in X_m}b_{m,n} \tag{5.100}$$

式(5.99)和式(5.100)中，X_m 表示分配给第 m 个 SU 的子载波集合；$h_{m,n}$ 为第 m 个 SU 使用第 n 个载波进行信息传输时的信道增益，在本节中，$h_{m,n}$ 符合瑞利衰落下的随机分布；$f_{m,n}\left(b_{m,n}\right)$ 表示信道增益为 1 时第 m 个 SU 在第 n 个载波上传输 $b_{m,n}$ 比特所需的传输功率，主要由 SU 的误码率 $\mathrm{Pr_b}$ 以及系统采用的调制方式所决定。

在子载波分配部分，为了满足各个 SU 信息传输速率公平比的要求，对信息传输速率要求最高的用户优先分配最佳信道条件的子载波。本节的子载波分配主要针对 MPSK 调制方式的情况，若使用 MQAM 调制方式，由于该方式的比特信息粒度为 2，还需进一步保证分配给各个 SU 的比特数为偶数，即 R_m 为偶数，便于后续分配到各个载波上的比特数也为偶数。

子载波分配前，将 M 个 SU 子载波的集合 X_m 初始化为空，未被分配的子载波集合 Z 装入所有子载波，各个 SU 之间的速率公平比例为 $R_1^{\text{req}}:R_2^{\text{req}}:\cdots:R_M^{\text{req}}$。计算第 m 个 SU 分配的信息传输速率 R_m 与 R_m^{req} 之间的比例系数 $\mu_m = R_m / R_m^{\text{req}}$，为该比例系数最小的 SU 优先分配最佳信道条件的子载波，直至所有载波都分配给各个 SU。

该子载波分配算法的具体步骤如下。

(1) 初始化：$R_m = 0$，$X_m = \varnothing$，$Z = \{1,2,\cdots,N\}$。

(2) 分别取 $m = 1,2,\cdots,M$；找出 n^* 满足 $|h_{m,n^*}| \geqslant |h_{m,n}|$。

(3) 当 $Z \neq \varnothing$ 时，执行以下循环：

① 求出各个 SU 的信息传输速率比例系数 $\mu_m = R_m / R_m^{\text{req}}$；

② 找出比例系数 μ_m 中的最小值 μ_{m^*}，以及满足条件 $|h_{m^*,n^*}| \geqslant |h_{m^*,n}|$，$n \in \text{Z}$ 的最优 n^*；

③ 更新 $X_{m^*} = X_{m^*} \cup \{n^*\}$，$Z = Z - \{n^*\}$，$R_{m^*} = R_{m^*} + R / N$。

为了简化表示方式，假设子载波分配完成后，分配给第 m 个 SU 的可使用的子载波数为 L。下面采用 HH 算法和 Chow 算法进行比特分配，具体流程如下。

采用 HH 算法，当数据为 MPSK 调制方式时，其原理为：每一个比特分配循环过程中，选择加载一比特信息功率增量最小的子载波上优先分配一个比特信息，直至所有的信息比特分配完。

MPSK 调制方式下的 HH 算法[36,37,46]具体步骤如下。

(1) 初始化：对于所有的 $l(l = 1,2,\cdots,L)$，$b_l = 0$。

(2) 当 $\sum_{l=1}^{L} b_l < R_m$ 时，执行以下循环：

① 求出所有 L 个子载波增加 1 比特信息所带来的功率增量 $\Delta P_l = \left[f\left(b_l + 1\right) - f\left(b_l\right)\right] / \left|h_{l^*}\right|^2$；

② 找出功率增量最小的子载波 l^*，表示为 $l^* = \arg\min\limits_{l=1,2,\cdots,L} \Delta P_l$；

③ 给功率增量最小的子载波 l^* 增加 1 比特信息，即 $b_{l^*} = b_{l^*} + 1$。

此外，Chow 算法是一种性能余量最大化算法[38]。Chow 算法首先找出系统最佳性能裕量，然后根据公式 $b_l = \log_2(1+\gamma_l / (\gamma + \gamma_{\text{margin}}))$ 计算出分配给每个子载波的比特数。其中 γ 为信噪比间隔，Pr_b 为系统误码率，γ_l 为各个载波上的信噪比，它们可以表示为

$$\gamma = \frac{-\log_2(5\,\text{Pr}_\text{b})}{1.5} \tag{5.101}$$

$$\gamma_l = \frac{h_l^2}{\gamma N_0} \tag{5.102}$$

利用 Chow 算法进行比特分配前，需先设置系统迭代次数为 $t_{\max}$、期望的总发送比特数 $B_{\text{target}} = R_m$，初始化性能余量最优时的噪声门限 $\gamma_{\text{margin}} = 0$，剩余可使用的载波数 $c = L$，已迭代次数 $t = 0$。

MPSK 调制方式下的 Chow 算法[38,46]具体步骤如下。

(1) 初始化：$\gamma_{\text{margin}} = 0$，$c = L$，$t = 0$。

(2) 迭代：

① 依次计算各个子载波分配的比特数 $b_l = \log_2 \dfrac{1+\gamma_l}{\gamma + \gamma_{\text{margin}}}$，比特数取整后为 $\hat{b}_l = \text{round}(b_l)$，比特数差值为 $\text{diff}_l = b_l - \hat{b}_l$；

② 如果 $\hat{b}_l = 0$，则剩余的载波数 $c = c - 1$；

③ 计算分配的总比特数 $B_{\text{tot}} = \sum_{l=1}^{L} \hat{b}_l$；

④ 计算 $\gamma_{\text{margin}} = \gamma_{\text{margin}} + 10\log_2 \dfrac{B_{\text{tot}} - B_{\text{target}}}{c}$，已迭代次数 $t = t + 1$；

⑤ 如果 $B_{\text{tot}} \neq B_{\text{target}}$ 且 $t < t_{\max}$，则重复执行以上步骤(2)，否则执行步骤(3)；

(3) 比特矫正：

① 如果 $B_{\text{tot}} > B_{\text{target}}$，则求出 $l^* = \arg\min\limits_{l} \text{diff}_l$，$\hat{b}_{l^*} = \hat{b}_{l^*} - 1$，$\text{diff}_{l^*} = b_{l^*} - \hat{b}_{l^*}$，$B_{\text{tot}} = B_{\text{tot}} - 1$，重复此步骤直到 $B_{\text{tot}} = B_{\text{target}}$；

② 如果 $B_{\text{tot}} < B_{\text{target}}$，则求出 $l^* = \arg\max\limits_{l} \text{diff}_l$，$\hat{b}_{l^*} = \hat{b}_{l^*} + 1$，$\text{diff}_{l^*} = b_{l^*} - \hat{b}_{l^*}$，$B_{\text{tot}} = B_{\text{tot}} + 1$，重复此步骤直到 $B_{\text{tot}} = B_{\text{target}}$。

图 5.33 给出了认知无线系统分配的总比特数与总功率的关系。系统分配的总比特数越大，系统的总功率消耗越大。总比特数与总功率是影响认知无线系统总能效的主要因素，而总比特数直接关系到系统的谱效。

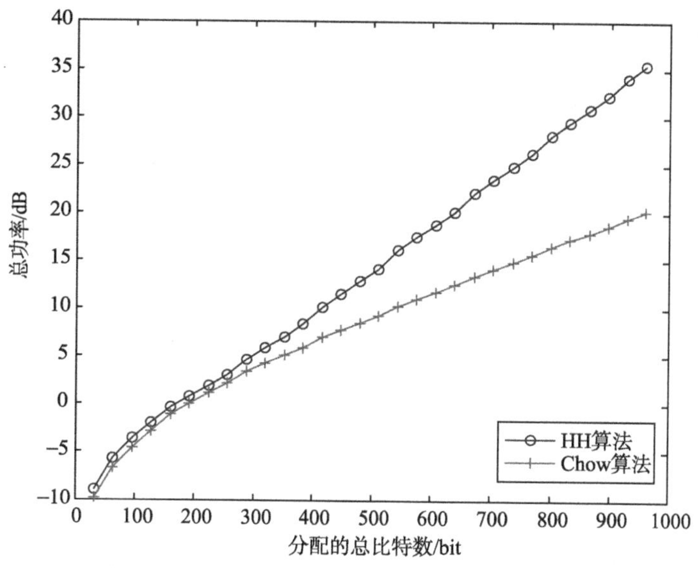

图 5.33　认知无线网络总比特数与总功率的关系

图 5.34 给出了能效-谱效的折中关系曲线。由图可知，当谱效较低时，随着谱效的增加能效也逐渐增加；当谱效达到一定程度继续增加时，系统能效逐渐递减。例如，认知用户数 $M=8$，子载波总数 $N=128$，系统带宽 $B=10^6$ Hz，系统电路功耗 $P_c=10\text{W}$，功率放大系数 $\zeta=1$，误码率 $\text{Pr}_b=10^{-2}$，加性高斯白噪声单边功率谱密度 $N_0=0.01\text{W/Hz}$，每个子载波上的平均传输功率 $P_{av}=1\text{W}$，每个认知用户之间

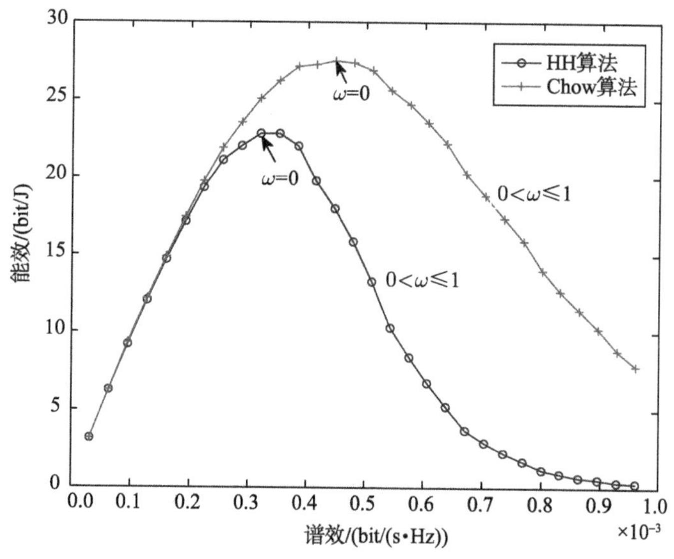

图 5.34　认知无线网络能效-谱效的折中关系

的速率公平比为 $R_1^{\text{req}}:R_2^{\text{req}}:\cdots:R_8^{\text{req}}=1:1:2:2:3:4:1:1$，信道增益 $h_{m,n}$ 服从方差为 1 的瑞利分布。

图 5.35 给出了认知无线网络系统的比特分配结果。例如，认知用户数 $M=8$，子载波总数 $N=64$，系统带宽 $B=10^6$ Hz，系统电路功耗 $P_{\text{c}}=10\text{W}$，功率放大系数 $\zeta=1$，误码率 $\text{Pr}_{\text{b}}=10^{-2}$，加性高斯白噪声单边功率谱密度 $N_0=0.01\text{W/Hz}$，每个子载波上的平均传输功率 $P_{\text{av}}=1\text{W}$，单位时间内系统总的传输比特数 $R=64\text{bit/s}$，信道增益 $h_{m,n}$ 服从方差为 1 的瑞利分布，每个认知用户之间的速率公平比为 $R_1^{\text{req}}:R_2^{\text{req}}:\cdots:R_8^{\text{req}}=1:1:2:2:3:4:1:1$。仿真结果中，子载波分配后第 1 个 SU 至第 8 个 SU 分配子载波数分别为 5、5、9、9、12、16、4、4。图中，两种比特分配方法得到的分配结果不同，一定程度影响了两者的能效。

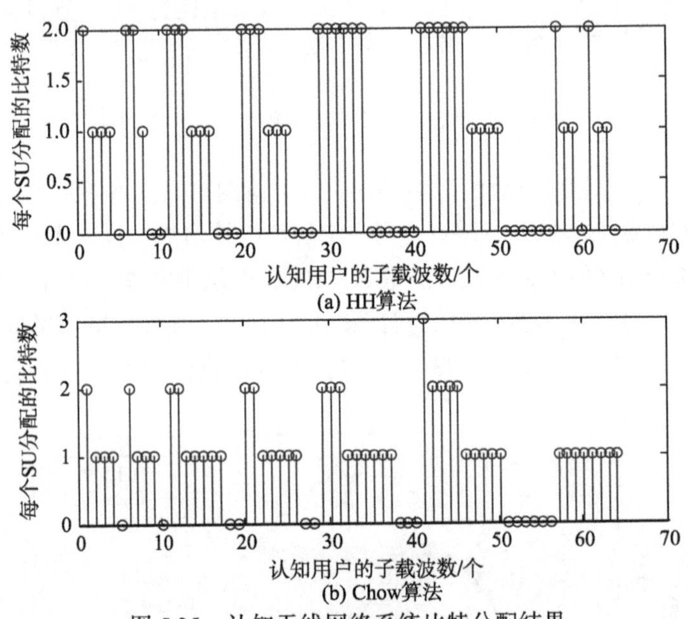

图 5.35　认知无线网络系统比特分配结果

图 5.36 给出了能效与认知用户数的关系曲线。例如，子载波总数 $N=128$，系统带宽 $B=10^6$ Hz，误码率 $\text{Pr}_{\text{b}}=10^{-2}$，加性高斯白噪声单边功率谱密度 $N_0=0.01\text{W/Hz}$，每个子载波上的平均传输功率 $P_{\text{av}}=1\text{W}$，单位时间内系统总的传输比特数为 $R=256\text{bit/s}$，每个认知用户之间的速率公平比为 $R_1^{\text{req}}:R_2^{\text{req}}:\cdots:R_8^{\text{req}}=1:1:2:2:3:4:1:1$，信道增益 $h_{m,n}$ 服从方差为 1 的瑞利分布。由图可知，当以上条件限定时，随着认知用户数的增多，系统总能效先逐渐增大，后慢慢趋于稳定。每次认知用户数 M 变化对应的随机产生的信道增益有所不同，使得系统总能效在用户增加时出现降低的情况，但整体趋势不变。在比特分配部分，使用 Chow 算法的

系统能效比使用 HH 算法要高。另外，分析了功率放大系数 ζ 和系统电路功率消耗 P_c 对认知无线系统能效的影响，ζ 或 P_c 越大，系统能效越低。

图 5.37 给出了认知无线网络能效与子载波数 N 的关系曲线。例如，认知用户数 $M=8$，系统带宽 $B=10^6$ Hz，系统电路功耗 $P_c=10\text{W}$，功率放大系数 $\zeta=1$，

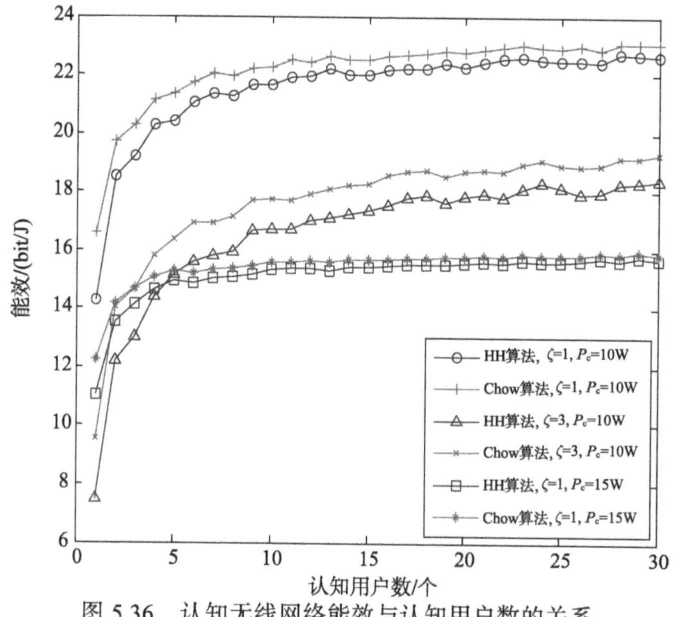

图 5.36　认知无线网络能效与认知用户数的关系

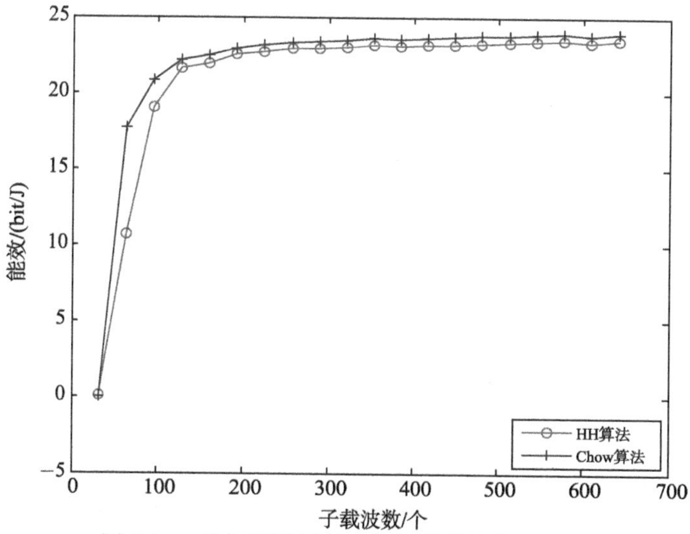

图 5.37　认知无线网络能效与子载波数的关系

误码率 $\mathrm{Pr_b}=10^{-2}$，加性高斯白噪声单边功率谱密度 $N_0=0.01\mathrm{W/Hz}$，每个子载波上的平均传输功率 $P_{\mathrm{av}}=1\mathrm{W}$，单位时间内系统的总传输比特数 $R=256\mathrm{bit/s}$，信道增益 $h_{m,n}$ 服从方差为 1 的瑞利分布，认知用户之间的速率公平比为 $R_1^{\mathrm{req}}:R_2^{\mathrm{req}}:\cdots:R_8^{\mathrm{req}}=1:1:2:2:3:4:1:1$。由图可知，当以上条件限定时，随着子载波总数 N 的增加，系统能效先显著提升，后增长缓慢，最后逐渐趋于稳定。

5.5 本章小结

本章对认知无线网络中多用户多资源联合分配与优化方法进行了全面介绍。首先，介绍了认知 OFDM 多用户功率分配技术，以传统注水功率分配算法为基础，引入了两种改进的功率分配方法，并且介绍了在 RA 准则下的多用户功率分配方法和改进的多用户功率分配方法。然后，介绍了 CR 中多用户子载波功率联合分配技术，包括基于最差子载波避免的子载波功率联合分配方法、兼顾速率公平的多用户子载波功率联合分配方法、基于速率公平比的子载波功率联合分配方法、基于信道容量的认知 OFDM 子载波功率联合分配方法、能效优先注水因子辅助搜索的子载波功率联合分配方法。接着，从传统比特加载算法出发，介绍了一种改进的比特加载算法，采用代数几何平均不等式求解加载的比特数，在保证算法最优性的同时兼顾了算法的计算复杂度，继而给出了在 MA 准则下的多用户比特分配和改进的多用户比特分配方法。最后，阐述了 CR 多用户子载波比特联合分配技术，包括主用户协作情况下的认知用户子载波比特联合分配方法、基于轮回的认知 OFDM 子载波比特联合分配方法、基于最差用户优先的认知 OFDM 子载波比特联合分配方法和能效优先的认知 OFDM 子载波比特联合分配方法。仿真结果表明，主用户协作情况下认知用户子载波比特联合分配方法可以在保障主用户通信 QoS 的同时满足认知链路的速率要求。当子载波数较大时，基于轮回的认知 OFDM 子载波比特联合分配方法的迭代次数少，计算复杂度低，且可在子信道质量较差的情况下获得较好的误码率性能；基于最差用户优先的认知 OFDM 子载波比特联合分配方法可获得更优的误码率性能，且系统总发射功率下降；能效优先的认知 OFDM 子载波比特联合分配方法在保障信息速率公平比条件下分配子载波，利用两种经典比特分配算法为认知用户分配比特，实现了能效与谱效的折中。

参考文献

[1] Shen Z K, Andrews J G, Evans B L. Adaptive resource allocation in multiuser OFDM systems with proportional rate constraints[J]. IEEE Transactions on Wireless Communications, 2005, 4(6): 2726-2737.

[2] 孙大卫，郑宝玉，许晓荣．基于认知 OFDM 的子载波功率分配改进算法[J]．信号处理，2010,

26(8): 1200-1204.
[3] Sun D, Zheng B, Xu X. Multi-user cognitive OFDM with adaptive sub-carrier and power allocation[C]. Proceedings of IEEE International Conference on Future Computer and Communications, Wuhan, 2010: 1-5.
[4] 孙大卫. 认知无线网络中资源分配关键技术研究[D]. 南京: 南京邮电大学, 2011.
[5] Goldsmith A J, Varaiya P. Capacity of fading channels with channel side information[J]. IEEE Transactions on Information Theory, 1997, 43(6): 1986-1992.
[6] Goldsmith A J, Chua S G. Variable-rate variable-power MQAM for fading channels[J]. IEEE Transactions on Communications, 1997, 45(10): 1218-1230.
[7] 卢前溪, 王文博, 傅龙, 等. 认知无线电网络子载波和功率分配[J]. 北京邮电大学学报, 2008, 31(4): 102-106.
[8] 张冬梅, 徐友云, 蔡跃明. OFDMA 系统中线性注水功率分配算法[J]. 电子与信息学报, 2007, 29(6): 1286-1289.
[9] Kim K, Kim H, Han Y. Subcarrier and power allocation in OFDMA systems[C]. Proceedings of IEEE Vehicular Technology Conference, Los Angeles, 2004: 1058-1062.
[10] Rhee W, Cioffi J M. Increasing in capacity of multi-user OFDM system using dynamic sub-channel allocation[C]. Proceedings of IEEE Vehicular Technology Conference, Tokyo, 2000: 1085-1089.
[11] Jang J, Lee K B. Transmit power adaptation for multiuser OFDM system[J]. IEEE Journal on Selected Areas in Communication, 2003, 2(12): 171-178.
[12] Gallager R G. Information Theory and Reliable Communications[M]. New York: John Wiley and Sons, 1968.
[13] 傅祖芸. 信息论基础理论与应用[M]. 北京: 电子工业出版社, 2006.
[14] 池景秀. 基于压缩感知的认知无线电宽带频谱感知与子载波比特分配关键技术研究[D]. 杭州: 杭州电子科技大学, 2013.
[15] Wong C Y, Tsui C Y, Chen R S, et al. A real-time sub-carrier allocation scheme for multiple access downlink OFDM transmission[C]. Proceedings of IEEE 50th Vehicular Technology Conference, Amsterdam, 1999: 1124-1128.
[16] Wong C Y, Chen R S, Letaief K B, et al. Multiuser OFDM with adaptive subcarrier, bit and power allocation[J]. IEEE Journal on Selected Areas in Communications, 1999, 17(10): 1747-1758.
[17] Liu T, Yang C, Yang L. A low-complexity subcarrier-power allocation scheme for frequency division multiple access systems[J]. IEEE Transactions on Wireless Communications, 2010, 9(5): 1571-1576.
[18] Zhang J, Chi J, Xu X. Worst subcarrier avoiding water-filling subcarrier allocation scheme for OFDM-based CRN[J]. Journal of Electronics (China), 2012, 29(3-4): 204-210.
[19] 章坚武, 金露, 许晓荣. 一种兼顾速率公平的多用户子载波功率联合分配算法[J]. 电信科学, 2013, 29(4): 57-61.
[20] 金露. 认知无线网络中基于压缩感知的宽带频谱感知及其资源分配技术研究[D]. 杭州: 杭州电子科技大学, 2014.
[21] Sun D, Zheng B, Xu X, et al. An improved single user bit allocation algorithm based on cognitive OFDM[C]. Proceedings of 6th International Wireless Communications and Mobile

Computing Conference, Caen, 2010: 555-559.

[22] Sun D, Zheng B. A novel resource allocation algorithm in multi-media heterogeneous cognitive OFDM system[J]. KSII Transactions on internet and information systems, 2010, 4(5): 691-708.

[23] 毛旭, 纪红. 认知 OFDM 系统的一种公平有效的多用户资源分配方案[J]. 高技术通讯, 2011, 21(9): 910-915.

[24] Zhang J, Chen X, Xu X. Subcarrier power joint allocation based on rate fairness ratio in multiuser cognitive OFDM[C]. Proceedings of International Conference on Communication Technology, Singapore, 2013: 1219-1227.

[25] 陈晓燕. 认知 OFDM 频谱感知与子载波功率分配技术研究[D]. 杭州：杭州电子科技大学, 2015.

[26] 张春发, 赵晓晖. 基于公平度门限的多用户 OFDM 系统自适应资源分配算法[J]. 通信学报, 2011, 32(12): 65-71.

[27] 徐爽, 赵晓晖, 袁浩. 认知 OFDM 无线电系统基于公平度门限的资源分配[J]. 计算机工程与应用, 2012, 48(31): 120-124.

[28] 叶兰兰, 李君, 金宁. 一种新颖的多用户 OFDM 资源分配算法[J]. 中国计量学院学报, 2012, 23(4): 379-382.

[29] Zhang J, Chen X, Xu X. An improved subcarrier power allocation algorithm based on channel capacity in multi-user cognitive OFDM[C]. Proceedings of International Conference on Communication Technology, Melbourne, 2015: 200-207.

[30] 傅祖芸. 信息论基础理论与应用[M]. 3 版. 北京: 电子工业出版社, 2011.

[31] 伍伟伟, 许晓荣, 王云川, 等. 采用注水因子辅助搜索的能效优先子载波功率联合优化算法[J]. 西安交通大学学报, 2017, 51(8): 59-64,71.

[32] Digham F F, Alouini M S, Simon M K. On the energy detection of unknown signals over fading channels[J]. IEEE Transactions on Communications, 2007, 55(1): 21-24.

[33] Mao J, Xie G, Gao J, et al. Energy efficiency optimization for OFDM-based cognitive radio systems: A water-filling factor aided search method[J]. IEEE Transactions on wireless communication, 2013, 12(5): 2366-2375.

[34] Liu X, Jia M, Gu X. Joint optimal sensing threshold and subcarrier power allocation in wideband cognitive radio for minimizing interference to primary user[J]. China Communications, 2013, 10(11): 70-80.

[35] Dong L, Ren G. Optimal and low complexity algorithm for energy efficient power allocation with sensing error in cognitive radio network[C]. Proceedings of International Conference on Wireless Communications and Signal Processing, Hefei, 2014: 1-5.

[36] Lee C W, Jeon G J. Low complexity bit allocation algorithm for OFDM systems[J]. International Journal of Communication Systems, 2008, 21(11): 1171-1179.

[37] 贾勇. 多用户 OFDM 系统的子载波和比特分配算法研究[D]. 西安: 西安理工大学, 2008.

[38] Chow P S, Cioffi J M, Bingham J A C. A practical discrete multitone transceiver loading algorithm for data transmission over spectrally shaped channels[J]. IEEE Transactions on Communications, 1995, 43(2-4): 773-775.

[39] Musavian L, Aissa S. Capacity and power allocation for spectrum-sharing communications in fading channels[J]. IEEE Transactions on Wireless Communications, 2009, 8(1): 148-156.

[40] Kang X, Liang Y C, Nallanathan A, et al. Optimal power allocation for fading channels in cognitive radio networks: Ergodic capacity and outage capacity[J]. IEEE Transactions on Wireless Communications, 2009, 8(2): 940-950.

[41] Xu X, Yao Y D, Hu S, et al. Joint subcarrier and bit allocation for secondary user with primary users' cooperation[J]. KSII Transactions on Internet and Information Systems, 2013, 7(12): 3037-3054.

[42] 池景秀, 许晓荣, 章坚武. 一种基于轮回的认知 OFDM 子载波分配方法[J]. 电信科学, 2012, 28(4): 124-129.

[43] Fischer F H R, Huber B J. A new loading algorithm for discrete multitone transmission[C]. Proceedings of IEEE Global Telecommunications Conference, London, 1996: 724-728.

[44] Ermolova N Y, Makarevitch B. Performance of practical subcarrier allocation schemes for OFDMA[C]. Proceedings of IEEE 18th International Symposium on Personal, Indoor and Mobile Radio Communications, Athens, 2007: 1-4.

[45] Deng L, Rui Y, Cheng P, et al. A unified energy efficiency and spectral efficiency tradeoff metric in wireless networks[J]. IEEE Communications Letters, 2013, 17(1): 55-58.

[46] 伍伟伟. 认知无线网络中基于能效优先的资源分配方案研究[D]. 杭州：杭州电子科技大学, 2018.

第6章 总结与展望

6.1 全书总结

认知无线电(CR)可以自适应地感知周围无线环境，通过对无线环境的理解和学习，实时地改变系统参数，以适应外部无线环境变化，从而优化通信系统性能，充分利用有限的频谱资源，显著提高频谱利用率，实现不同用户之间的频谱共享。基于认知无线电技术的认知无线网络在新一代无线网络中具有非常广阔的应用前景。

认知无线电技术的出现，解决了频谱利用率低的现实情况，给无线通信领域带来了革命性影响。对于频谱管理者，认知无线电技术大大增加了可利用频谱的数量，提高了频谱利用率，实现了资源的有效利用；对于频谱所有者，利用认知无线电技术可以在不受网络内外各因素干扰的前提下开发次级频谱市场，在相同频段上提供不同的服务；对于设备厂商，认知无线电技术可以为其带来更多的商用机遇，具备认知无线电功能的设备将更具市场竞争力；对移动终端用户(如手机用户)，使用视频、图像、音频等需要大带宽的多媒体业务时将更快捷、流畅。

随着 IEEE 802.22 标准的制定，认知无线电技术将推进未来移动通信的发展，为无线电资源管理和无线接入市场带来新的发展契机与动力，因此认知无线电技术可以看作未来无线通信的一个重要发展方向。

本书主要内容如下。

第 1 章为绪论，主要对认知无线网络的频谱检测与资源管理技术进行了概述。首先介绍了认知无线电技术的研究背景，从国内外无线频谱的使用现状、认知无线电的特点与关键技术、认知无线网络的能效、认知无线网络动态频谱接入与频谱共享四方面介绍了认知无线电与认知无线网络的国内外研究现状。然后对认知无线电的多种频谱检测技术(单用户频谱检测方法、多用户协作频谱检测与数据融合、基于压缩感知的 CR 宽带压缩频谱检测、基于能效的 CR 宽带压缩频谱检测)进行了综述。最后对 CR 资源管理技术(认知无线电频谱分配与动态资源管理、基于速率自适应准则的认知 OFDM 子载波功率联合分配、基于裕量自适应准则的认知 OFDM 子载波比特联合分配、基于能效的 CR 多资源联合分配与优化)进行了全面综述。

第 2 章首先阐述了压缩感知理论及其框架，包括信号稀疏变换、观测矩阵设计、信号重构方法，进而介绍了分布式压缩感知(DCS)理论，包括 DCS 环境下的联合稀疏模型、DCS 信号重构方法(凸松弛法、贪婪追踪法和贝叶斯压缩感知信号重构)以及约束二次规划问题的求解方法(基追踪去噪法、同伦法和最小角回归法)。然后介绍了基于最大能量子集的自适应观测方案、基于能量有效性观测的梯度投影稀疏重构方法，同时将最小角回归法和同伦法推广到 DCS 环境中，分别研究分布式压缩感知-最小角回归(DCS-Lars)和分布式压缩感知-同伦法动态更新(DCS-DX)两种感知信号重构方法。最后针对实际频谱感知场景稀疏度未知的情况，提出了盲分布式压缩感知-最小角回归(DCS-Lars-B)算法。仿真结果表明，DCS-Lars-B 算法在重构误差和时间复杂度方面相对于 DCS-Lars 算法均有明显改善。

第 3 章详细阐述了基于压缩感知的认知无线网络宽带频谱检测方法。首先介绍了认知无线网络宽带频谱检测模型、基于最大似然比的协作宽带频谱检测方法、基于分布式压缩感知的宽带频谱检测方法和基于贝叶斯压缩感知(BCS)的宽带频谱检测方法。然后详细介绍了基于分布式压缩感知的宽带频谱检测方法，包括分布式压缩感知-子空间追踪(DCS-SP)频谱检测、分布式压缩感知-盲(DCS-B)协作压缩频谱检测、分布式压缩感知-稀疏度与压缩比联合调整(DCS-SCJA)频谱检测、基于盲稀疏度匹配的快速多用户协作压缩频谱检测、基于稀疏度匹配追踪的分布式多用户协作宽带频谱检测。最后详细介绍了基于贝叶斯压缩感知的宽带频谱检测方法，包括基于 BCS 的数据融合方法、基于自适应测量的 BCS 宽带频谱检测方法、基于多任务 BCS 的宽带频谱检测方法。仿真结果表明，基于自适应测量的 BCS 宽带频谱检测方法较 OMP 算法具有更好的检测性能，多任务 BCS 在较低压缩比区域可实现重构均方误差的快速收敛，且检测性能随着任务数的增加而提高。

第 4 章详细阐述了认知无线网络频谱分配技术。首先给出了认知无线网络频谱分配模型，包括干扰温度模型、基于图着色理论的频谱分配模型、博弈论模型、拍卖竞价模型和网间频谱共享模型。然后，重点阐述了 CR 多跳网络频谱分配方法，包括保障 QoS 的 CR 多跳网络动态频谱分配方法、基于图着色理论的频谱分配方法和基于博弈论的频谱分配方法。最后，对 CR 动态频谱接入技术和多跳网络的容量进行了研究，主要包括基于认知 OFDM 的 CR 动态资源管理技术，如子载波分配、功率控制、自适应传输技术等，给出了 CR 多跳网络容量近似式，对 CR 动态频谱分配进行了总结，分析了目前 CR 动态频谱分配面临的一些主要问题。

第 5 章详细阐述了认知无线网络中的多用户多资源联合分配与优化技术。首先，介绍了认知 OFDM 多用户功率分配技术，给出了 RA 准则下的多用户功率分配方法和改进的多用户功率分配方法。然后，详细阐述了 CR 多用户子载波功率联合分配技术，包括基于最差子载波避免的子载波功率联合分配方法、兼顾速率公平的多用户子载波功率联合分配方法、基于速率公平比的子载波功率联合分配方法、基于信道容量的认知 OFDM 子载波功率联合分配方法、能效优先注水因子辅助搜索的子载波功率联合分配方法。然后，研究了在 MA 准则下的多用户比特分配和改进的多用户比特分配方法，所提方法性能优于 HH 算法，但其复杂度远远低于 HH 算法。最后，详细阐述了 CR 多用户子载波比特联合分配技术，包括主用户协作下的认知用户子载波比特联合分配方法、基于轮回的认知 OFDM 子载波比特联合分配方法、基于最差用户优先的认知 OFDM 子载波比特联合分配方法和能效优先的认知 OFDM 子载波比特联合分配方法。研究表明，CR 与 OFDM 的结合增强了认知用户信息传输的可靠性，通过基于 RA 准则的认知 OFDM 多用户子载波功率分配和基于 MA 准则的认知 OFDM 多用户子载波比特分配对认知无线网络中的多用户进行动态资源管理，可以有效提高资源利用率，优化系统性能。

6.2 研究工作展望

经过多年的研究积累，作者在认知无线网络频谱检测与资源管理方面取得了一定的研究成果。但是，由于时间和本人能力有限，还有许多问题需要进一步进行细致深入的研究与探索。作者对本领域研究工作的展望如下。

(1) 在认知无线网络频谱检测方面，现有的频谱感知技术基本根据主用户的存在性进行检测，宽带频谱感知也只是增加对频谱空穴位置的检测与定位。而对于现实复杂的电磁环境，需要进行频谱感知中的信号识别，以判断授权频谱是否被可能的第三方用户占用。安全频谱检测与感知信号识别的研究是认知无线网络频谱检测的一个重要研究方向。

(2) 本书考虑的宽带频谱检测方法以信道划分位置先验已知为前提条件，对于信道划分位置的一般性宽带频谱感知问题并未涉及。由于感知信号稀疏度与压缩比、重构性能存在密切的联系，进一步考虑信号稀疏度变化对压缩比、重构性能和宽带频谱检测性能的影响，将是未来基于压缩感知的认知无线网络宽带频谱检测的研究方向。

(3) 多维频谱检测是未来认知无线网络频谱检测技术的一个研究方向。现有的 CR 频谱检测技术对 PU 信号的感知主要集中在频域、时域和空域。4G 和 5G 采用的是 CDMA、OFDM 和多用户 MIMO 技术。因此，新的频谱机会需要在码域搜索正交码序列或在角域采用波束成形技术实现，这些需要进行深入研究。

(4) 在资源管理方面，研究分布式认知无线网络的频谱资源共享问题，例如，认知用户在未知信道估计信息或者信道估计信息不准确条件下的多用户多资源联合分配与资源共享策略；研究认知用户在频谱检测中的参数设定对频谱资源分配的影响。

(5)考虑在能效与谱效折中情况下的认知无线网络多用户多资源联合分配与优化方法。本书中的多用户多资源联合分配方案都是逐步进行优化，先对子载波进行分配然后执行子载波上的功率分配(或比特分配)。该方法先以能效为优化目标进行子载波分配，再在子载波固定情况下进行功率分配(或比特分配)，大大降低了算法的复杂度，能效也得到了优化，但此方式求出的结果并非最优解。因此，需要研究以能效为优化目标的多用户多资源联合分配与优化方法，通过求解多个约束条件下的能效全局最优解，分析能效与谱效折中情况下的认知无线网络多用户多资源联合优化方案。

(6) 进一步研究频谱检测与资源管理的联合优化。例如，感知时间、自适应调制方式与信道编码等对认知无线网络多维频谱检测与资源分配方案的影响。在认知无线网络物理层建立与频谱检测相关的动态资源管理方案，同时在媒体接入控制(MAC)层设计安全可靠的资源管理机制。联合考虑物理层和 MAC 层的跨层资源分配，使资源分配在 MAC 层与相应的协议结合，有效保障合法用户交换信息和抵抗非法用户恶意竞争频谱资源造成的资源与能量浪费，有效提高频谱资源的利用率，实现多种资源的最佳管理与利用。